华为智能计算技术丛书

HUAWEI

Ascend AI Processor Architecture and Programming
Principles and Applications of CANN

昇腾AI处理器架构与编程

深入理解CANN技术原理及应用

梁晓峣 ◎ 编著
Liang Xiaoyao

清華大学出版社
北京

内 容 简 介

本书系统论述了基于达芬奇架构的昇腾（Ascend）AI处理器的原理、架构与开发技术。全书共分6章，内容涵盖了神经网络理论基础、计算芯片与开源框架、昇腾AI处理器软硬件架构、编程理论与方法，以及典型案例等。为便于读者学习，书中还给出了基于昇腾AI处理器的丰富的技术文档、开发实例等线上资源。

本书可以作为普通高等学校人工智能、智能科学与技术、计算机科学与技术、电子信息工程、自动化等专业的本科生及研究生教材，也适合作为从事人工智能系统设计的科研和工程技术人员的参考用书。

图书在版编目（CIP）数据

昇腾AI处理器架构与编程：深入理解CANN技术原理及应用/梁晓峣编著. —北京：清华大学出版社，2019（2024.12重印）
（华为智能计算技术丛书）
ISBN 978-7-302-53452-5

Ⅰ. ①昇… Ⅱ. ①梁… Ⅲ. ①移动终端－应用程序－程序设计 Ⅳ. ①TN929.53

中国版本图书馆CIP数据核字（2019）第162823号

责任编辑：盛东亮 钟志芳
封面设计：吴 刚
责任校对：李建庄
责任印制：杨 艳

出版发行：清华大学出版社
    网 址：https://www.tup.com.cn，https://www.wqxuetang.com
    地 址：北京清华大学学研大厦A座   邮 编：100084
    社 总 机：010-83470000   邮 购：010-62786544
    投稿与读者服务：010-62776969，c-service@tup.tsinghua.edu.cn
    质量反馈：010-62772015，zhiliang@tup.tsinghua.edu.cn
    课件下载：https://www.tup.com.cn，010-83470236
印 装 者：三河市龙大印装有限公司
经 销：全国新华书店
开 本：186mm×240mm   印 张：18   字 数：330千字
版 次：2019年10月第1版   印 次：2024年12月第13次印刷
定 价：69.00元

产品编号：085312-01

FOREWORD
序一　昇腾加速普惠 AI

AI（人工智能）作为一种新的通用技术，正在推动各行各业发生前所未有的改变。AI 不仅使我们能以更高的效率解决已可解决的问题，而且也使我们可以解决很多以前难以解决的问题，这其中的关键就是算力。近年来，随着深度学习的推进，AI 领域对算力的需求每年增加 10 倍左右。对于 AI 探索研究，越来越多的新算法（如自动机器学习）、新探索（如高阶自动微分）等对算力的需求甚至成百倍增长，算力与论文的发表速度及数量均已呈正比关系；对于 AI 商业应用，充沛且经济的算力是 AI 发挥价值的基本条件，算力的性价比越高，AI 的应用就会越广泛。AI 全面发展需要的算力，应该如同今天的电力一样，真正普惠，触手可及。

如果说算力的进步是当下 AI 发展的主要驱动因素，那么算力的稀缺和昂贵正成为 AI 全面发展的核心制约因素。算力供给的关键在于处理器的效能，当前 AI 算力需求的增速远超摩尔定律，而现有的 AI 处理器的体系结构并非围绕 AI 计算来设计的，这就导致了 AI 算力的稀缺与昂贵；以现有的算力水平，训练某些复杂模型往往需要数天甚至数月的时间，而一次成功的发现与创新往往需要多次反复迭代，这种算力水平严重制约了理论的创新和应用的落地。因此，充沛且经济的 AI 算力必须要在处理器架构上寻求突破，要用新的 AI 处理器架构来匹配算力的增速。

为了实现普惠 AI，为了提供充足的 AI 算力，华为图灵团队自 2017 年初开始探索新的 AI 处理器体系结构，并创建了达芬奇架构 AI 处理器。2017 年 6 月，我到上海时，华为图灵团队非常期望公司能投入资金开发基于达芬奇架构的 AI 处理器，我支持了他们，就有了今天的昇腾 AI 处理器——能满足当前及未来 AI 对算力的极致需求。华为还围绕昇腾处理器构建了全栈、全场景的 AI 解决方案。本书系统地介绍了昇腾处理器体系结构与编程方法，希望在 AI 的基础研究与编程领域，给 AI 研究与应用开发者提供参考，共同推进 AI 产业和 AI 研究的发展。

（徐直军）

华为投资控股有限公司副董事长、轮值董事长

2019 年 8 月

FOREWORD
序二

　　近十年，全球人工智能热潮一浪高过一浪，专用人工智能从算法到系统，再到应用、风险投资，最后得到社会的普遍关注，其势头之猛，规模之大，是很多人始料未及的。中国和美国现在已经成为人工智能发展的两个超级大国。中国在数据规模和产业应用、青年人才储备方面具有优势；美国在原创算法与核心元器件、开源开放平台方面具有优势。如何尽快补上短板，使我国的人工智能可以健康发展、长久不衰，是我们需要认真思考与布局的大事。

　　新一代人工智能的蓬勃发展依赖于三个要素——数据、算法和算力。所谓算力，就是超强的计算能力。目前，人工智能系统的算力大都构建在 CPU + GPU 之上，计算的主体是 GPU。GPU 原本是为图形处理与显示而设计的，大多用在显卡上。随着时间的推移，GPU 处理向量、处理矩阵，甚至处理张量的能力越来越强。除了显卡，高档 GPU 也经常被用作图像处理与科学计算的协处理器。英伟达公司就是因为提供高档 GPU 而在几年间成为（协）处理器市场上成长最快的公司。虽然用 GPU 进行深度神经网络的训练和推理速度很快，但由于 GPU 需要支持的计算类型繁多，所以芯片规模大、功耗高。为了提高深度神经网络训练和推理的效率，几年前人们就开始考虑设计专用深度神经网络学习和推理的芯片。例如，谷歌和寒武纪公司均推出了深度学习专用芯片，大大提升了运行主流智能算法的性能。华为发布的昇腾 910 和昇腾 310 两颗人工智能芯片分别面向深度神经网络训练与推理，其设计理念更有利于打造完整的生态链，可以为中国乃至全球开发者和企业提供新的选择。

　　当然，一个专用处理器家族从完成设计，到得到市场认可并获得成功应用是一个漫长的过程。这个过程包含诸多环节，其中最重要的一个环节就是教育，包括培训用户理解芯片原理、掌握如何编程、学会如何设计板卡和设计系统等。教育的手段既可以是通过开设课程给工程师、本科生与专科生提供培训，也可以是通过编程比赛甚至创业比赛的形式获得众人的关注，还可以是通过开源平台提供丰富的编程案例给潜在用户提供参考。

　　总而言之，为教育界提供一本满足上述需求的教材是必不可少的。 我很高兴，作者能在昇腾 AI 处理器面世的短短时间内就完成了这样一本教材，可以帮助人工智能专业的研究生、本科生和从事人工智能领域工作的工程师，让他们能够理解昇腾处理器基本概念，掌握使用昇腾处理器的方法，找到大部分相关问题的解决方案。

　　希望本书能够帮助读者了解专用人工智能，帮助读者进入华为人工智能生态，进入中国人工智能生态，进入未来智能时代。

高文

中国工程院院士

2019 年 8 月

FOREWORD
序三

  人工智能正在赋能各行各业，人工智能芯片是实现人工智能的物理载体，华为的昇腾 AI 处理器则是重要的人工智能芯片之一。《昇腾 AI 处理器架构与编程——深入理解 CANN 技术原理及应用》第一次向外界全面介绍了华为昇腾 AI 处理器，特别是翔实地介绍了其设计理念、体系结构与 CANN 编程方法，包括 TBE 算子编程、调度及 CUBE 矩阵运算单元等，这些都是华为的原创成果。 本书能够让读者快速了解昇腾 AI 处理器的软硬件架构和基本编程方法，帮助读者在该芯片上进行编程实践，适合用作高年级本科生或研究生学习人工智能芯片的教材。 对于希望在人工智能和并行编程领域有所建树的研发人员，本书也是一部很好的参考书。

毛军发

中国科学院院士

2019 年 8 月

PREFACE
前　言

日出东方，其道大光；鲲鹏展翅，旭日昇腾！

一款芯片的研发，是一个漫长的过程；一款芯片的研发，也许就是一代人的心路历程。

随着深度学习在人工智能诸多领域的异军突起，从 CPU 到 GPU，再到各类专属领域的定制芯片，我们迎来了计算机体系结构的黄金时代！然而一款处理器芯片的研发周期，少则数年，多则数十年。在滚滚向前的时代大潮中，只有那一批最耐得住寂寞、经得起诱惑的匠人，才能打造出计算机行业皇冠上最闪亮的明珠。

所以，当华为邀请我为昇腾 AI 处理器写一本教材时，我毫不犹豫地答应了。也许是出于对硬科技公司的高度认同，也许是出于对同道中人的由衷尊敬，更可能是出于一种骨子里的使命感，我深深地觉得我们这个时代太需要一颗代表国内科技最高水平的中国"芯"了！

华为推出面向人工智能计算场景的昇腾 AI 处理器，是希望通过更强的算力、更低的功耗，为深度学习的各类应用场景铺平道路。但是"千里之行，始于足下"，昇腾的使命任重道远。对于一款高端处理器来说，生态圈的培养和用户编程习惯的养成可谓重中之重，也是决定该款产品生死存亡的关键。编写本书的目的就是第一次向世人揭开昇腾 AI 处理器的神秘面纱，探索其内在的设计理念，从软硬件两方面阐述其架构特点，教会读者上手使用昇腾系列开发平台。"不积跬步，无以至千里"，如果把打造昇腾生态圈当作千里之行，那么本书便是尝试迈出的第一步。

本书定位人工智能芯片领域选修教材，面向工程科技类普通读者，尽可能删减繁杂抽象的公式、定理和理论推导。读者除需要具备基本的数学知识和编程能力外，无须预修任何课程。本书特别理想的受众是人工智能、计算机科学、电子工程、生物医药、物理、化学、金融统计等领域需要用到大规模深度学习计算的研发人员；本书也为 AI 处理器的设计公司和开发者提供了有价值的参考。

本书共分 6 章，内容涵盖了神经网络理论基础、计算芯片与开源框架、昇腾 AI

处理器软硬件架构、编程理论与方法，以及典型案例等，希望能够从理论到实践，帮助读者了解昇腾 AI 处理器所使用的达芬奇架构，并掌握其具体的编程和使用方法，助力读者打造属于自己的人工智能应用。

空谈误国，实干兴邦。 愿与诸位读者共勉。

感谢江子山和李兴对本书撰写工作做出的极大贡献，他们在资料整理与文字编排上注入了极大精力，并且编写和校对了本书中所有的程序示例代码。 如果没有他们的全心投入，本书将很难顺利完成。

感谢陈子渊等对本书中的插图进行精心编辑和修改，使得本书的内容更加清晰形象、概念的解释更加具体明确。

感谢华为公司在本书写作过程中提供的资源和支持。

感谢清华大学出版社盛东亮老师和钟志芳老师等的大力支持，他们认真细致的工作保证了本书的质量。

由于编者水平有限，书中难免有疏漏和不足之处，恳请读者批评指正！

作 者

2019 年 8 月

CONTENTS

目　　录

第 1 章　基础理论 　　　　　　　　　　　　　　　　　　　　001

1.1　人工智能简史 　　　　　　　　　　　　　　　　　　　001

1.2　深度学习概论 　　　　　　　　　　　　　　　　　　　006

1.3　神经网络理论 　　　　　　　　　　　　　　　　　　　010

　　1.3.1　神经元模型 　　　　　　　　　　　　　　　　　011

　　1.3.2　感知机 　　　　　　　　　　　　　　　　　　　013

　　1.3.3　多层感知机 　　　　　　　　　　　　　　　　　015

　　1.3.4　卷积神经网络 　　　　　　　　　　　　　　　　018

　　1.3.5　应用示例 　　　　　　　　　　　　　　　　　　035

第 2 章　行业背景 　　　　　　　　　　　　　　　　　　　　038

2.1　神经网络芯片现状 　　　　　　　　　　　　　　　　　038

　　2.1.1　CPU 　　　　　　　　　　　　　　　　　　　　038

　　2.1.2　GPU 　　　　　　　　　　　　　　　　　　　　039

　　2.1.3　TPU 　　　　　　　　　　　　　　　　　　　　041

　　2.1.4　FPGA 　　　　　　　　　　　　　　　　　　　042

　　2.1.5　昇腾 AI 处理器 　　　　　　　　　　　　　　　044

2.2　神经网络芯片加速理论 　　　　　　　　　　　　　　　045

　　2.2.1　GPU 加速理论 　　　　　　　　　　　　　　　　045

　　2.2.2　TPU 加速理论 　　　　　　　　　　　　　　　　052

2.3　深度学习框架 　　　　　　　　　　　　　　　　　　　059

　　2.3.1　MindSpore 　　　　　　　　　　　　　　　　　060

　　2.3.2　Caffe 　　　　　　　　　　　　　　　　　　　061

　　2.3.3　TensorFlow 　　　　　　　　　　　　　　　　065

　　2.3.4　PyTorch 　　　　　　　　　　　　　　　　　　067

2.4　深度学习编译框架——TVM 　　　　　　　　　　　　　068

第 3 章　硬件架构　071

3.1　昇腾 AI 处理器总览　071
3.2　达芬奇架构　073
3.2.1　计算单元　075
3.2.2　存储系统　081
3.2.3　控制单元　086
3.2.4　指令集设计　088
3.3　卷积加速原理　090
3.3.1　卷积加速　091
3.3.2　架构对比　093

第 4 章　软件架构　096

4.1　昇腾 AI 软件栈总览　096
4.2　神经网络软件流　100
4.2.1　流程编排器　101
4.2.2　数字视觉预处理模块　107
4.2.3　张量加速引擎（TBE）　110
4.2.4　运行管理器　112
4.2.5　任务调度器　114
4.2.6　框架管理器　118
4.2.7　神经网络软件流应用　125
4.3　开发工具链　128
4.3.1　功能简介　128
4.3.2　功能框架　129
4.3.3　工具功能　129

第 5 章　编程方法　132

5.1　深度学习开发基础　132
5.1.1　深度学习编程理论　132

5.1.2 深度学习推理优化原理 146

5.1.3 深度学习推理引擎 162

5.2 昇腾 AI 软件栈中的技术 178

5.2.1 模型生成阶段 179

5.2.2 应用编译与部署阶段 184

5.3 自定义算子开发 188

5.3.1 开发步骤 188

5.3.2 AI CPU 算子开发 194

5.3.3 AI Core 算子开发 201

5.4 自定义应用开发 205

第 6 章 实战案例 212

6.1 评价标准 215

6.1.1 精度 215

6.1.2 交并比 218

6.1.3 均值平均精度 220

6.1.4 吞吐量和时延 223

6.1.5 能效比 223

6.2 图像识别 225

6.2.1 数据集：ImageNet 225

6.2.2 算法：ResNet 228

6.2.3 模型迁移实践 233

6.3 目标检测 242

6.3.1 数据集：COCO 242

6.3.2 算法：YoloV3 245

6.3.3 自定义算子实践 249

附录 A 缩略词列表 269

附录 B Ascend 开发者社区及资料下载 272

附录 C 智能开发平台 ModelArts 简介 274

## 第 1 章

基础理论

　　人工智能的发展历经了一个跌宕起伏的过程，但始终向前迈进。由生物神经元抽象后开始萌芽，神经元模型初步诞生，再发展到可以应用在简单实际问题的感知机。为了突破感知机的局限性，又演化出多层感知机，给复杂的问题提供了一种解决方法。后续又出现了各种神经网络，如卷积神经网络等，打破了多层感知机的计算复杂性限制，为人工智能理论在各个领域中的应用提供了一种崭新的实现方式。

1.1 人工智能简史

　　历史长流，中西并进，日新月异，智能源起，盘根于民，神乎其技。

　　技艺发展到一个高峰就体现出高度仿人化的智能，从西周偃师的能歌善舞木偶到阿拉伯加扎利(Jazari)的自动人偶(见图 1-1)，代表了人类对智能的不懈追求。人类希望给机器工具赋予智慧和思想，用以解放生产力，便利人们生活，推动社会发展。人工智能(Artificial Intelligence，AI)诞生的过程缓慢而悠长，从源远流长的神话，到天马行空的科幻，再到鬼斧神工的科技，无不包含着人类对智能的渴望。人工智能的实现紧跟

图 1-1　加扎利的自动人偶[①]

---

　　① 图片参考链接：https://tr.wikipedia.org/wiki/Dosya：Al-jazari_robots.jpg。

人类知识的发展。早期,形式推理(Formal Reasoning)的发展,为人类思维的机械化提供了研究的方向。

17 世纪中期戈特弗里德·威廉·莱布尼茨(Gottfried Wilhelm Leibniz)、勒内·笛卡儿(René Descartes)和托马斯·霍布斯(Thomas Hobbes)(图 1-2)致力于理性思考系统体系化的研究工作,催生了形式符号系统,成为人工智能研究的灯塔。到了 20 世纪,伯特兰·阿瑟·威廉·罗素(Bertrand Arthur William Russel)、阿弗烈·诺夫·怀特海(Alfred North Whitehead)和库尔特·哥德尔(Kurt Gödel)对数理逻辑的贡献,为数学推理机械化提供了理论的基础。随之图灵机的创造从符号学本质上为机器思考提供了可能。工程学上,由最初的查尔斯·巴贝奇(Charles Babbage)的"分析机"设想,到服役二战的 ENIAC 大型译码机器,见证了艾伦·图灵(Alan Turing)和约翰·冯·诺依曼(John von Neumann)(见图 1-3)的计算机科学理论,将计算机科学理论工程化,加快了人工智能的发展。

图 1-2　莱布尼茨、笛卡儿、霍布斯(从左到右)①

图 1-3　图灵和冯·诺依曼(从左到右)②

---

① 莱布尼茨图片来源:https://mally.stanford.edu/leibniz.html。
笛卡儿图片来源:https://en.wikipedia.org/wiki/Ren%C3%A9_Descartes。
霍布斯图片来源:https://baike.baidu.com/item/%E9%9C%8D%E5%B8%83%E6%96%AF%E6%96%87%E5%8C%96/15394739。
② 图灵图片来源:https://upload.wikimedia.org/wikipedia/commons/thumb/a/a1/Alan_Turing_Aged_16.jpg/220px-Alan_Turing_Aged_16.jpg。
冯·诺依曼图片来源:https://cs.stanford.edu/people/eroberts/courses/soco/projects/1998-99/game-theory/neumann.html。

1. AI 诞生

20 世纪中期,不同领域的科学家为人工智能的诞生进行了一系列的研究和准备。从 20 世纪 30 年代到 50 年代,诺伯特·维纳(Norbert Wiener)的控制论,克劳德·香农(Claude Shannon)的信息论,图灵的计算理论以及神经学的发展为人工智能破土而出提供了阳光和土壤。

1950 年,图灵发表《计算机器与智能》(*Computing Machinery and Intelligence*),提出了著名的图灵测试:如果机器与人类进行对话而人无法辨别机器身份,则该机器具有智能。图灵测试的提出对后来人工智能的发展具有不可忽略的意义。1951 年,年仅 24 岁的马文·明斯基(Marvin Minsky)与迪恩·埃德蒙兹(Dean Edmonds)建造了神经网络模拟器 SNARC(Stochastic Neural Analog Reinforcement Calculator)。随后明斯基在人工智能领域不断耕耘,对人工智能的发展起到巨大推动作用,并因此荣膺图灵奖。1955 年,一个名为"逻辑理论家"(Logic Theorist)的程序以更加新颖精巧的方法证明了《数学原理》中 52 个定理中的 38 个。这项工作的缔造者艾伦·纽厄尔(Allen Newell)和赫伯特·西蒙(Herbert Simon)等开辟了智能机器的一条新途径。

紧接着一年后,在达特茅斯会议上明斯基、约翰·麦卡锡(John McCarthy)、香农和纳撒尼尔·罗切斯特(Nathaniel Rochester)等参与者(见图 1-4)讨论后提出"学习或

图 1-4　达特茅斯会议参与者合影①

———————————

① 图片参考链接:https://pic3.zhimg.com/80/v2-14ec945ffa59a1541b4cef043e7a6bba_hd.jpg。

者智能的任何一个方面都应能被精确地描述,使得人们可以制造一台机器来模拟它"。人工智能从此带着使命和活力进入人类世界,正式形成一门学科,开辟了一片崭新的科学天地。

2. 扬帆起航

达特茅斯会议之后,人工智能如同火山爆发,它掀起的浪潮席卷全球,同时也带来了累累硕果。计算机能够完成更多人类的高级任务,如解决代数应用题、几何证明以及语言领域的拓展。这些进步使得研究者热情高涨,对人工智能的完善充满信心,同时也吸引着大量资金进入该研究领域。

1958 年,赫伯特·吉宁特(Herbert Gelernter)基于搜索算法实现了几何定理证明机。纽厄尔和西蒙通过"通用解题器(General Problem Solver)"程序将搜索式推理应用范围扩大。同时,搜索式推理在搜索目标和子目标决策方面取得应用成效,如斯坦福大学的机器人——STRIPS 系统。在自然语言领域,罗斯·奎利恩(Ross Quillian)开发了第一个语义网。接着,约瑟夫·维森鲍姆(Joseph Weizenbaum)缔造了第一个对话机器人 ELIZA。ELIZA 能让人误以为是和一个人在交流,而不是和一台机器。ELIZA 的问世,标志着人工智能取得了重大进步。1963 年 6 月,麻省理工学院从美国高等研究计划局(ARPA)获得经费,让 MAC(The Project on Mathematics and Computation)项目落地前行。闵斯基和麦卡锡也是这一项目的主要参与者。MAC 项目在人工智能史上占有重要地位,对计算机科学的发展产生了重要影响,并催生了后来著名的麻省理工学院计算机科学与人工智能实验室。

这个时期,正如 1970 年闵斯基预测"在三到八年的时间里我们将得到一台具有人类平均智能的机器"的情形一样,人类期待加速人工智能历史发展进程,但是人工智能发展是一个不断完善成熟的过程,意味着之后将是一个缓慢前行的阶段。

3. 遭遇瓶颈

20 世纪 70 年代初,人工智能的发展速度逐渐变缓,当时最好的人工智能程序只能在某个点上解决问题,难以满足人们的需求。这是由于人工智能的发展碰到了难以轻松突破的瓶颈。在计算机能力上,由于人工智能对硬件资源要求高,当时的计算机内存和处理器速度难以满足实际的人工智能要求。很明显的一个例子就是在自然语言的研究上只能对 20 个单词的词汇表进行处理。在计算复杂性方面也受到了阻碍。1972 年理查德·卡普(Richard Karp)证明了很多问题的计算时间与输入量的幂成正比,这暗示着人工智能对于很多类似指数大爆炸问题的求解近乎不可能。在自然语言和机器视觉等领域,需要有大量的外界认知信息作为基础进行识别与认知。研究者发现,即使达到儿童程度的认知水平,人工智能数据库的构建也十分艰巨。对计算机来说,在定理证明和几何等数学问题上显示出的能力要远远强于处理在人类看来极其简单的任务,如物体辨识的能力,这使得研究者们近乎望而却步。

由于以上一系列因素,政府机构逐渐对人工智能的前景失去了耐心,开始转换资助方向,将资金转向其他项目。与此同时,人工智能研究者也备受冷落,人工智能渐渐淡出人们的视野。

4. 再次前行

经历了数年的低谷之后,伴随着"专家系统"的横空出世和神经网络的复燃,人工智能蓄力再度上路启程,重新成为热点。最早出现了由爱德华·费根鲍姆(Edward Feigenbaum)主导开发的能够根据一组特定逻辑规则来解决特定领域问题的程序系统。随后出现了可以诊断血液传染病的 MYCIN 系统,增大了人工智能特定领域应用的影响力。1980 年,XCON(eXpert CONfigurer,专家设置)程序因在自动根据需求选择计算机部件的方向上为客户节约了 4000 万美元的成本并带来了巨大商用价值而闻名于世,同时也大大提升了专家系统的研发热度。1981 年,日本对第五代计算机项目加大资助,定位于实现人机交互、机器翻译、图像识别以及自动推理功能,投入资金达到 8.5 亿美元。英国注入 3.5 亿英镑到 Alvey 工程,美国也加大了对人工智能领域的资助,一时群雄逐鹿。1982 年,约翰·霍普菲尔德(John Hopfield)的神经网络使得机器对信息的处理方式发生了跨越性的改变。1986 年,大卫·鲁梅尔哈特(David Rumelhart)将反向传播算法应用到神经网络中,形成了一种通用的训练方法。技术革新浪潮推动着人工智能不断向前发展。

但好景不长,人工智能之冬又一次悄然而至。以 XCON 程序为代表的专家系统应用的局限性以及高昂的维护成本,使其在市场上逐渐失去了当初的竞争力。初期对第五代工程的狂热投入没有收获期望的回报后,研发资金也逐渐枯竭。研究者的热情也随之顿减,一时人工智能饱受争议,陷入寒冬。

5. 黎明日升

饱受岁月磨炼,历经时光浮沉,秉承着对人类智能奥秘的追求,人工智能一直未停止前进的步伐。人工智能在发展过程中也增加了其他领域(如统计理论与优化理论等)

的活力。同时，与其他领域学科进行深度融合，为数据挖掘、图像识别以及机器人等领域带来一场技术革命。1997 年 5 月 11 日，国际商用机器公司（IBM）的深蓝计算机系统在国际象棋领域战胜人类世界冠军卡斯帕罗夫（Kasparov），如图 1-5 所示，使得人工智能重新进入世界舞台。

图 1-5　国际象棋世界冠军卡斯帕罗夫与国际商用机器公司的深蓝计算机对弈 [1]

同时基础硬件的飞速发展，也为人工智能的实现提供了基础，如英伟达公司的 Tesla V100 处理器速度达到十万亿次浮点运算每秒，更好地满足了人们对计算性能的需求。2011 年，谷歌大脑（Google Brain）利用分布式框架和大规模神经网络进行训练，在没有任何先验知识的情况下，在 YouTube 进行视频学习并识别出"猫"这个概念。2016 年，谷歌公司的 AlphaGo 在围棋领域击败世界冠军李世石，震惊世界。2017 年，AlphaGo 改进版再次胜过世界排名第一的职业棋手柯洁。这一系列的成就，标志着人工智能已经到达了一个新的高峰，孕育着更多领域的智能变革。

1.2　深度学习概论

1. 发展历史

为了让计算机掌握人类理解的知识，需要构筑一个由简单概念组成的多层连接网

---

[1]　图片参考链接：https://ytimg.googleusercontent.com/vi/ILfrKOPdRdM/mqdefault.jpg。

络来定义复杂对象,计算机通过对这个网络的迭代计算与训练后,可以掌握这个对象的特征,一般称这种方法为深度学习(Deep Learning,DL)。互联网的发展产生了庞大的数据量,为深度学习的发展提供了更大的机会,这也让人工智能成为当今的热点,而深度神经网络成了热点中的热点。多层神经元组成神经网络,其深度与层数成正比关系,网络层数越多,表达信息的能力也会越强,通过深度神经网络也会加深机器学习的复杂度。

1943 年,数学家沃尔特・皮茨(Walter Pitts)和心理学家沃伦・麦卡洛克(Warren McCulloch)首次提出了人工神经网络,并对人工神经网络中的神经元进行了数学理论建模,开启了人们对人工神经网络的研究。1949 年,心理学家唐纳德・奥尔丁・赫布(Donald Olding Hebb)给出了神经元的数学模型,首次引入了人工神经网络的学习规则。1957 年,弗兰克・罗森布莱特(Frank Rosenblatt)提出了利用 Hebb 学习规则或最小二乘法来训练参数的感知机人工神经网络模型,如图 1-6 所示,这是目前所知较早的人工神经网络。随后罗森布莱特在硬件上实现了第一个感知器模型 Mark 1。1974 年,保罗・维博思(Paul Werbos)提出基于反向传播算法来训练神经网络,随后杰弗里・辛顿(Geoffrey Hinton)等将其延伸到多层深度神经网络上。最早的递归神经网络(Recurrent Neural Network,RNN)是 1982 年提出的霍普菲尔德神经网络。1984 年,福岛邦彦提出了卷积神经网络的原始模型神经感知机(Neocognitron)。

图 1-6　罗森布莱特和感知机[①]

1990 年,约书亚・本吉奥(Yoshua Bengio)提出了序列的概率模型,首次将神经网络和隐马尔可夫模型结合在一起,应用在手写票识别上。1997 年,尤尔根・施密特胡

---

　①　图片参考链接:https://www. slideshare. net/xavigiro/why-supercomputing-matters-to-deep-learning-dlai-d3l2-2017-upc-deep-learning-for-artificial-intelligence。

博（Jurgen Schmidhuber）等提出了长短记忆网络（Long Short-Term Memory，LSTM），使得 RNN 在机器翻译领域取得了飞速发展。1998 年，杨立昆（Yann LeCun）提出了卷积神经网络（Convolutional Neural Network，CNN）理论。2006 年，深度学习先驱辛顿和他的学生在 *Science*（《科学》）杂志上提出了降维和逐层预训练的方法，消除了网络训练的困难，让深度网络在具体问题应用上看到了希望。2019 年，辛顿、杨立昆和本吉奥（如图 1-7 所示）三位先驱由于在深度学习领域做出了巨大贡献，并对当今人工智能的发展产生了深远的意义而荣获图灵奖。

图 1-7　2019 年图灵奖得主辛顿、杨立昆和本吉奥（从左到右）①

2. 应用现状

深度学习经过一系列的发展之后，展现出巨大的应用价值，不断受到工业界、学术界的密切关注。深度学习在图像、语音、自然语言处理、大数据特征提取和广告点击率预估方面取得明显进展。

2009 年，微软与辛顿展开合作，将隐马尔可夫模型融入深度学习中，研发商用的语音识别和同声翻译系统。2012 年，在全球范围内举办的图像识别国际大赛（ImageNet Large Scale Visual Recognition Challenge，ILSVRC）上，AlexNet 以绝对领先的优势夺得冠军。谷歌公司杰夫·迪恩（Jeff Dean）与斯坦福大学吴恩达（Andrew Ng）采用 16 万个 CPU 搭建的深层神经网络，在图像和语音识别上体现出惊人效果。深度学习与强化学习（Reinforcement Learning）相结合，可以提升强化学习的性能，使得 DeepMind 公司的强化学习系统能够自主学会 Atari 游戏，甚至能胜过人类玩家。

在高商业利润的推动下，出现了多种适合深度学习的基础架构，如 Caffe、

---

① 图片参考链接：https://uploadimg2.moore.live/images/news/2019-03-28/120828.jpg。

TensorFlow、PyTorch 和 MindSpore,也促进了深度学习在各领域发挥更大的应用价值。20 世纪 80 年代以来,深度学习不断汲取神经科学、统计学和应用数学中的知识,促进了自身的迅速发展并向更多领域中的实际问题伸出触角,同时也让计算机不断获得更高的识别准确性和预测能力。

3. 未来挑战

深度学习的发展得益于数据、模型和计算硬件的发展。由于互联网和信息技术的发展,使得海量数据可以被计算机所用,这是以前所不具备的数据量优势。深度神经网络的研究促进了神经网络模型的飞速发展,使得神经网络模型可以在更多领域中完成更多更复杂的处理任务。连续数十年半导体芯片和计算机技术的突飞猛进,为神经网络模型和数据提供了快速、高能效的计算资源,如 CPU、GPU、TPU 和华为公司最新推出的昇腾 AI 处理器。但是促使事物发展的因素往往也会由于自身的局限性而限制事物的发展,数据、模型和计算硬件与深度学习的关系也是如此。

在数据方面,大量数据的标注工作给深度学习带来了一个巨大挑战。由于深度学习需要大量的数据进行神经网络的训练,才能使其具备使用不同的神经网络模型解决实际问题的推理能力。这些原生数据不能直接用于训练,需要人工标注具体含义后才能使用,由于训练需要使用的数据量非常庞大,且数据类型复杂,部分传达的信息也需要具体相应领域的专家才能进行标注。因此,如果进行人工标注,耗时长、费用昂贵,这对于从事深度学习领域的研究机构或者公司来说,几乎难以承担。因此,研究者打算另辟蹊径,利用新的算法对无标注数据进行学习和训练,如对偶学习算法等,从而化解这一难题,但是前路漫漫,还需要很多的努力和时间。

对模型来说,如果要实现功能更广、应用性更强以及准确度更高的应用,就需要更复杂的模型,在神经网络上具体体现就是模型层数更多,参数量更大。复杂的模型带来的直接结果就是模型存储量越来越大,对计算平台的要求越来越高,产生的局限性不可忽视。但是近年来,深度学习在移动设备上的应用需求也在日益增长,而模型的局限性直接限制了模型自身应用的范围。如果要化解模型功能与应用范围之间的矛盾,就需要将模型轻量化,且需要保证模型的应用能力不受到影响。因此,人们在模型轻量化上引入了很多方法,如剪枝、权重共享以及低精度量化等,取得了相当可观的进展,但是还需要不断研究新方法来突破模型带来的限制。

任何现实技术的发展都难以脱离实现成本的制约,深度学习也是这样。当前虽然深度学习的计算硬件资源丰富,但是由于网络模型复杂,数据量庞大,所以模型的训练在有限的硬件资源上进行,耗时非常长,难以满足产品研究和开发的时效性需求。为了应对这个挑战,目前采取了扩大硬件计算平台来换取训练时间的方法,但是这些硬件价格不菲,也不能无限制地扩充,所以通过巨额花费所带来的时效性提升的程度有限。同时,通过构建强大计算力并花费高昂成本来缩短模型计算时间的策略,受益群体非常小,仅限于谷歌、阿里巴巴等大公司。为了化解这个难题,人们希望从算法角度出发,寻找更为高效而非暴力的算法设计,能够加速神经网络模型的训练和计算。这也需要一个缓慢的科研历程。

深度学习中许多方法还需要坚实的理论支撑,比如理论中涉及的分歧算法的收敛性等问题需要研究。深度学习一直以来被看作黑盒子和炼金术,关于深度学习的大多数结论来源于经验,缺乏理论的证明。深度学习缺乏严格逻辑化的佐证,也没有与人类历史积累的思维理论体系进行很好的融合,更没有涵盖一些抽象的理论证明。一部分学者认为,深度学习可以作为实现人工智能的众多方法之一,而不能期待其成为一把解决人工智能所有问题的万能钥匙。目前深度学习在静态任务上应用性较强,如图像识别和语音识别等,但是在动态任务处理上(如自动驾驶和金融交易等领域)仍然显得乏力,难以满足其高实时性和高复杂性的需求。

总而言之,深度学习在现代社会的诸多应用领域中大获成功是毋庸置疑的。但由于其在数据、模型、计算硬件和理论发展上存在众多的挑战,深度学习要想真正改变人工智能的未来,还有很长一段路要走。

1.3　神经网络理论

一千个读者就有一千个哈姆雷特,而不同领域的学者对神经网络也有不同理解:生物学家可能会联想到人脑神经网络的连接;数学家可能在推算神经网络背后的数学原理;深度学习工程师可能在思考如何对网络结构进行调整,对参数进行调优;从计算机科学的角度看,研究神经网络的计算特性以及计算实现则是最为核心的问题。

人工神经网络也可以简称为神经网络,是一门重要的机器学习(Machine Learning,ML)技术,是机器学习与神经网络两个学科的交叉学科。科学家们对最基本的神经元(Neuron)进行数学建模,并以一定的层次关系将神经元构建成人工神经网络,让其能够通过一定的学习、训练从外界学习知识并调整其内部的结构,从而解决现实中的各种复杂问题。人工神经网络基于生物神经元数学模型 M-P 神经元,发展到感知机,再继续演化成多层感知机,最后进化出目前比较完善的卷积神经网络等模型,得到了广泛的应用。

1.3.1　神经元模型

生物神经网络中最基本的单元是神经元,其结构如图 1-8 所示。在生物神经网络的原始机制中,每个神经元通常有多个树突、一个轴突和一个细胞体。树突短而多分支,轴突较长而且只有一个。在功能上,树突用于传入其他神经元传递的神经冲动,而轴突用于将神经冲动传出到其他神经元。当树突或细胞体传入的神经冲动使得神经元兴奋时,该神经元就会通过轴突向其他神经元传递兴奋。

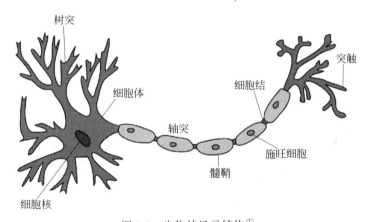

图 1-8　生物神经元结构[①]

20 世纪 40 年代,美国心理学家沃伦·麦卡洛克(Warren McCulloch)和数学家沃尔特·皮茨(Walter Pitts)根据生物神经元的结构和工作原理共同提出了 M-P 神经元模型——抽象的数学模型,如图 1-9 所示,M-P 正是这两位科学家名字的合称。在 M-P 神经元模型中,多个输入对应于多个树突,多个树突用于感受神经冲动,相当于每个神经元收到 n 个其他神经元经由轴突传递过来的输入信号 x_i。在生物神经元中,神经冲动经过复杂的生物效应进入细胞体,相当于在 M-P 神经元模型中这些信号通过权重 w_i 的作用进行加权求和输出,这些权重又称为连接权。一个树突接收一个突触传递过来的神经冲动,相当于输入信号和权重相乘得到一个输出 $x_i w_i$,生物细胞会感

---

　　① 图片参考链接:https://en.wikipedia.org/wiki/File:Neuron_Hand-tuned.svg。

受到多个突触传输过来的神经冲动产生兴奋。生物细胞中的兴奋反应然后又通过轴突传送给其他神经元时,相当于 M-P 神经元输入信号经过加权输出后与神经元阈值 b 进行处理后,通过激活函数的作用,产生输出进入下一个 M-P 神经元模型。因此,M-P 神经元的工作原理是对生物神经元进行数学抽象,并且可以通过人工进行重组和计算处理。

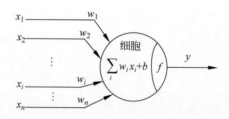

图 1-9　M-P 神经元模型

M-P 神经元模型完整示意图如图 1-9 所示,$x_1, x_2, \cdots, x_n$ 分别表示 n 个神经元提供的输入;$w_1, w_2, \cdots, w_n$ 分别表示 n 个神经元与当前神经元连接的权重;b 表示阈值,也称作偏置;y 表示当前神经元的输出,f 指的是激活函数。因此整个神经元的数学表达式为

$$y = f\left(\sum_{i=1}^{n} w_i x_i + b \right) \tag{1-1}$$

式(1-1)的作用是模拟生物神经元的工作机理,在神经元接收到多个输入信号后,进行加权求和,再与阈值做运算,式(1-1)中的阈值 b 为负数时,加上 b 等效于减去正阈值。之后通过激活函数进行输出控制,这个计算过程就展示神经元计算处理的过程。如果将多个输入表示成向量 $\boldsymbol{x} = [x_1, x_2, \cdots, x_n]^{\mathrm{T}}$,多个连接权重表示成向量 $\boldsymbol{w} = [w_1, w_2, \cdots, w_n]$,则神经元的计算处理模型就变为 $y = f(\boldsymbol{x} \cdot \boldsymbol{w} + b)$,输入信号向量和连接权重向量进行向量乘法运算后加上偏置值,最后经过激活函数进行处理而输出。

激活函数用来模拟生物神经元中细胞感受到兴奋而进行信号传递。对生物神经信号传输机制分析发现,神经细胞只存在两种状态:一种是达到神经细胞的兴奋状态,开启神经冲动传输;另一种是未能使神经细胞兴奋,没有产生神经冲动。而在 M-P 神经元中,对这种最理想输出激活的控制函数是阶跃函数,如图 1-10 所示,即将神经元输入值加权处理后与阈值的差值映射成 1 或 0,若差值大于或等于零,则输出 1,对应生物

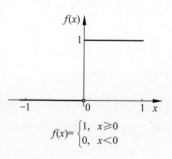

$$f(x) = \begin{cases} 1, & x \geqslant 0 \\ 0, & x < 0 \end{cases}$$

图 1-10　阶跃函数曲线

细胞的兴奋状态；若差值小于零，则输出 0，对应生物细胞的抑制状态。

　　M-P 神经元模型第一个对生物神经元的特性进行数学建模，从计算原理上模拟了生物神经元的工作机理，揭开了生物思维处理的神秘面纱，同时为后续神经网络的发展打下了基础，对神经网络的原子化结构建立产生了深远的借鉴意义。

1.3.2　感知机

　　感知机结构如图 1-11 所示，是基于 M-P 神经元模型发展而来的人工神经网络模型。感知机是从网络角度来对神经元进行描述，由两个层次构成：第一层为输入层，由 $m+1$ 个输入数据 $x_0, x_1, \cdots, x_m$ 构成，只进行数据的接收和输出，不需要进行计算；第二层为输出层，由 $m+1$ 个权重 $w_0, w_1, \cdots, w_m$ 的网络输入函数和激活函数构成，对输入层的数据进行计算。网络输入函数可以表示为一个加权求和计算，激活函数与 M-P 神经元不同，感知机采用了反对称的符号函数，如式(1-2)所示，输入大于或等于 0 时输出取 +1，输入小于 0 时输出取 −1。从整体上看，感知机就是一个多输入单输出的网络。

$$f(x) = \begin{cases} +1, & x \geqslant 0 \\ -1, & x < 0 \end{cases} \tag{1-2}$$

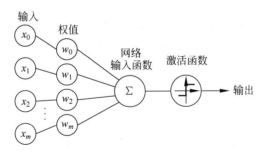

图 1-11　感知机结构

　　感知机和 M-P 神经元模型的基本数学原理一致，继承了神经元的计算模型 $y = f(\boldsymbol{x} \cdot \boldsymbol{w} + b)$。同时由于感知机把训练集的正例和反例划分为两个部分，并能够对新的输入数据进行评估分类，所以从本质功能上看，感知机是一个二分类的器件。感知机在实现二分类时，正如一个人怎么学习去识别一个物体。例如，老师教会学生识别苹果这个物体时，老师首先会展示一个正例，拿出一个苹果并告知学生"这是苹果"，之后会展示一个反例，拿出香蕉并告知"这个不是苹果"。然后，老师继续展示一个正例，拿一个稍微不同的苹果，并告知学生"这也是苹果"。以此不断进行演示和告知，经过长期训练，学生最终学会了判断什么是苹果，从而学会了区分苹果的技能。这个"区分苹果"的技能对感知机来说就是一个经过训练后得到的模型。

感知机的出现,直接为神经元的应用找到了初步的方向,通过基于 M-P 神经元模型得到的感知机,是一个实际可用的简单人工神经网络,能够解决简单的线性二分类问题。如图 1-12 所示,通过线性方法给两类对象进行分类,感知机可以找到图 1-12 中的 $(x_1, 0)$ 和 $(0, y_1)$ 两点所在的虚线,正确区分＋和－两类对象。同时,感知机还具有功能迁移性,能够采用 Hebb 学习规则或者最小二乘法进行重训练,仅通过调整感知机网络中的权重而不改变整个感知机的网络结构,便能让同一感知机具备解决不同的二分类问题的功能。

另外,特别重要的是,感知机还具有硬件可实现性,第一个在硬件上实现的感知机模型 Mark1,实现了神经网络由理论向应用技术硬件实例化的发展。由于感知机展示出的应用价值,曾一度引起各界的关注,在人类揭开智能奥秘的漫长进程中迈出了坚实的一步。

不例外的是,感知机也具有局限性,仅限于应用在线性二分类问题上,而不能解决简单的异或(XOR)问题。异或运算如图 1-13 所示,用＋表示 1,用－表示 0,因此通过异或运算存在四种对应关系:①0 XOR 0 ＝－,对应于坐标系中左下角－;②0 XOR 1＝＋,对应于坐标系中左上角＋;③1 XOR 0 ＝＋,对应于坐标系中右下角＋;④1 XOR 1＝－,对应于坐标系中右上角－。这四种对应关系产生了两种结果的＋和－。如果想通过线性分类器进行分类,感知机就无法在坐标区域中找到一条直线将＋和－分别归于两个区域。因此,感知机的应用极其局限,需要寻找新的方法来解决更加复杂的分类问题。

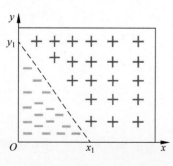

图 1-12　线性二分类问题

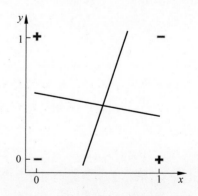

图 1-13　异或运算(异或问题不能通过线性分类解决)

1.3.3 多层感知机

1. 工作原理

感知机只能处理线性分类问题,输出结果也只有 0 和 1 两种。为了解决更加复杂的问题,如多种分类结果输出问题等,基于传统的感知机结构,采用多个隐藏层的深度结构来代替感知机的单层结构,这种深度结构叫作多层感知机模型(Multilayer Perception,MLP),也称作全连接神经网络(Fully Connected Neural Network,FCNN),同时也是最早的深度学习前馈神经网络模型。多层感知机主要可以将输入分类为多个输出,功能上相当于一个分类器,只是分类能力比感知机要强。在多层感知机中,数据只能单向流动,从输入层进入,通过隐藏层再到输出层,在网络中不会构成循环和回路。

多层感知机中的输入节点构成输入层,接收来自外部的数据,但不对数据进行处理,直接传递给隐藏节点。隐藏层由隐藏节点构成,隐藏节点不接收外部数据,只接收来自输入节点传递的数据,计算并传递给输出节点。多层感知机可以没有隐藏层,也可以有多个隐藏层,但是必须包含一个输入层和一个输出层。输出节点组成输出层,输出层接收来自上一层的数据(可能是输入层,也可能是隐藏层),计算并将结果传递给外部系统。隐藏节点和输出节点因为具有神经元的计算处理功能,因此可以等效为神经元。感知机可以看作是最简单的多层感知机,没有隐藏层,但有多个输入和一个输出,只能对输入数据进行简单的线性二分类。

图 1-14 中展示了含有两个隐藏层的多层感知机,结构为"输入层→隐藏层 1→隐藏层 2→输出层"。每一层之间采用了全连接的方式进行数据传输,即每一层神经元都和上一层的每个神经元进行连接。在图 1-14 中,隐藏层 1 中神经元对输入层传入的数据进行处理生成神经元的输出,例如神经元 1 接收输入产生一个输出,整个隐藏层 1 共有 4 个神经元,因此共有 4 个输出结果。这 4 个输出结果传入隐藏层 2 中的神经元进行处理,共有 3 个输出。以此类推,多层递进处理后产生最终的输出结果。因此,整个多层感知机中最终输出结果可以看成是多层神经元进行了多次嵌套计算后产生的结果。

从计算的角度而言,由于具备前馈网络数据单向流动的特性,多层感知机本质上是感知机模型的嵌套调用,即输入数据向量经过多次的神经元计算模型(如式(1-1)所示)的重复处理,得到输出结果。现在多层感知机中每一层有多个神经元,其输入为向

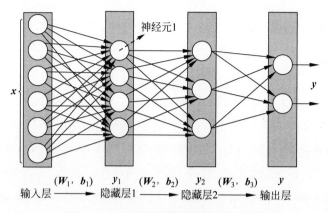

图 1-14　含有两个隐藏层的多层感知机

量 x，输出为向量 y，每个神经元的权重是一个向量 w，多个神经元的权重向量 w 组成了权重矩阵 W。同理，一层神经元的多个偏置组成了偏置向量 b。因此可以将一层的多个神经元的全连接计算模型，用式（1-3）表示，输入向量 x 和权重矩阵进行乘法运算后累加上偏置向量，再经过激活函数 f 的处理，得到输出向量 y，完成了网络一层中多个神经元的计算。

$$y = f(x \cdot W + b) \tag{1-3}$$

在图 1-14 中，用向量 x 和向量 y 分别表示多层感知机的输入数据和输出数据，用 W_1, W_2, W_3 分别表示不同层的神经元之间连接权重组成的权重矩阵，用 b_1, b_2, b_3 分别表示不同层的神经元偏置值组成的偏置向量，向量 y_1, y_2 分别表示隐藏层 1 和隐藏层 2 的计算输出向量。当输入向量从输入层进入隐藏层 1 中，会有权重矩阵 W_1 和偏置向量 b_1 进行作用，经过全连接计算模型计算后，输出向量 y_1 作为隐藏层 2 的输入向量，继续通过全连接计算模型进行传递计算，最终通过输出层得出多层感知机的结果 y。这个计算过程就是全连接网络的典型计算流程。

2．计算复杂性

多层感知机克服了感知机无法实现对线性不可分数据判别的缺点，能够解决非线性的分类问题（例如异或问题）。同时，随着层数的增加，在有限区间中任意函数都可以用多层感知机来近似，使得其在语音识别和图像识别等领域得以广泛应用。但当人们开始认为这种神经网络能够解决几乎所有问题时，多层感知机的局限性开始显露。由于多层感知机采用全连接形式，参数过多，导致训练耗时太久，计算量太大。同时模型容易陷入局部最优解，从而导致整个多层感知的优化出现困难。

为了说明多层感知机的计算量,可以选取一个简单的多层感知机进行计算。如图 1-15 所示,结构为"输入层→隐藏层→输出层"共 3 层的多层感知机,输入层有 700 个输入,即可以接收的输入向量为 700 个。隐藏层由 400 个神经元构成,这些神经元与输入层进行全连接,每个神经元都有 700 个连接,每个连接都有一个权重,因此隐藏层与输入层的连接权重矩阵大小为 700×400,同时每个隐藏层的神经元还有一个偏置,所以隐藏层的偏置向量为 400 个。假设输出层有 10 个输出,输出层与隐藏层也是全连接,因此输出层和隐藏层之间权重矩阵为 400×10,输出层的偏置向量为 10 个。因此整个多层感知机的权重总数量为 $700 \times 400 + 400 \times 10 = 284\,000$,偏置的总数量为 $400 + 10 = 410$。一个神经元的一个权重需要与输入数据进行一次乘法运算,因此整个多层感知机需要完成 284 000 次乘法操作。同时每个神经元在做加权求和时,加法操作比乘法少一次,但是还需要一次与偏置相加的操作,因此加法的总次数与乘法次数相等,即为 $(700-1) \times 400 + 400 + (400-1) \times 10 + 10 = 284\,000$。

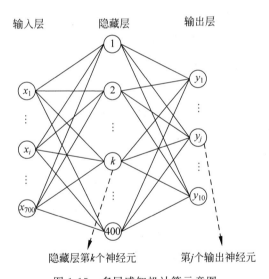

图 1-15　多层感知机计算示意图

在这个简单的例子中,即便是只有一个隐藏层的多层感知机,用来解决 700 个输入的 10 分类问题,多层感知机的参数量、乘法和加法量分别都达到了近 30 万次,这个计算量和参数量都已经非常庞大了。考虑到如果输入为 1000×1000 像素的图片,目前已经不算是大图了。其像素量达到了 100 万,输出 1000 个节点用于 1000 个分类,那么即使整个多层感知机只包含一层 100 个节点的隐藏层,其计算量和参数量就已轻松过亿。即便以今天主流计算机的算力来衡量,这样的计算量和参数量已经不容小觑了。

此外,对于图像识别任务而言,每个像素和其周围像素的联系非常紧密,而与距离较远的像素的相关性比较小。但是,多层感知机只能以向量的形式输入,因此,二维矩阵的图像必须转换成向量才能输入多层感知机中进行计算处理。换言之,这种向量方式的输入使得图像中的所有像素都被等同对待,而没有利用到图像中像素之间的位置相关信息,很多连接对特征提取所起的作用很小,这样就直接导致长时间训练出的很多权重值都非常小,对最终结果的作用几乎可以忽略,使得多层感知机训练时间成本太高且获益较低。同时过多的参数和计算也直接对预测和应用的计算性能产生较大影响。

在多层感知机的功能适用范围上,虽然多层感知机的层数越多,表达能力越强,适用范围也越广,但是想通过常用的梯度下降方法来训练层数较多的多层感知机是非常困难的,层数会直接影响参数和计算量。一般来说,梯度很难传递超过 3 层,因此不可能得到层次很深的多层感知机。由于多层感知机存在无法解决的计算量过大的问题,目前并没有特别有效的方法,这迫使人们继续寻找更为高效的神经网络算法。

1.3.4 卷积神经网络

由于多层感知机是采用全连接前馈网络形式进行网络构建的,参数太多,因此导致了训练耗时长和网络调优难等局限性。同时由于全连接的形式,网络在工作的时候重点关注图像的全局特征,而使图像局部丰富的特征信息难以被捕捉。这些局限迫使人们寻求新的网络结构来推动该领域的发展。因此多层神经网络应运而生,多层神经网络克服了多层感知机的局限性,而其中的卷积神经网络正是众多典型的多层神经网络的代表。

卷积神经网络以神经元模型为基础,通过一定的层次结构将成千上万的神经元连接起来,形成特定规律的层次结构。但是从计算机科学的角度而言,卷积神经网络的本质始终是 M-P 神经元模型的递归调用。

最早的真正意义上的卷积神经网络是 LeNet5,由杨立昆于 1998 年在其论文 *LeNet5-Gradient-Based Learning Applied to Document Recognition* 中提出。但是直到 2012 年,AlexNet(8 层卷积神经网络)在 ILSVRC 比赛分类项目中以 Top-5 错误率为 15.3% 获得了冠军,并且准确度远超第二名时,卷积神经网络才再次掀起研究神经网络的热潮,同时也重新让深度学习受到重视。AlexNet 也成了深度神经网络的奠基之作。

卷积神经网络之所以一直到 2012 年才火起来，一方面是由于异构计算的兴起让人们能够利用大量 GPU 的算力来进行网络训练，同时数据量爆发式的增长也为网络训练提供了足够多的训练数据；另一方面是因为神经网络的深度问题逐渐被解决，也让深度卷积神经网络得以实现稳定的训练。目前常见的深度神经网络，如 AlexNet、VGG 和 GoogLeNet 等都属于卷积神经网络。

卷积神经网络在多层感知机的基础上做了很多改进，引入局部连接、权重共享以及池化等特性，使得多层感知机在训练耗时长和网络调优难等方面的局限得到明显改善，这在很大程度上解决了感知机的固有缺陷。同时卷积神经网络具有较强的特征提取和识别分类能力，因此在图像领域应用极其广泛，常见的应用有目标检测、图像识别分类以及病理图像诊断等。

1. 网络结构简介

卷积神经网络需要经过结构定义、网络模型训练和推理计算三个过程。开始针对具体的应用场景，需要进行卷积神经网络的层次架构定义，如输入层、卷积层、池化层、全连接层以及输出层。对这些主要层进行灵活排列或重复利用，再进行叠加，可以产生种类繁多的卷积神经网络。在定义好卷积神经网络结构后，需要采用大量数据对网络进行训练，获得网络的最优权重以及其他参数。训练完成后，获得了最优网络结构的模型才可以对新的数据进行推理计算，完成测试或者预测。实际上，在卷积神经网络的应用过程中，卷积神经网络的最终目的是为具体的人工智能应用计算提供一个端到端的训练好的学习模型，这个学习模型在具体应用中完成对物体的特征提取和识别分类。

如图 1-16 所示，LeNet5 网络结构是最为经典，也是最为古老的卷积神经网络结构。LeNet5 网络包含一个输入层、两个卷积层、两个池化层、两个全连接层和一个输出层，网络结构为"输入层→卷积层 1→池化层 1→卷积层 2→池化层 2→全连接层 1→全连接层 2→输出层"。其数据从输入层输入，依次经过卷积层、池化层、全连接层，最后到输出层，数据单向流动。因此，LeNet5 也是典型的前馈神经网络，而后来的卷积神经网络基本上都是在这个基础上发展的。每一个功能层（如卷积层、池化层等）都有着输入特征图（Input Feature Map）和输出特征图（Output Feature Map）。同一功能层所有输入特征图有相同的大小，同一功能层所有输出特征图有相同的大小，但是同一功能层输入特征图和输出特征图的大小和数目是否相等取决于功能层的计算特性。

和传统图像处理一样，在输入图像之前，需要在输入层对输入图像数据进行预处

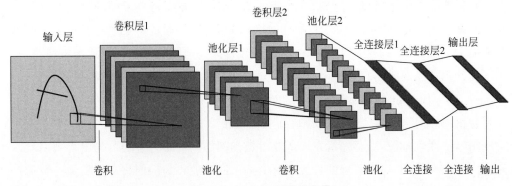

图 1-16　LeNet5 网络结构①

理,使得输入层得到的数据满足卷积神经网络计算的格式需求。一般而言,输入图像数据也称为输入特征图,可以是以 RGB 格式组成的三维 8 位整型数据,例如 224×224×3 的输入图像数据,其数据形式为[224,224,3]。其中第一个 224 为图像宽度;第二个 224 为图像高度,而整张图的像素数量为高度乘以宽度,即 224×224;3 表示输入特征图的通道数,如 R、G 和 B 共三个颜色通道。因此,一个输入特征图由宽度、高度和通道数组成。

神经网络一般会将输入数据按要求进行求均值处理,使得样本数据的中心调整到坐标系原点。此外,为了方便卷积神经网络学习,还会将输入数据归一化到特定的范围,比如[-1.0,1.0],因此最终输出通常用单精度浮点数表示。有时为了适配神经网络的输入,还会将输入数据的大小调整到指定大小;有时也会通过主成分分析(Principal Component Analysis,PCA)对数据进行降维等。总之,输入层是为了准备好让卷积神经网络可以方便处理的数据,作为数据的源头,接下来交由卷积层、池化层等进行处理,最后由全连接层计算结果给输出层。

2. 卷积层处理

输入层对卷积层输送数据,由卷积层进行处理。卷积层作为神经网络中运算的核心层,可以增强特征信息,过滤无用信息。卷积层通过多次卷积计算来提取输入特征图数据中的关键特征,为下一层生成输出特征图。卷积层通常采用二维卷积计算对图像进行卷积,在以每个像素为中心的邻域中进行卷积计算,每个神经元对每个像素进行邻域加权求和后输出结果,并加上偏置使最终的结果调整至合适的范围,这个最终

---

① 图片来自论文：LeNet5-Gradient-Based Learning Applied to Document Recognition。

结果称为特征值。卷积层中多个神经元的输出特征值构成特征图像。

卷积过程中的加权求和会用到卷积核,卷积核也称为过滤器(Filter)。单个卷积核通常是三维矩阵,需要用三个参数来描述,分别是宽度、高度和深度。深度与输入特征数据的通道数保持一致,如图 1-17 所示的卷积核深度为 3。不同卷积核会提取不同的特征,如有的卷积核对颜色信息敏感,而有的卷积核对形状信息很敏感,因此一个卷积神经网络中可以包含多个卷积核。

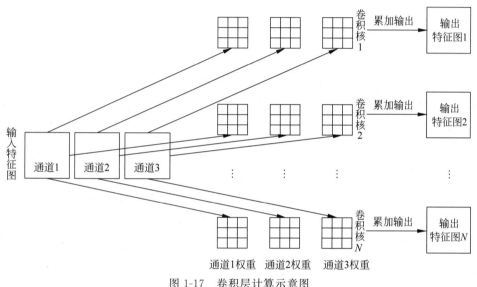

图 1-17　卷积层计算示意图

卷积核的值以二维权重矩阵的形式来存放,权重矩阵使用宽度和高度表示,大小和卷积核相同。而一个卷积核中权重矩阵的数量与卷积核的深度保持一致,即与输入特征图的通道数相等。卷积核针对特征图像上一次滑动的距离称为步长。卷积核权重一般采用 1×1、3×3 或 7×7 等大小的矩阵,每一个卷积核的权重会对输入特征图上的所有卷积窗口共享。同一层卷积核大小一样,但是不同卷积层的卷积核大小可以不同。图 1-18 中,在第一层的所有卷积核的大小统一为 3×3。

卷积核作用的卷积窗口对应于原始输入特征图的部分称为感受野。感受野是一个原始输入特征图上的矩形区域,因为可能有多个卷积层,因此当前卷积输入特征图上的卷积窗口大小和感受野的尺寸有可能不同,而第一个卷积层的卷积窗口一般和感受野的大小相同。感受野用高度和宽度两个参数来表示,而卷积窗口的高度和宽度与同一层的卷积核高度和宽度保持一致。如图 1-18 所示,在第一个卷积层上的 3×3 大小的卷积核对应输入图像上感受野大小为 3×3,同时原始输入特征图上的卷积核以步

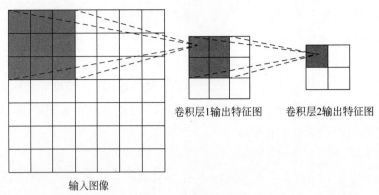

卷积层1输出特征图　　卷积层2输出特征图

输入图像

图 1-18　感受野示意图

长为 2 进行滑动。在第二个卷积层上 2×2 大小卷积核对应在第一个卷积层输出特征图上的卷积窗口大小为 2×2，而对应到原始图像上的感受野大小为 5×5。

　　由于神经元无法对输入特征图的所有信息进行感知，只能每次通过卷积核作用在原始输入特征图的感受野中，所以感受野的面积越大，则表示卷积核作用在原始图像上的面积越大。当卷积核在输入特征图上以特定步长进行横向和纵向滑动时，每次滑动都会进行权重矩阵和对应输入特征图上对应元素相乘后累加，最终再叠加上偏置得到输出特征值的计算。当卷积核遍历输入特征图的所有位置后，即生成一个二维的输出特征图，最后通常会将对应于同一个卷积核的所有通道的输出特征图累加起来生成这个卷积核的最终输出特征图。多个卷积核会生成多个输出特征图作为下一层的输入。

　　在卷积核操作完成输出后，输出特征图中的每一个特征值还需要通过激活函数进行激活处理，由于理想的阶跃函数不连续且不光滑，在实际中很难实现。卷积神经网络模型在实际应用中，常用 sigmoid 函数、tanh 函数以及 ReLU（Rectified Linear Unit，线性整流）函数来近似阶跃函数。激活函数对输出特征值进行过滤输出，保证有效信息的传输。同时，激活函数通常是非线性的，而卷积核运算本质上还是线性的。也就是说，卷积神经网络中神经元只具有线性处理功能，而神经元本身的组合方式也是线性的，由于线性函数的线性组合仍然是线性的，因此不管神经网络有多深，都有浅层网络可以与之等效。而激活函数为神经网络引入了非线性因素，增强了深度学习对于非线性特征的拟合能力。

　　1）卷积层特性

　　在多层感知的基础上，由于权重数量对模型的训练、计算和存储影响都很大，因此卷积神经网络采用了局部连接和权重共享来对权重进行参数优化与精简，减小了网络模型的存储空间，提升了计算性能。

（1）局部连接。

在多层感知机中采用了全连接模式，每个神经元几乎对整个图像进行处理。如图 1-19（a）所示，神经元 1 作用于输入图像的所有像素点，与每个像素的连接中都有一个权重，这样单个神经元产生了很多权重参数，同时还有多个神经元，造成所有神经元的参数数量极为庞大。而卷积神经网络采用了局部连接（Sparse Connection）模式，使得卷积层中每个神经元只针对输入特征图中感受野范围内的数据进行处理，这正是卷积神经网络展现的另一个改进优势。

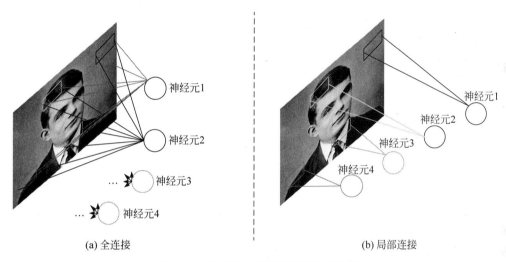

(a) 全连接   (b) 局部连接

图 1-19　全连接和局部连接模式对比[①]

在图 1-19（b）中，神经元 1、神经元 2、神经元 3 和神经元 4 分别只对一小部分区域的像素有作用，使得总体的权重参数锐减。这种卷积神经网络中采用局部连接的理论基础是因为在特征图像中，每一个像素和其相邻像素的联系比较紧密，而距离较远的像素则相关性较弱，因此单个神经元屏蔽距离较远像素的影响，对输出特征的提取影响很小，同时会带来神经网络模型参数量的减小。

（2）权重共享。

输出特征图上不同的特征值由卷积层中不同神经元处理生成，同一个卷积层中不同神经元使用了同一个卷积核进行卷积计算，因此这些神经元之间存在权重共享，而权重共享模式极大精简了整个卷积神经网络参数数量。如图 1-20 所示，在权重参数独立的模式下，同一卷积层上神经元 1、神经元 2、神经元 3 和神经元 4 都有各自不同的权

---

① 　图灵图片来源：https://en.wikipedia.org/wiki/Alan_Turing。

重,分别对应权重 1、权重 2、权重 3 以及权重 4。而在权重共享模式下,4 个神经元共用相同的权重 1,直接将这个神经元的权重总数量减到权重独立模型下的 1/4,大大降低了神经网络的参数量。

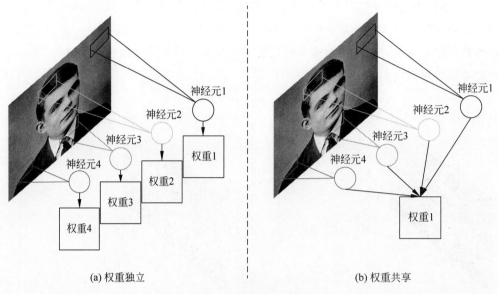

(a) 权重独立   (b) 权重共享

图 1-20　权重共享[①]

权重共享之所以对输出特征图影响较小,是因为每张图像都有着固有特征信息,也就是说,对于这些固有特征信息在图像中的每一部分都会体现出来,并且图像的不同部分存在共同的相似性。因此对图像不同部分采用相同的特征提取方法,即使用相同的权重进行卷积计算,也可以有效地获取整张图像的特征信息,而且特征信息的损失较小,能确保图像特征的完整性,同时又可以让权重数量成倍减小。因此不管卷积层有多少个神经元,对于每张图像,只需要训练一组权重,就可以满足整层的处理需要,这样就大大减少了训练参数所需的训练时间。但是有时候权重共享也会失效,比如如果输入图像具有中心结构,同时希望通过卷积在图像的不同位置提取出不同特征时,则不同图像位置所对应的神经元就可能需要不同的权重。

2）卷积层计算方法

（1）直接卷积。

卷积层的计算有多种实现方法,最直接的便是直接卷积。直接卷积是按照卷积层

---

① 图灵图片来源：https://en.wikipedia.org/wiki/Alan_Turing。

的计算特性进行计算,在计算之前需要对输入特征图补零(Padding)。补零的好处之一是可以让输入特征图在卷积层处理后,输出特征图和输入特征图的大小保持一致。同时,补零可以有效保护输入特征图的边缘特征信息,使其在卷积层处理过程中得到有效保护。如果输入特征图不补零,则输入数据在卷积计算过程中会减小,从而让图像边缘特征丢失。因此,补零是卷积层计算之前的常用预处理方法。

卷积核中的权重矩阵在经过补零后的输入特征图中滑动,每次在输入特征图中会划出一个与权重矩阵大小一致的子矩阵与之进行对应元素的相乘并累加(或者称为"点积"计算)。这里将这个子矩阵称为输入特征子矩阵,一个输入特征图中输入特征子矩阵的个数与输出特征图中的元素个数相同。

本书后面会提到大多数的卷积神经网络加速器的设计采用的都是直接卷积的计算模式。例如谷歌公司提出的张量处理器(Tensor Processing Unit,TPU)采用的是脉动阵列的计算方式。这种计算方式利用了输入、输出特征图并行和权重并行,并且在架构设计上很大程度复用了权重和输入数据,能够减少计算单元对于带宽的需求,实现很高的计算并行度。

具体来讲,如图 1-21 所示,对于只有一个通道的输入特征图矩阵 X,为 5×5。现在共有两个卷积核,其中卷积核 1 的权重为 W_1,b_1 偏置中的所有元素为 0;卷积核 2 的权重为 W_2,b_2 偏置中的所有元素为 1;两个卷积核的权重都是 3×3 的矩阵,卷积核移动的步长为 2,边界补零的延伸长度为 1。

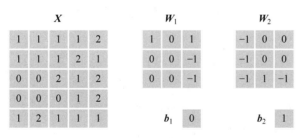

图 1-21　卷积输入数据

如图 1-22 所示,进行卷积计算时,首先对于输入特征矩阵 X 进行补零操作,由于补零的延伸长度为 1,所以将特征矩阵向外延伸一圈,得到矩阵 X_p。正式计算时,权重 W_1 在 X_p 矩阵中的初始位置 X_1 开始计算,将权重元素与 X_p 中输入特征子矩阵 X_1 处的所有元素进行对应的点积操作,再加上偏置后得到输出特征矩阵 Y_1 的第一个元素的值为 -2,其计算过程是:$0 \times 1 + 0 \times 0 + 0 \times 1 + 0 \times 0 + 1 \times 0 + 1 \times (-1) + 0 \times 0 + 1 \times 0 + 1 \times (-1) + 0 = -2$。计算完成 Y_1 的第一个元素后开始行滑动计算,权重 W_1 矩阵向左滑动 2 个元素的步长距离，这时权重 W_1 与矩阵 X_p 中输入特征子矩阵 X_2 发生重叠，进行对应元素的点积操作并加上偏置，得到输出特征矩阵 Y_1 的第二个元素的值为－3。以此计算规律，完成输出特征矩阵 Y_1 中第一行的所有元素的计算。在进行输出特征矩阵 Y_1 第二行的元素计算时，需要注意的是，权重 W_1 需要从输入特征子矩阵 X_1 的位置垂直向下滑动 2 个元素的步长，才能计算输出特征矩阵 Y_1 中第二行的第一个元素值 1，如图 1-22 中列滑动计算所示。卷积核移动的步长在输入特征图中的横向和纵向移动上都发挥着作用。由此经过 9 次的权重与输入特征子矩阵的点积运算后，得到输出特征图 Y_1 的所有元素值。对于卷积核 2 可使用同样方法得到输出特征图 Y_2。

至此，通过直接卷积的方法完成了输入特征图和权重矩阵的卷积计算。当然，在实际应用过程中，每个卷积核会有多个通道，需要使用每一卷积核中一个通道上的权重矩阵对同一通道中输入特征图进行卷积运算，完成该卷积核中所有通道的卷积运算后再把所有通道的结果累加起来作为该卷积核的最终输出特征图。

（2）矩阵乘法实现卷积。

除了上面介绍的直接卷积的方法，也可以通过矩阵乘法来实现卷积，并且这种方式被广泛运用在 CPU、GPU 等一些具有通用编程性的计算芯片上，其中也包括华为公司的昇腾 AI 处理器。

这种方法首先通过 Img2Col(Image-to-Column)将卷积层中的输入特征图和卷积核权重矩阵展开，然后将卷积中输入特征子矩阵和权重矩阵对应元素的点积操作转换成矩阵运算中行与列向量的乘加运算，这样就能够将卷积层中的大量卷积计算转化成矩阵运算本身的并行度。因此，处理器中只需要高效地实现矩阵乘法，便能够高效地进行卷积运算。CPU 和 GPU 都提供专门的基本线性代数程序集库（Basic Linear Algebra Subprograms，BLAS）来高效地实现向量和矩阵运算。

Img2Col 的展开方法是将每一个输入特征子矩阵展开成一行（也可以是一列），生成新的输入特征矩阵，其行数和输入特征子矩阵的个数相同。同时将卷积核中的权重矩阵展开成一列（也可以是一行），多个权重矩阵可以排列成多列。如图 1-23 所示，将输入特征图 X_p 通过 Img2Col 展开成新的矩阵 X_{I2C}。首先将输入特征子矩阵 X_1 展开成 X_{I2C} 的第一行，输入特征子矩阵 X_2 展开成第二行，因为共有 9 个输入特征子矩阵，所以按此方法可展开成 9 行并生成最终的 X_{I2C} 矩阵。同理，可将 2 个卷积核的权重矩阵 W_1、W_2 按照列展开成矩阵 W_{I2C}，偏置量矩阵 b_{I2C} 也可以同样展开得到。接下来进行矩阵乘法运算，将 X_{I2C} 的第 1 行与 W_{I2C} 的第一列进行计算，再加上偏置便可得到 Y_{I2C} 的第 1 个元素值，依次计算下去得到整个输出特征矩阵 Y_{I2C}。

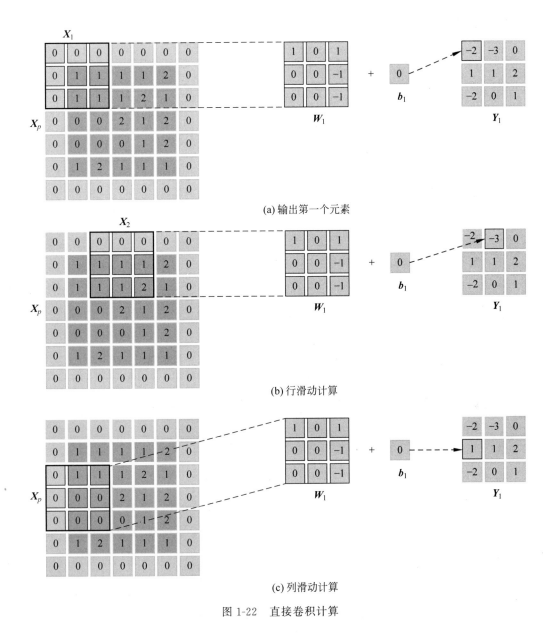

(a) 输出第一个元素

(b) 行滑动计算

(c) 列滑动计算

图 1-22　直接卷积计算

　　Img2Col 的作用就是将卷积通过矩阵乘法来计算,从而能在计算过程中将需要计算的特征子矩阵存放在连续的内存中,有利于一次将所需要计算的数据直接按照需要的格式取出进行计算,这样便减少了内存访问的次数,从而减小了计算的整体时间。而直接卷积计算时,由于输入特征子矩阵存放在内存中地址有重叠但不连续的空间上,在计算时有可能需要多次访问内存。由于多次访问内存直接增加了数据传输时

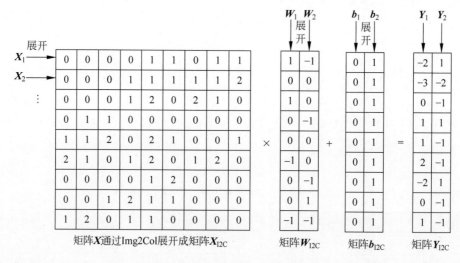

图 1-23　矩阵相乘实现卷积

间,从而进一步影响了卷积计算速度,因此 Img2Col 在卷积加速计算中起着促进作用,为卷积计算转换成矩阵乘法提供了必要的基础。

在一个卷积核中偏置值为常数时,还可以对加偏置的计算进行优化,将偏置值和卷积核的权重矩阵进行合并,在输入特征矩阵中添加系数,直接通过矩阵乘法一次性实现矩阵乘法和累加偏置的计算。如图 1-24 所示,在 $\boldsymbol{X}_{\mathrm{I2C}}$ 矩阵添加系数矩阵 $\boldsymbol{I}$,$\boldsymbol{I}$ 矩阵为 9×1 矩阵且其元素全为 1;在 $\boldsymbol{W}_{\mathrm{I2C}}$ 矩阵中添加偏置矩阵 $\boldsymbol{b}$,其中 $\boldsymbol{b} = [0\ 1]$。则计算式为

$$\boldsymbol{Y}_{\mathrm{I2C}} = (\boldsymbol{X}_{\mathrm{I2C}} \quad \boldsymbol{I}) \cdot \begin{pmatrix} \boldsymbol{W}_{\mathrm{I2C}} \\ \boldsymbol{b} \end{pmatrix} = \boldsymbol{X}_{\mathrm{I2C}} \cdot \boldsymbol{W}_{\mathrm{I2C}} + \boldsymbol{b}_{\mathrm{I2C}} \tag{1-4}$$

由式(1-4)可得,矩阵$(\boldsymbol{X}_{\mathrm{I2C}} \quad \boldsymbol{I})$与$\begin{pmatrix} \boldsymbol{W}_{\mathrm{I2C}} \\ \boldsymbol{b} \end{pmatrix}$矩阵的乘法,即等价于 $\boldsymbol{X}_{\mathrm{I2C}}$ 和 $\boldsymbol{W}_{\mathrm{I2C}}$ 相乘后再加上 $\boldsymbol{b}_{\mathrm{I2C}}$ 的结果。通过增加矩阵的维度,可以仅仅使用矩阵乘法进行计算,在硬件上节省了计算资源,简化了计算步骤。

值得一提的是,现代处理器中卷积还可以通过诸如快速傅里叶变换(Fast Fourier Transform,FFT)和 Winograd 算法等其他方式实现。这些方式都是通过将复杂的卷积运算等价变换成另一个空间的简单运算,从而降低了计算复杂度。英伟达公司提供的 cuDNN 库中的卷积部分地使用了 Winograd 算法。一般在卷积神经网络中,卷积层的参数量和计算量占了整个网络的绝大多数,因此合理加速卷积层的计算能够极大提升整个网络的计算速度和系统的执行效率。

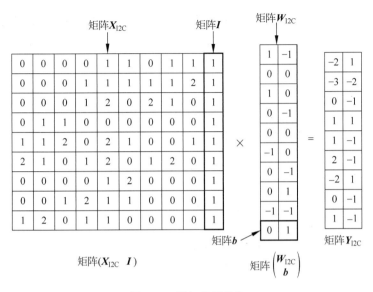

图 1-24　累加偏置优化

3. 池化层处理

　　随着卷积神经网络的不断加深,神经元会越来越多,要训练的参数也有很多。同时,仅仅采用上述权重共享和局部连接的优化方法,过拟合的现象仍然会不时出现。卷积神经网络创新性地采用了下采样的策略,在相邻卷积层之间规律性地插入池化层,通过池化层进一步减少每一层特征值(神经元的输出)的数目,保留主要特征,为下一层减少了参数数量,从而使得总体参数数量减小,达到控制过拟合的目的。

　　池化层通常采用池化滤波器对不同位置区域提取出具有代表性的特征(例如最大值、平均值等)。池化滤波器常用两个参数:尺寸 F 和步长 S。池化滤波器提取特征的方法称为池化函数,池化函数通常使用某一位置的邻域中输出的总体统计特征来代替网络在该位置的输出,常用的池化函数有最大池化函数、平均池化函数、L2 范数以及基于距中心像素距离的加权平均池化函数等。例如,最大池化函数给出相邻矩形区域内的最大值。

　　在卷积层处理完成后,输出数据交给池化层进行处理。池化滤波器通常在池化层的输入特征图上以 $F \times F$ 的窗口大小、步长 S 进行横向和纵向的滑动,求出输入特征图上窗口中的最大值或平均值,从而生成输出特征值。如图 1-25 所示,池化滤波器为 2×2 矩阵,步长为 2,因此在池化层输入一个 4×4 的输入特征图,得到的输出特征图 1 中含有 2×2 个输出特征值,输出特征图 1 由最大池化函数求最大值;输出特征图 2 由平均池化函数求平均值。得到的输出特征图大小为 4，表明池化层直接将输出特征图的特征值数量减小到输入特征图的 1/4，不但降低了数据量，而且还保留了主要特征信息。

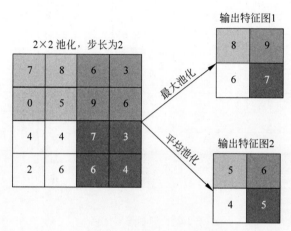

图 1-25　最大池化和平均池化

采用不同的池化函数时，当池化滤波器在输入特征图局部做少量平移操作时，经过池化函数作用后的大多数特征信息并不会发生改变，都能够有效保留输入的主要特征信息，这种特性称为局部平移不变性。尤其是当关心某个特征是否出现而不关心它出现的具体位置时，局部平移不变性是一个很有用的性质。例如，当判定一张图像中是否包含人脸时，并不需要知道眼睛的像素的精确位置，只需要知道一只眼睛在脸的左边，另一只眼睛在脸的右边就行了。但在一些其他领域，保存特征的具体位置却很重要。例如当想要寻找一个由两条边相交而成的拐角时，就需要很好地保存边的位置来判定这两条边是否相交，这时池化层对输出的特征就会造成损失。

总之，池化层综合了输入特征图特征值周围全部特征信息的反馈和影响，这使得池化层的输出数据量少于输入数据量成为可能。这种方法减少了下一层的输入数据量，从而提高了卷积神经网络的计算效率。当下一层的参数数目与输入数据量成正比时，例如当下一层是全连接层时，输入数据量的大规模减小在提高统计效率的同时，也直接导致全连接层参数的大幅度减小，从而降低了存储要求，加速了计算性能。

4. 全连接层输出

卷积神经网络的数据流经过卷积层和池化层的多次处理之后，会进入全连接层进行输出处理。全连接层相当于一个多层感知机，完成分类功能，对不同的输入特征进行分类输出。如图 1-26 所示,全连接层由 1×4096 个神经元平铺组成,每个神经元与上一层(常为池化层)的每一个神经元进行全连接。在全连接层提取出图像特征后,由全连接层进行分类,显示出所有特征归属的类,图 1-26 中共有 1000 种输出类。找出满足所有特征信息的类后,经过输出层输出最终分类的概率。比如全连接层将检测到猫的特征信息,如猫耳朵、猫尾巴等,将这些数据归类到猫的特征类,最终由输出层显示出猫。

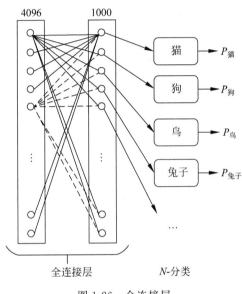

图 1-26　全连接层

5. 优化加速基础

卷积层的计算具有 5 种层次的并行性,分别为突触并行、神经元并行、输入特征图并行、输出特征图并行和批处理并行。这 5 个并行方式组成卷积的计算过程,层次由低到高,计算数据量由小到大,需要的计算资源随着并行层次的上升,要求也越来越高。

假设对于一个 N 通道的输入图像,单个卷积核的大小为 $K×K$,卷积核的数量为 M,输出特征图的大小为 $S_O×S_O$,现在进行卷积层处理并展示其各个层次的并行性。

1) 突触并行

一个卷积核中的权重矩阵在一张输入特征图的单个卷积窗口进行计算时,会将权重和卷积窗口中的输入特征值一一对应相乘,总共 $K×K$ 个乘法操作在执行过程中均无数据依赖,因此同一个卷积窗口中的乘法运算可以并行执行,一次乘法操作类似神经元的一个突触信号作用在树突上,因此这种卷积层的并行方式称为突触并行。对于大小为 $K \times K$ 的卷积核,最大的突触并行度也为 $K \times K$。另外,乘法运算得到多个乘积后,需要立刻进行累加输出。假设加法单元可以被多个卷积核共享,则通过流水操作,即在一个权重矩阵执行乘法步骤时,前一个权重矩阵可以通过加法单元完成求和步骤,多个权重矩阵作用下的乘法和加法操作可以并行执行。

2) 神经元并行

一张输入特征图在由卷积神经网络处理时,一个卷积核在输入特征图上进行滑动计算时,每次滑动窗口就对应输入特征图的一个卷积窗口,因此会产生多个卷积窗口。每个卷积窗口计算的过程没有数据依赖性,可以并行计算。每个卷积窗口中的点积操作可以由单个神经元完成,这样多个神经元可以并行完成对多个卷积窗口的运算,因此这种并行方式称为神经元并行。

如果一层卷积层输出特征图的大小为 $S_0 \times S_0$,其中每个输出特征值都由一个卷积核在相应卷积窗口中计算得出,则总共需要对 $S_0 \times S_0$ 个卷积窗口进行计算,可以由 $S_0 \times S_0$ 个神经元同时并行计算,卷积层的最大神经元的并行度也是 $S_0 \times S_0$。同时在这种并行方式下,多个卷积窗口并行运算所用到的卷积核权重完全可以共享(其实就是同一组权重),而多个卷积窗口输入特征值之间会有重叠,造成重叠部分的数据具有重用性。在卷积计算中充分发挥这种数据重用性,就能够在并行计算的同时减少片上缓存的存储需求以及数据的读写次数,从而降低卷积计算时芯片功耗并提高性能。

3) 输入特征图并行

通常的卷积神经网络会对多通道输入图像进行处理,如 RGB 格式的图像有 3 个通道的输入特征图。一个卷积核的通道数一般会与图像的通道数相等。每个通道的输入特征图进入卷积层后,会和一个卷积核中对应通道的权重矩阵进行二维卷积,并且每个通道的权重矩阵也只与其对应通道的输入特征图进行卷积运算,得出一个通道的输出特征矩阵。多个通道的输出特征矩阵最后进行矩阵相加,得到最终的输出特征图,也就是该卷积核的计算结果。

由于单个卷积核中的多通道权重矩阵在卷积运算过程中相互独立,同时多通道的输入特征图也相互独立,因此,在卷积计算过程中可以进行通道级别的并行处理,这种卷积神经网络的并行处理方式称为输入特征图并行。

例如对于 RGB 图像,输入特征图的通道数量为 3,则可以由卷积核中 3 通道的权重矩阵进行并行卷积。因此,N 通道的输入图像最大的并行度为 N。在输入特征图并行方式下,多个二维卷积运算之间的数据没有重合且无依赖性,因此,硬件只要能够提供足够的带宽和算力,就能进行输入特征图的并行计算。

4) 输出特征图并行

在卷积神经网络中,卷积层为了提取图像的多个特征,如形状轮廓、颜色纹理等特征信息,需要用到多个不同的卷积核来提取特征。同一图像输入时,多个卷积核会对同一图像进行卷积计算并产生多个输出特征图。输出特征图的数量和卷积核的数量是相等的。多个卷积核计算时数据独立,无相互依赖。因此,多个卷积核的操作可以实现并行计算,独立得出各自的输出特征图,这种卷积神经网络的计算方式称为输出特征图并行。

对于包含 M 个卷积核的卷积层计算,在输出特征图层级的最大并行度为 M。在这种并行方式下,多个卷积核运算的权重值没有重合,但是输入特征图数据可以被所有卷积核共享,因此,充分利用输入数据的重用性,也能够在实现尽可能大的并行度的同时,减少对片外数据的读写需求,降低计算功耗。

5) 批处理并行

在卷积神经网络的实际应用中,通常为了充分利用硬件的带宽和计算性能,会一次输入一个批次的图像进行批处理。如果一个批次包含的图像数为 P,则批处理的并行度为 P。同一个卷积神经网络模型对批量处理的不同图像都会采用相同的卷积层进行处理,因此不同图像使用的网络权重可以复用。这样大批量图像处理的好处是可以充分合理利用片上的缓存资源,将已经搬运到芯片内的权重数据等充分利用,尽量避免频繁的内存访问,降低数据搬运的功耗和时延。批量输入的另一个好处是可以满足片上海量计算资源的数据需求,并行计算硬件可以将多个任务并行加速,提高硬件资源的利用率,提高整体计算吞吐量,实现了任务级别的并行。任务级别的并行也是卷积神经网络可以实现的并行方式,但批处理并行对硬件资源的要求较高。

根据实际的情况和条件,灵活使用卷积层的并行方法进行设计,就可以较好地加速卷积神经网络计算。综合以上的并行方式,对于一个给定参数的卷积层而言,由于卷积的并行方式是按照不同层级进行的,因此理论上所有并行方式均可以同时实现。此时一个卷积层中理论最大并行度是所有并行方式展现出的并行度的乘积,如式(1-5)所示,$K \times K$ 为突触并行度,$S_{\text{o}} \times S_{\text{o}}$ 为神经元并行度,N 为输入特征图并行,M 为输出特征图并行,一次批处理的总共输入图像数为 P。实现最大并行度就等同于所有任务的卷积层中的所有乘法能够被同时计算。

$$最大并行度 = K \times K \times S_O \times S_O \times N \times M \times P \qquad (1\text{-}5)$$

例如在图 1-27 中,输入特征图的通道数 $N=3$,卷积核权重矩阵的宽度和高度参数 $K=3$,卷积核个数 $M=4$,输出特征图维度参数 $S_O=6$。在进行卷积层处理时,首先进行突触并行,即一个 3×3 的乘法并行,并行度为 9。同时进行神经元并行,一个 6×6 的输出特征图可以由 6×6 个神经元同时进行卷积计算,并行度为 36。进行输入特征图并行时,3 个通道的输入特征图同时进行卷积处理,并行度为 3。最后还可以进行输出特征图并行,4 个输出特征图在 4 个卷积核作用下并行输出,并行度为 4。如果一批次同时处理 10 张图像,则还可以增加一个并行度为 10 的维度,因此得出该卷积层最大并行度为 $3 \times 3 \times 6 \times 6 \times 3 \times 4 \times 10 = 38\,880$,也就是说,可以同时进行 38 880 个乘法计算,并行度十分可观。

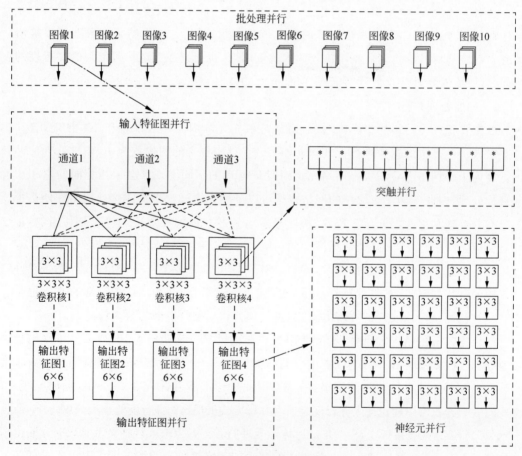

图 1-27　并行方式示意图

　　然而在现实情况下，由于输入图像的规模通常都很大，卷积核个数众多，并且处理的图像数也有很多，所以以当今硬件的实际计算资源和架构设计来看，在卷积神经网络执行过程中卷积层是无法达到理论上的最大并行度的。除了卷积之外的其他类型计算也难以实现完全并行，阿姆达尔定律（Amdahl's Law）的限制也会作用在实际卷积神经网络计算的加速比上。目前市面上各式各样的加速器实际上都是根据具体的应用需求，在各个维度的并行度之间求得一个最优解，一个平衡，从而实现软硬件体系结构的优化。

1.3.5　应用示例

　　人工智能在现实生活中具有广泛的应用，通常应用在机器人、自然语言处理、图像识别和专家系统等领域。一个比较简单的应用实例是手写数字，相当于程序员初学编程时的"Hello World"入门程序。日常生活中，手写数字应用广泛，人类可以毫无困难地看懂手写数字，但是对于计算机而言，要识别出人写的数字则面临很大的挑战。早期采用传统的方法，要想让计算机识别手写的数字，耗时较长，识别精度不高，造成事倍功半的结果。正当人们为这个问题绞尽脑汁的时候，研究者发现通过机器学习却可以轻松解决此类问题。

　　图灵奖获得者杨立昆最早通过美国国家标准技术研究所（National Institute of Standards and Technology，NIST）的手写数字库组建了一个有利于机器学习研究的数据集 MNIST（Modified NIST，MNIST）。MNIST 数据集中含有 7 万张阿拉伯数字的手写图片，如图 1-28 所示，这些数字图片是从各个地方收集而来的灰度图片，其中 6 万张可作为训练数据集，剩下的 1 万张用于测试数据集。每张图片的像素格式为 $28\times$ 28。基于 MNIST 数据集，研究人员不断研究，提出多种手写数字识别网络，已经将计算机识别精准度推向了和人类相当的识别水平了。

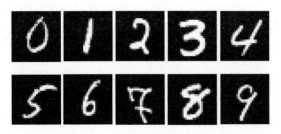

图 1-28　MNIST 数据集示例①

---

① 　MNIST 数据集网址：http://yann.lecun.com/exdb/mnist/。

　　MNIST 数据集中只包括 0~9 的数字。任意选取一张带有数字的图片,让计算机来识别,从另一个角度可以认为是把这个图片展现的数字含义归类到 0~9 中的一类。下面来通过一个具体数字识别的案例,将数字识别的过程描述清楚。

　　这个案例是通过杨立昆提出的一种卷积神经网络——LeNet 网络来实现的。LeNet 网络也是最早的卷积神经网络之一。如图 1-29 所示,一个简单的数字识别流程包括加载库、构造神经网络结构、初始化、训练、测试或应用这几大步骤,其中训练又包含验证和调参两个子步骤。

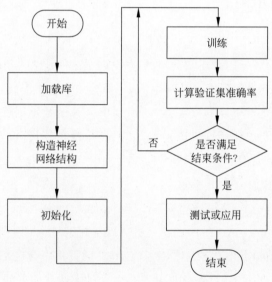

图 1-29　手写数字识别流程

1. 初始设置

　　在初始设置阶段,主要需要进行加载库、构造神经网络结构和初始化等操作。通常首先需要加载 MNIST 数据集,以便进行训练和测试。接着,需要构造神经网络结构,定义好相应的输入层、卷积层、降采样层、全连接层、输出层及它们之间的连接关系,并指明各层的输入输出尺寸,所使用的超参数等。除了第一层需要明确指定之外,输入输出尺寸一般可以自动推断。而超参数则包括卷积层中卷积核的大小、降采样层的步长、全连接层的节点数等。

　　如果数字识别程序要在 GPU 上进行训练,还经常需要分配所使用的 GPU 设备,并且指明显存占用的上限。这些参数的设置配合不同 GPU 的硬件配置,对如何高效使用 GPU 的资源至关重要,需要做到按需分配,“存”尽其用。最后进行初始化时,需要对卷积层的卷积核、全连接层的权重、偏置等可训练的参数进行设置,按照所指定的初始化方法(如高斯随机初始化、常数初始化等)赋初始值。

2．训练调优

在训练调优阶段,把训练数据集中的数据传入神经网络,对神经网络进行训练,不断修改模型中的可训练参数,让神经网络达到收敛。同时不断计算当前模型在验证数据集上的准确率,观察模型的训练情况,判断模型是否已经达到所要求的精度指标,或是否出现过拟合。一般地,当达到了预先指定的训练次数,或者发现模型出现过拟合、始终达不到指标时,则应该停止训练。此时认为神经网络的参数被优化到了局部上的最优点,但不一定是全局的最优点。

3．测试识别

对经过训练优化后的神经网络进行测试,如图 1-30 所示,在手写输入框中分别输入手写数字 2 和 7。训练好的神经网络接收到测试数据后,进行自动识别处理,输出各个数字为图中标签的概率。对于具有可视化特性的系统来说,如果识别出对应的数字,则对应数字将会在系统上显示出来。如图 1-30 所示,对应数字为 2 和数字 7,相应输出层的正方形识别符将会突出显示。

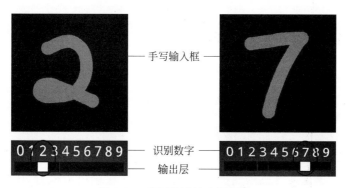

图 1-30　手写数字输出样例①

目前,手写数字识别技术已经相当成熟并主要应用在大规模数据统计、财务、税务或金融以及邮件分拣系统等领域,可以快速推进具体业务中数字的识别速度,具有很高的应用价值。

---

① 可视化数字手写识别系统:http://scs.ryerson.ca/~aharley/vis/conv/flat.html。

## 第 2 章

行业背景

在深度学习飞速发展的当下,英伟达公司继续在其 GPU 芯片上发力,接连推出了 Volta 和 Turing 架构,能够不断满足深度学习对庞大算力的需求。微软公司也在其数据中心使用 FPGA 来代替 CPU 完成计算密集型任务。谷歌公司则专门为深度神经网络设计了 TPU 芯片,标志着特定域架构(Domain Specific Architecture,DSA)的兴起。在这样的环境下,华为推出了其自研的全新昇腾 AI 处理器,旨在为深度学习研究、开发、部署提供具有更高算力、更低能耗的芯片,该芯片的推出在人工智能行业发展中掀起一波浪潮。

另外,越来越多、越来越成熟的深度学习开源软件框架也提供了高效便捷的开发平台,让研究者能够在享受硬件加速的同时专注于算法研究而无须过多担心具体细节的实现过程。在深度学习领域软硬件的协同发展已经成为大势所趋。

2.1 神经网络芯片现状

2.1.1 CPU

在计算机的发展进程中,CPU(Central Processing Unit,中央处理单元)发挥着不可替代的作用。早期计算机的性能遵循着摩尔定律逐年稳步提升,不断满足市场的需求。人们对计算机性能的需求越来越高,而性能的提升有很大一部分靠底层硬件技术的进步来推动上层应用软件的加速。近年来摩尔定律逐渐失效,硬件的发展遇到物理瓶颈,散热和功耗等限制使得传统 CPU 结构下串行程序的性能几乎无法得到提升,行业的现状促使人们不断寻找更加适合后摩尔定律时代的体系结构以及相应软件框架。

在这种情形下,多核处理器应运而生,更好地满足了软件对硬件的速度需求。英特尔公司的酷睿 i7 系列处理器,基于 x86 指令集采用了 4 个独立内核构建的指令并行处理器核心,在一定程度上提升了处理器运行速度。但是内核的数量不能无限增加,并且传统的 CPU 程序多数是以串行编程的思路编写的,这样大量的程序仍然无法得到加速。

在人工智能产业发展浪潮中,深度学习已经成为行业不可忽视的热点,其对计算力和存储带宽的需求也越来越高,传统的 CPU 在深度学习要求的大算力面前显得有心无力。由于 CPU 面临着软、硬件两方面的巨大的挑战,人们不得不试图寻求新的替代方案,渐渐将目光投向能够实现大规模并行计算的新型计算芯片,一场计算机行业革命也悄然降临。

2.1.2　GPU

英伟达公司早期推出的 GeForce GTX 280 显卡,不但采用了由多个内核流处理器(Streaming Multiprocessor,SM)构成的 GPU(Graphics Processing Unit,图像处理单元),而且每一个流处理器都支持一种称为单指令多线程(Single Instruction Multiple Threads,SIMT)的处理方式。这种大规模硬件并行解决方案为高通量运算,尤其是浮点数运算性能带来突破性的提升。与多核 CPU 相比,GPU 设计没有从指令控制逻辑角度出发,也没有不断扩大缓存,从而没有增加复杂指令和数据访问造成的时延。另一方面,GPU 采用了比较简单的存储模型和数据执行流程,主要依靠挖掘程序内在的数据并行性来提高实际吞吐量,使很多现代数据密集型程序获得的实际性能比 CPU 有巨大提升。由于 GPU 的独到优势,它逐渐开始向超级计算应用领域发展,并深刻地影响和改变了自动驾驶、生物分子仿真、医药制造、智能视频分析、实时翻译,乃至人工智能深度学习领域。

GPU 与 CPU 架构的侧重点不同,CPU 侧重于指令执行中的逻辑控制,而 GPU 在大规模的密集型数据并行计算方面的优势极为突出。为了优化某个程序,往往需要同时借助 CPU 和 GPU 各自的能力进行协同处理。CPU 可以灵活处理复杂的逻辑运算和多种数据类型的混合计算。但当遇到大规模、高密集、规则性强的数据计算时,需要调度 GPU 进行快速大规模并行计算。通常来说,对程序中串行部分,CPU 可以发挥其执行优势,而对大规模数据的并行处理,GPU 优势更大。

为实现二者相辅相成这一全新的计算范式,需要借助一种新的基础软件架构,可以在一个通用的统一框架内同时对 CPU 和 GPU 编程。英伟达公司为此提出了 CUDA(Compute Unified Device Architecture),用来解决适用于 GPU 的复杂计算问题。CUDA 由专用指令集架构以及 GPU 内部的并行计算引擎组成。CUDA 提供了

GPU 硬件的直接访问接口,使得访问 GPU 无须依赖传统的图形应用程序编程接口,而可以直接使用一种类 C 语言的方式对 GPU 编程,在大规模数据并行计算方面为现代计算机系统补充了强大的计算力。

此外,使用类 C 语言作为基础编程语言,能够让 CUDA 具备高性能计算指令开发能力,能够让程序员很快适应 CUDA 编程环境,为开发研究人员迅速验证解决方案提供了便利。正是由于 CUDA 实现了在 GPU 上的一套完整通用的解决方案,从而被广泛应用在科学、商业及工业等诸多通用计算领域。

随着深度学习技术的发展和兴起,鉴于 GPU 在矩阵计算和并行计算上具有突出的性能,它最早作为深度学习算法的专用加速芯片被引入人工智能领域,成为深度学习算法的核心计算器件。目前,GPU 在智能终端和数据中心等领域都被广泛应用,在深度学习训练方面展现的性能更是独领风骚。GPU 在人工智能领域已经发挥着不可或缺的作用,在这种情况下,英伟达公司再接再厉,引入了配备张量核(Tensor Core)的改进型架构,推出了基于 Volta 和 Turing 架构的新一代 GPU 产品,推动深度学习硬件产业不断向前发展。

英伟达公司近期提出了一种基于 Turing 架构的 GPU TU102 芯片,如图 2-1 所示。该芯片既支持 GPU 的通用运算,又能够加速专用神经网络的计算。TU102 芯片采用 12nm 的制造工艺,面积超过 $700\mathrm{mm}^2$,内部引入大量张量单元,支持 FP32、FP16、INT32、INT8 和 INT4 等多种精度运算。在芯片技术指标中往往用万亿次浮点运算每秒(Tera Floating-point Operations Per Second,TFLOPS)或万亿次运算每秒(Tera Operations Per Second,TOPS)来衡量硬件的计算能力。

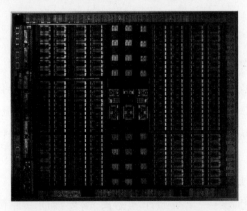

图 2-1　英伟达的 TU102 芯片 [①]

---

① 　图片来自:https://www.nvidia.com/content/dam/en-zz/Solutions/design-visualization/technologies/turing-architecture/NVIDIA-Turing-Architecture-Whitepaper.pdf。

在 TU102 的实际产品 GeForce RTX 2080 Ti 中，FP32 的算力可以达到 13.4TFLOPS，INT32 的算力可以达到 13.4TOPS，FP16 的算力可以达到 26.9TFLOPS，张量 FP16 的算力达到 107.6TFLOPS，INT8 的算力可以达到 215.2TOPS，INT4 的算力更是达到惊人的 430.3TOPS，而系统总功耗最高不超过 300W。

Turing 架构的优势在保留原有的通用计算框架的同时，又可以在神经网络模块中支持 CUDA 框架编程。这对习惯于 CUDA 编程的开发者来说是一个福音。Turing 在处理卷积神经网络时的核心思想是将卷积转换成矩阵计算，再利用专用张量处理单元进行并行加速计算。实质上，张量处理单元中的卷积是通过矩阵乘法并高度优化之后得到了加速，实现了整个网络性能的提升。Turing 通过专用指令来控制张量单元的矩阵加速。

2.1.3 TPU

随着人工智能的极速迈进，人们对支撑深度学习算法的芯片性能的要求日益增加，虽然 GPU 的性能强悍，但有一个难以克服的"硬伤"就是过高的功耗。因此，寻求更高性能并且具备更高效能的芯片就变得愈发紧迫。早在 2006 年，谷歌公司就已经逐步开始研发新型计算芯片，致力于将专用集成电路（Application Specific Integrated Circuit，ASIC）的设计理念应用到神经网络领域。从芯片的设计与原型系统的验证，再到数据中心应用的实现，谷歌公司发布了支持深度学习 TensorFlow 开源框架的人工智能定制芯片——TPU（Tensor Processing Unit，张量处理单元），如图 2-2 所示。

图 2-2　谷歌的 TPU 芯片[①]

---

① 图片来自：https://cloud.google.com/blog/products/gcp/an-in-depth-look-at-googles-first-tensor-processing-unit-tpu。

在芯片工艺上,第一代 TPU 采用 28nm 制造技术,功耗约为 40W,主频为 700MHz。为了将 TPU 与现有的硬件系统很好地兼容,谷歌将 TPU 设计成一个独立的加速器,采用 SATA 硬盘插槽,可以很方便地直接插入服务器使用。同时 TPU 通过 PCIe Gen3×16 总线与主机通信,有效带宽可以达到 12.5GB/s。

与 GPU 擅长浮点数计算明显不同的是,TPU 采用了低精度 INT8(8 位整型数)计算,这样可以最小化每步计算操作所需要的晶体管数量,显著降低了功耗并且提升运算速度,而实践证明合理地降低精度对深度学习结果准确性的影响微乎其微。TPU 为了提升性能,采用了高达 24MB 的片上内存和 6MB 的累加器内存减少对片外主存或内存的访问,因为这样的访问速度慢、功耗大。在矩阵乘法和卷积运算中,大量的数据具有可复用性或者称为数据局部性特征(Locality)。TPU 使用了脉动阵列(Systolic Array)来优化矩阵乘法和卷积运算,可以充分地利用数据的局部性,降低了对内存的访问次数,同时也降低了由于内存访问所造成的能耗。相对于 GPU 更加灵活的计算模式,这些专用化的改进使得 TPU 获得相对更高的算力和更低的功耗。

TPU 的核心理念是通过优化设计的整体架构和提供数据的方式始终让计算单元保持忙碌运行,从而实现了极高的吞吐率。TPU 的运算过程采用了多级流水线,主要通过重叠执行多条乘加指令来隐藏时延。与传统的 CPU 和 GPU 不同,TPU 采用的脉动阵列结构特别适合规模较大的卷积运算,整个计算过程中数据如潮水一般流过运算阵列,脉动阵列满载时可达到极限性能。另外,脉动阵列通过数据之间的移位操作可以充分利用卷积计算中的数据局部性特点,大大节省了反复读取数据所产生的额外功耗。

TPU 的核心思想就是利用大规模脉动阵列结合大容量片上存储来高效加速深度神经网络中最为常见的卷积运算。目前,TPU 应用在谷歌街景服务、AlphaGo、Cloud TPU 平台和谷歌机器学习的超级计算机上,展现了良好的应用前景。

2.1.4　FPGA

当 GPU 和 TPU 各自粉墨登场,纷纷在人工智能领域扮演算力担当的同时,另一股势力也在悄然崛起。作为电子领域硬件原型系统开发多面手的现场可编程门阵列(Field-Programmable Gate Array,FPGA),以其自身高度灵活的硬件可编程性,计算资源的并行性以及相对成熟的工具链,使得熟悉硬件描述语言的开发者可以快速实现人工智能算法并取得可观的加速。在传统芯片市场上多年的"配角"——FPGA 跻身人工智能计算领域的大舞台,为行业带来了一股清新的力量。

赛灵思公司于 1985 年推出第一款 FPGA XC2064，之后逐渐发展了多代专门用于灵活可编程电子硬件系统的 FPGA 专用开发芯片。由于人们对神经网络算力的渴求，1994 年首次将 FPGA 运用于神经网络计算领域。随着现代深度学习算法不断往更难更复杂的方向发展，FPGA 开始体现出其独特的网络加速能力。FPGA 由可编程逻辑硬件单元组成，几乎所有的硬件资源都可以被动态编程以达到想要实现的逻辑功能。这种能力使得 FPGA 的适用性极强，使用范围很广，如果优化得当，FPGA 可具有高性能、低能耗等特点，相比其他固定能力的硬件具有不可比拟的优势。

FPGA 独有的显著特点是可重构性，允许被多次编程并改变其硬件功能，使得它可以通过不断试验，测试多种不同的硬件设计和对应程序，找出性能的优化点，从而得出特定神经网络在特定应用场景下的最优解决方案。可重构性分为静态重构和动态重构。静态重构是指在硬件执行程序之前对硬件进行重配置、重编程以适配系统功能；动态重构指在程序运行时按照具体需求进行硬件重配置。

可重构性为 FPGA 应用在深度神经网络带来优势的同时也要付出代价。比如重编程需要花费较长的时间，FPGA 重构的时长对于一个实时性强的程序来说是不可接受的。另外，使用 FPGA 成本较高，在大规模使用时价格高于专用芯片。FPGA 的可重构是建立在硬件编程语言的基础上，往往需要使用硬件描述语言（如 Verilog、VHDL 等）进行编程，相对于高级程序语言来说，这些语言难度较高、复杂性较大，不易被广大的程序员熟练掌握。

2019 年 6 月，赛灵思公司推出了旗下新一代的 Versal 系列芯片，如图 2-3 所示。该系列芯片属于自适应计算加速平台（Adaptive Compute Acceleration Platform，ACAP），是一款新型的异构计算器件，标志着 FPGA 已经从早期的可编程逻辑门阵列转变到动态可配置的领域专用硬件。Versal 采用了 7nm 工艺，首次将可编程性与动态可配置的领域专用硬件进行一体化设计，融合了嵌入式计算的标量引擎、AI 推理智能引擎和 FPGA 硬件编程的自适应引擎，从而具备了灵活的多功能应变能力，在某些应用领域其计算性能和节能性超过了 GPU。Versal 具有高计算性能和低时延，并通过 AI 推理引擎重点应用于人工智能，在自动驾驶、数据中心

图 2-3　赛灵思的 Versal 芯片图[1]

<hr>

[1]　图片参考链接：https://china.xilinx.com/content/dam/xilinx/imgs/press/media-kits/VM1802_Straight_On.jpg。

和 5G 网络通信等领域,可以发挥其强大的动态适用性。

2.1.5　昇腾 AI 处理器

千帆竞过,百"芯"争流。中国华为公司在人工智能领域也开始扬帆起航,倾力为深度学习量身打造"达芬奇架构(DaVinci Architecture)",并于 2018 年推出了昇腾(Ascend)AI 处理器(如图 2-4 所示),开启了人工智能之旅。

从基础研究出发,立足于自然语言处理、计算视觉、自动驾驶等领域,昇腾 AI 处理器致力于打造面向云端一体化的全栈、全场景的解决方案。同时为了配合其应用目标,打造了芯片高效算子库和高度自动化的神经网络算子开发工具。全栈指技术方面,包括 IP、芯片、芯片驱动、编译器及应用算法的全栈式设计方案。全场景包括共有云、私有云、各种边缘计算、物联网行业终端及消费类终端设备。围绕全栈、全场景,华为决心以芯片为核心,以算力为驱动,以工具为抓手,全力突破未来人工智能的发展极限。

图 2-4　华为的昇腾 AI 处理器

2018 年 10 月,代号为 910 和 310 的昇腾 AI 处理器系列产品推出。昇腾 910 处理器计算密度较大,采用了 7nm 先进工艺制程,最大功耗为 350W,FP16 算力可以达到 256TFLOPS,单芯片计算密度领先全球,相比于同时代的英伟达的 Tesla V100 GPU 还要高出一倍。INT8 算力可以达到 512TOPS,同时支持 128 通道全高清视频解码 (H.264/H.265)。昇腾 910 处理器主要应用于云端,可以为深度学习的训练算法提供强大算力。同期推出的昇腾 310 处理器则是面向移动计算场景的强算力人工智能片上系统(System on Chip,SoC)。该芯片采用 12nm 制造工艺,最大功耗仅为 8W,FP16 算力达到 8TFLOPS,INT8 整数精度算力可以达到 16TOPS,同时还集成了 16 通道全高清视频解码器。昇腾 310 处理器主要应用于边缘计算产品和移动端设备。

在设计上,昇腾 AI 处理器意图突破目前人工智能芯片在功耗、运算性能和效率上的约束,极大提升能效比。昇腾 AI 处理器采用了华为公司自研的硬件架构,专门针对深度神经网络运算特征量身定做,以高性能 3D Cube 矩阵计算单元为基础,实现算力和能效比的大幅度提升。每个矩阵计算单元可以由一条指令完成 4096 次乘加计算,并且处理器内部还支持多维计算模式,如标量、矢量和张量等,打破了其他人工智能专用芯片的局限,增加了计算的灵活度。同时支持多种类混合精度计算,在实现推理应用的同时也强力支撑了训练的数据精度要求。

达芬奇架构的统一性体现在多个应用场景的良好适配上,覆盖高、中、低全场景,一次开发可支持多场景部署、迁移和协同,从架构上提升了软件效率。低功耗也是该架构的一个显著特点,统一的架构可以支持从几十毫瓦到几百瓦的芯片,可以进行多核灵活扩展,在不同应用场景下发挥出芯片的能耗优势。

达芬奇架构指令集采用了 CISC 指令且具有高度灵活性,可以应对日新月异、变化多端的新算法和新模型。高效的运算密集型 CISC 指令含有特殊专用指令,专门为神经网络打造,助力人工智能领域新模型的研发,同时帮助开发者更快速地实现新业务的部署,实现在线升级,促进行业发展。昇腾 AI 处理器在全业务流程加速方面,采用场景化视角,系统性设计,内置多种硬件加速器。昇腾 AI 处理器拥有丰富的 IO 接口,支持灵活可扩展和多种形态下的加速卡设计组合,能够很好应对云端、终端的算力和能效挑战,为各场景的应用强劲赋能。

2.2　神经网络芯片加速理论

2.2.1　GPU 加速理论

1. GPU 计算神经网络原理

由于神经网络具有数据独立性和可并行计算的特征,因此可以使用 GPU 来对神经网络进行加速。GPU 实现神经网络加速优化的关键方式是并行化与矢量化。一种最常见的 GPU 加速神经网络的模式为通用矩阵相乘(General Matrix Multiply,GEMM)模式,即对于各类神经网络,将其核心计算展开成矩阵运算的形式。卷积神经网络是一种最为常用的神经网络,因此这里通过卷积神经网络的加速计算来对 GPU 加速原理进行分析。

卷积是卷积神经网络的核心运算,如图 2-5(a)所示,直接卷积从一个二维矩阵上直观展示出来是一个卷积核通过在特征图像上以特定步长平移滑动,每一个周期滑动一次,通过计算卷积核和特征图像上与卷积核相同大小的数据块进行相乘求和,得出输出特征图像上一个单元点的输出。由于 GPU 并不能直接支持卷积计算,所以卷积运算在 GPU 上实现时,需要首先将卷积的特征图像和卷积核按照特定的规律进行预处理展开,称为 Img2Col 方法。在图 2-5(b)中,特征图像 F 大小为 $3×3$,通道数为 2;卷积核 W 和 G 大小为 $2×2$,卷积核个数为 2。为了能够方便 GPU 处理,首先将每个卷积核的权重按先行后列的顺序展开成一行的形式,每个卷积核的 2 个通道排列在一行中。卷积核 W 和 G 位于不同行中,最终将相对应的 2 个 2 通道的卷积核展开成了 $2×8$ 的卷积核矩阵。

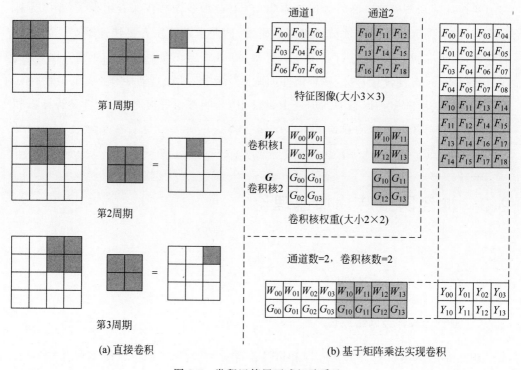

图 2-5　卷积运算展开成矩阵乘法

类似的,对于输入特征图像 F 采取先列后行的方式,将每次对应于卷积核的 $2×2$ 输入特征图像块展开成一列的形式。与直接卷积运算顺序一致,卷积核向右滑动一个单元,将之后展开的输入特征图像块写在下一列中。与卷积核的操作类似,2 个不同通道的输入特征图像 F 可以各自按列排列,然后再拼接在一个矩阵中。这样就将一个

2 通道的 3×3 的输入特征图像并行展开成了 8×4 的输入特征矩阵。最后,只要将该输入特征矩阵与卷积核矩阵相乘,便可等效地得到原来卷积神经网络的输出。

值得注意的是,由于已经将 2 个通道的卷积核权重排列在了矩阵的同一行中,同时将两个通道的特征图像值排列在同一列中,通过矩阵相乘得到的 2×4 的输出矩阵中的每个单元点都对应着 2 个通道累加之后的结果。当神经网络的通道数过多造成矩阵过大,以至于 GPU 无法一次容纳所有通道的展开计算,则可以根据 GPU 的相应算力,每次选取合适的通道数拼接成输入矩阵,得到部分中间结果后再对多次的输出结果进行累加从而得到最终结果。

对于展开后的矩阵相乘,GPU 采取单指令多线程模式处理。GPU 会安排一个独立的线程计算输出结果矩阵中的一个点,对应着输入左矩阵的一行与输入右矩阵的一列相运算后得到的结果。对于这个例子,GPU 可以同时使用 8 个线程来并行计算结果矩阵 $\boldsymbol{Y}$,其中每一个线程都同步地执行相同的指令流,但作用在不同的数据上。

如图 2-6 所示,GPU 的每个线程可在每个周期内执行一次乘加运算,多个线程可独立并行执行。图中 $PS_1,PS_2,\cdots,PS_8$ 分别表示每一线程中的部分和,分别对应于 $Y_{00},Y_{01},Y_{02},Y_{03},Y_{10},Y_{11},Y_{12},Y_{13}$ 这 8 个元素的计算过程中的中间结果。每个时钟周期线程都会计算本次相应的两个输入点的乘法并累加上一次乘法的部分和。理想情况下经过 8 个时钟周期后,8 个并行线程会同时输出结果矩阵中的 8 个点,即可输出 2×4 的矩阵乘法结果。

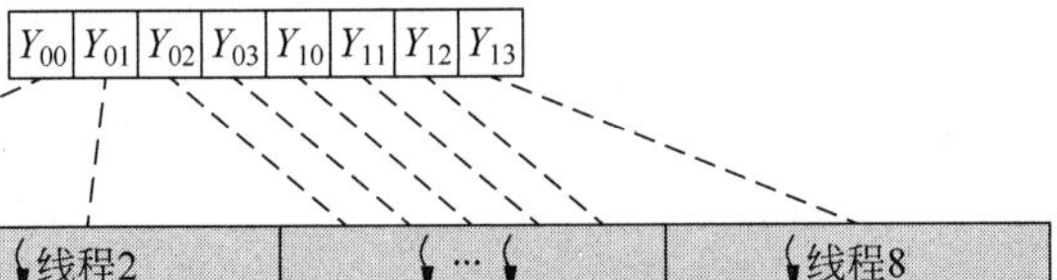

周期	线程1	线程2	$\cdots$	线程8
1	$PS_1=W_{00}\cdot F_{00}+0$	$PS_2=W_{00}\cdot F_{01}+0$	$\cdots$	$PS_8=G_{00}\cdot F_{04}+0$
2	$PS_1=W_{01}\cdot F_{01}+PS_1$	$PS_2=W_{01}\cdot F_{02}+PS_2$	$\cdots$	$PS_8=G_{01}\cdot F_{05}+PS_8$
3	$PS_1=W_{02}\cdot F_{03}+PS_1$	$PS_2=W_{02}\cdot F_{04}+PS_2$	$\cdots$	$PS_8=G_{02}\cdot F_{07}+PS_8$
4	$PS_1=W_{03}\cdot F_{04}+PS_1$	$PS_2=W_{03}\cdot F_{05}+PS_2$	$\cdots$	$PS_8=G_{03}\cdot F_{08}+PS_8$
5	$PS_1=W_{10}\cdot F_{10}+PS_1$	$PS_2=W_{10}\cdot F_{11}+PS_2$	$\cdots$	$PS_8=G_{10}\cdot F_{14}+PS_8$
6	$PS_1=W_{11}\cdot F_{11}+PS_1$	$PS_2=W_{11}\cdot F_{12}+PS_2$	$\cdots$	$PS_8=G_{11}\cdot F_{15}+PS_8$
7	$PS_1=W_{12}\cdot F_{13}+PS_1$	$PS_2=W_{12}\cdot F_{14}+PS_2$	$\cdots$	$PS_8=G_{12}\cdot F_{17}+PS_8$
8	$PS_1=W_{13}\cdot F_{14}+PS_1$	$PS_2=W_{13}\cdot F_{15}+PS_2$	$\cdots$	$PS_8=G_{13}\cdot F_{18}+PS_8$

图 2-6　GPU 实现矩阵乘法流程

2. 现代 GPU 架构

随着行业的发展,英伟达公司出品的支持 CUDA 的 GPU 架构也在不断发展,经由早期重点支持通用浮点数计算的 Fermi、Kepler、Maxwell 等发展到最新的为深度学习算法专门优化的支持低精度整型数计算的 Volta 和 Turing 架构。

如图 2-7 所示,无论哪一代的 GPU 架构其主要的功能模块均包括流处理器、多层级的片上存储器结构以及网络互连结构。一个完整采用 Turing 架构的 TU102 芯片中包含了 72 个流处理器,存储系统由 L1 缓存、共享内存(Shared Memory)、寄存器组、L2 缓存以及外部存储等构成。TU102 GPU 的 L2 缓存大小为 6MB。

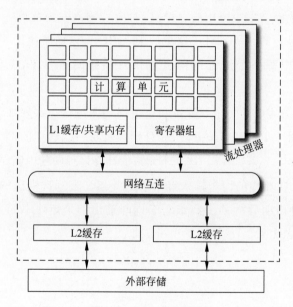

图 2-7 GPU 典型架构

1) Turing 流处理器

在 Turing 架构[①]中,如图 2-8 所示,每个流处理器包含 64 个 CUDA 核负责单精度浮点数 FP32 的计算。这些 CUDA 核主要用来支持通用计算型程序,可以通过 SIMT 的方式在 CUDA 框架下编程调用,根据前面介绍的方法实现矩阵相乘或者其他类型的计算。

---

① 参考论文:https://www.nvidia.com/content/dam/en-zz/Solutions/design-visualization/technologies/turing-architecture/NVIDIA-Turing-Architecture-Whitepaper.pdf。

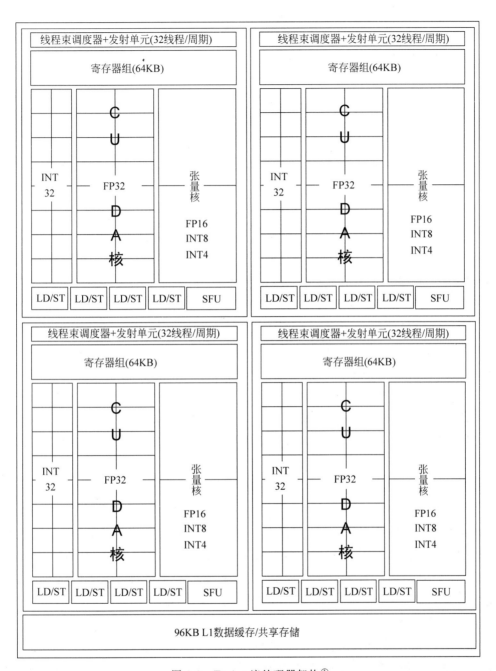

图 2-8　Turing 流处理器架构①

---

① 图片参考：https://www.nvidia.com/content/dam/en-zz/Solutions/design-visualization/technologies/turing-architecture/NVIDIA-Turing-Architecture-Whitepaper.pdf。

Turing 架构下的每个流处理器还包括 8 个张量核,这是和前几代 GPU 相比的显著差别,主要目的就是为深度神经网络算法提供更强大、更专用、更高效的算力。张量核支持 FP16、INT8、INT4 等多精度计算,为不同的深度学习算法提供了足够的灵活性。通过新定义的编程接口(主要通过使用 WMMA 指令),开发者可以很方便地在现有 CUDA 框架下实现对张量核的编程。

流处理器内通过一个大小为 256KB 的寄存器组和 96KB 的 L1 缓存来提供存放数据的空间。GPU 中超大的寄存器组是为了满足片上海量线程的存储需要。对于流处理器中运行的每个线程都需要分配给它们一定数量的通用寄存器(往往对应于程序中的变量)。这些一般会被安放在寄存器组中,也直接导致了寄存器组整体容量的上升。

GPU 的架构设计可以支持把 L1 缓存配置成共享内存的方式使用。两者的不同之处在于:L1 缓存的执行机制完全由硬件控制,对程序员不可见,通过和 CPU 类似的缓存替换策略对数据进行操作;而共享内存的使用和分配可以直接由程序员通过软件控制,这对于某些规律性强的数据并行程序来说极为有用。

Turing 架构应用了一种新的划分方式来提升流处理器的利用率和整体性能。它通过将流处理器划分成四个相同的处理区,除了 4 个区共用一个大小为 96KB 的 L1 缓存或共享内存外,每个区都包括上述流处理器中计算和存储资源的 1/4。在每个区中都设计了一个独立的 L0 指令缓存、一个线程束调度器、一个指令发射单元和一个分支跳转处理单元。与前代 GPU 架构相比,Turing 架构支持更多的线程、线程束以及线程块同时运行。同时,Turing 架构分开设计了独立的 FP32 与 INT32 计算单元,使得流水线执行时可以同步更新地址(INT32),也同时能为下步运算载入数据(FP32)。这种并行操作加大了每时钟周期发射的指令数量,提升了计算速度。

Turing 架构设计在提升性能的同时兼顾了能量效率以及编程的简易性。Turing 架构采用了专门设计的多精度张量核来满足深度学习矩阵计算的要求。相比之前的架构,Turing 架构在浮点和整型数精度的训练和推理上展现的计算吞吐量均得到较大提升。在常用的计算负载下,Turing 架构的能量利用率比前代 GPU 有 50% 的提升。

2) 张量核(Tensor Core)

作为 Turing 架构的最重要特色,多精度张量核的新型矩阵计算单元也是这一代 GPU 能够大幅提升深度神经网络计算效率的最大推手。GPU 在引入张量核后在大规模神经网络的训练和推理上都展现了出色的性能,进一步稳固了 GPU 在人工智能行业中的地位。

如图 2-8 所示,一个流处理器中共有 8 个张量核,支持 INT4、INT8 和 FP16 多精度计算。张量核中计算精度相对较低,但足以满足绝大多数神经网络的需求,且大大降低了计算功耗和节约了芯片成本。每个张量核在一个时钟周期内可以进行 64 个 FP16 融合乘加运算(Fused Multiply and Add,FMA),所以一个流处理器每时钟周期能实现 512 个融合乘加运算,也就是 1024 个浮点数操作。同一张量核中如果改用 INT8 精度将会以两倍 FP16 的速率进行计算,实现每个时钟周期高达 2048 个整型数操作。同样如果使用 INT4 来计算,那么性能还可再提升一倍。

　　Turing 架构是通过调用 WMMA 指令在张量核上实现深度神经网络的训练和推理的,主要功能就是用来在网络层中大规模实现数据特征矩阵和卷积核权重矩阵的相乘。张量核和相关数据路径的设计专门用于提升计算吞吐量和能效。当一条 WMMA 指令进入张量核后会被分解成多条更细粒度的 HMMA 指令。HMMA 指令控制流处理器中的线程,使每个线程都可以在一个时钟周期内完成一次 4 个数的点积运算(Four-Element Dot-Products,FEDPs)。

　　张量核通过精心的电路设计,保证每一个张量核在一个时钟周期内可以实现 16 次 FEDPs,即每个张量核包含 16 个线程。换句话说,就是可以确保每一个张量核都可以在一个时钟周期内完成两个 4×4 的矩阵相乘并累加一个 4×4 矩阵的操作,计算式如下:

$$D = A \times B + C \tag{2-1}$$

式中,A、B、C 和 D 均表示 4×4 的矩阵。乘法的输入矩阵 A 和 B 是 FP16 精度,而累加矩阵 C 和 D 可以是 FP16 精度也可以是 FP32 精度。如图 2-9 所示,完成这个过程需要进行 4×4×4=64 次乘法和加法运算。每一个流处理器中的 8 个张量核可以独立并行地进行上述计算。

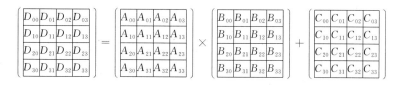

图 2-9　张量核的基本运算

　　当张量核被用来实现更高维度的矩阵运算时往往先将大矩阵分解成小矩阵并分布在多个张量核中分别独立计算,之后才累加合并成大矩阵的结果。Turing 张量核在 CUDA C++ 编程接口中可以作为线程块来操作。这个接口使 CUDA C++ 程序中对张量核进行矩阵加载,乘加及存储操作更为高效。

　　由于 Turing 架构下的 GPU 在人工智能、高性能计算和图形处理方面具有强大的加速能力,将会给科学研究和工程领域带来深远的影响。Turing 目前在深度学习领域展现了突出的计算能力,以前需要几周训练时间的深度网络模型通过 Turing GPU 训练往往仅需几小时,大大促进了深度学习算法的迭代和发展。同时人们也试图将张量核的海量计算能力应用到人工智能以外的超级计算中,以期在其他应用领域也取得显著的加速效果。

2.2.2 TPU 加速理论

1. 脉动阵列计算神经网络原理

TPU 中计算卷积的方式和 GPU 不同,主要是依靠一种称为"脉动阵列"的硬件电路结构来实现。如图 2-10 所示,脉动阵列的主体部分是一个二维的滑动阵列,其中每

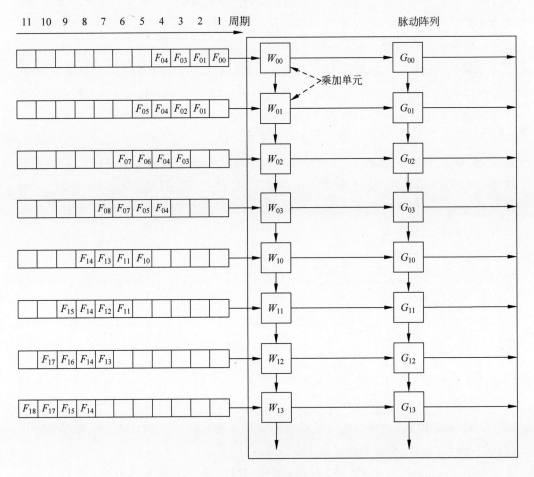

图 2-10　脉动阵列加速卷积网络数据排列

一个节点都是一个脉动计算单元,可以在一个时钟周期内完成一次乘加操作。脉动阵列中的行数和列数可以相等,也可以不相等,在每行每列的计算单元之间通过横向或纵向的数据通路来实现数据的向右和向下滑动传递。

现在仍以图 2-5 中的卷积计算为例来解释脉动阵列实现卷积加速的过程。在这个例子中,采用固定卷积核权重,横向和纵向脉动输入特征值和中间部分和的方式。如图 2-10 所示,首先将 2 个 2 通道 W 和 G 卷积核权重静态地存储到脉动阵列的计算单元中,其中对应同一个卷积核的 2 个通道权重被排列在同一列中。再将 2 通道的输入特征图 F 排列展开,每一行都错开一个时钟周期,并准备依次输入到脉动阵列中。

整个脉动阵列的计算状态如图 2-11 所示。当要用 2 通道输入特征 F 和卷积核 W

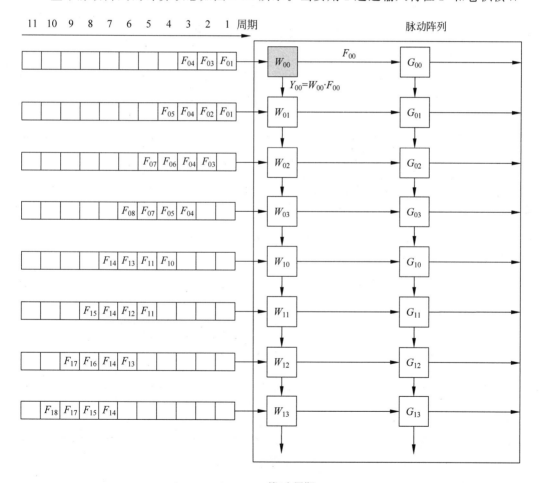

第1个周期

图 2-11　脉动阵列第 1 个周期计算状态

及 G 进行卷积时，F 首先通过重排，通过左侧数值载入器输入到脉动阵列最左边的一列中。输入值从上到下，每一行进入脉动阵列的数据都会比上一行延迟一个时钟周期。在第一个时钟周期内，输入值 F_{00} 进入 W_{00} 乘加单元与 W_{00} 权重进行乘加运算产生单元结果 Y_{00}，此为 Y_{00} 的第一次部分和。在第二个时钟周期内，如图 2-12 所示，上一次 W_{00} 乘加单元的部分和 Y_{00} 被向下传递到 W_{01} 乘加单元中，同时第二行输入值 F_{01} 与 W_{01} 相乘的单元结果与传递下来的 Y_{00} 相加得到 Y_{00} 第二次部分和。而 F_{01} 进入 W_{00} 乘加单元中，进行乘加运算求出 Y_{01} 的第一次部分和。与此同时 F_{00} 向右滑动进入 G_{00} 乘加单元中求出单元结果 Y_{10} 的第一次部分和。

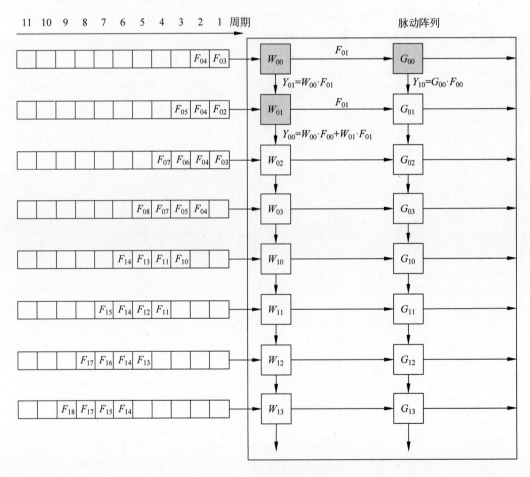

图 2-12 脉动阵列第 2 个周期计算状态

以此类推,输入的特征值沿着脉动阵列的行水平方向不断向右滑动开启不同卷积核各自的部分和。而对应于每一个卷积核的部分和沿着脉动阵列的列垂直方向不断向下滑动并和当前计算单元的结果相累加,从而在每一列的最下方的计算单元中得到最终累加完成的对应于该卷积核所有通道的卷积结果。如图 2-13 所示,这个例子中在第 8 个时钟周期会得到第一个卷积结果,而从第 9 个时钟周期开始,如图 2-14 所示,每次都可以得到两个卷积结果,直到所有的输入特征图像都被卷积完毕。脉动阵列通过横、竖两个方向的同时脉动传递,输入值呈阶梯状进入阵列,顺次产生每个卷积核的最终卷积结果。

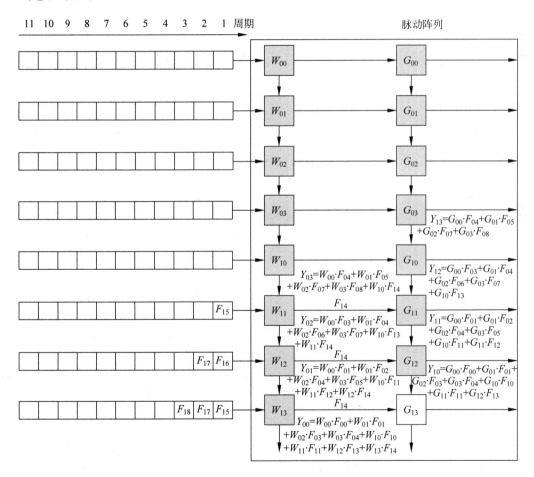

第8个周期

图 2-13　脉动阵列第 8 个周期计算状态

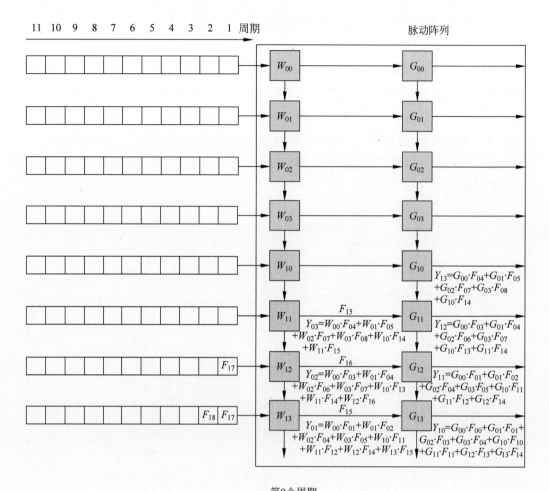

第9个周期

图 2-14　脉动阵列第 9 个周期计算状态

　　脉动阵列的特性决定数据必须按照事先排列好的顺序依次进入,所以每次要填满整个阵列就需要一定的启动时间,而这段时间往往会造成硬件资源的浪费。启动时间通常可以通过脉动阵列的"行数＋列数－1"计算得到。当度过启动时间后,整个脉动阵列进入满载状态,可以发挥出最大的吞吐率。

　　在图 2-10 的例子中采用了固定卷积核权重,横向脉动输入特征值,纵向脉动部分和的方式来计算卷积结果。同理,也可以采用固定部分和,横向脉动输入特征值,纵向脉动卷积核权重的方式来计算得到同样的结果。事实上,可以任意选择脉动三个变量中的两个而固定另外一个的方式来实现卷积计算,具体的选择会依据各种实现方式的实际情况和应用需求来决定。

需要指出的是,当计算的卷积核过大或者通道太多时,如果把所有通道的权重都串联在一列上,那么势必造成脉动阵列过于庞大或者畸形,不便于现实的电路设计。这时候往往会采用分割计算、末端累加的方式来解决这个问题。系统会把多通道的权重数据分割成几个部分,每个部分都能够适合脉动阵列的大小。然后依次对每个部分的权重进行计算,计算完成的结果会临时存放在脉动阵列底部的一组加法累加器中。当换入另一组权重块后结果就会被累加,直到所有权重块都遍历完成,累加器累加所有的结果后输出最终值。

TPU 中的脉动阵列仅仅完成了卷积的工作,而完成整个神经网络的计算还需要其他计算单元的配合。如图 2-15 所示,矢量计算单元通过输入数据端口接收来自于脉动阵列中的卷积计算的结果,通过激活单元中的非线性函数电路来产生激活值,激活函数可以根据网络需求来定制。在矢量计算单元中,还可以通过归一化函数对激活值进行归一化,再经过池化单元就可以对激活值进行池化输出。这些操作都由队列模块进行控制。例如队列模块可以通过配置参数的端口指定激活函数、归一化函数或池化函数,以及处理步长等参数。矢量计算单元处理完成后将激活值发送到片上的统一缓冲区中暂存,作为下一层网络的输入。TPU 按照这种方法,一层一层地完成整个神经网络的计算。

图 2-15　矢量运算单元

虽然脉动阵列主要用来加速神经网络的推理计算,但这个架构不光是只能处理卷积,它在进行通用矩阵计算时依然高效强大,因此还可以用来完成除了卷积神经网络以外的其他一系列工作,比如全连接神经网络、线性回归、逻辑回归、分类(如 K 均值聚类)与视频编码和图像处理等。

2. 谷歌 TPU 架构

谷歌公司推出的 TPU 芯片,结合自家的 TensorFlow 软件框架,可以很好地加速深度学习的常用算法,现已成功部署到谷歌的云计算平台中。如图 2-16 所示,TPU 作为计算神经网络的专用芯片,其主要架构模块包括脉动阵列、矢量计算单元、主接口模块、队列模块和统一缓冲区,以及直接内存访问(DMA)控制模块。

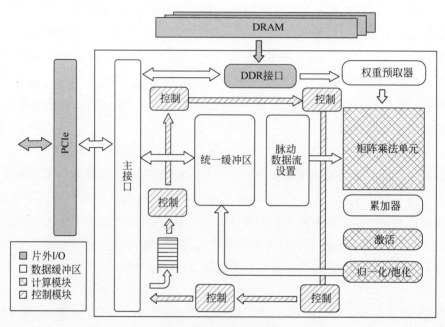

图 2-16　TPU 架构图[①]

　　主接口用于获取神经网络的参数和配置,如网络层数、多层权重和激活值等初始参数。DMA 控制模块接收到读取命令后,会将输入的特征和权重数据统一读取并存放在片上统一缓冲区中。同时,主接口发送开始执行的指令给队列模块。队列模块接到指令后,启动并控制整个神经网络的计算方式,如权重和特征值以怎样的规律进入脉动阵列中,并如何分块进行累加计算。统一缓冲区的主要作用是存储输入和输出的中间结果,也可以将中间结果再次发送给脉动阵列进行下一层的计算。队列模块可以发送控制信号给统一缓冲区、脉动阵列以及矢量计算单元,也可以和 DMA 控制模块及内存进行直接通信。

　　总的来说,应用 TPU 来进行神经网络计算时,是按照每一层网络来顺序执行的。整个系统首先从片外内存获取输入值,送入脉动阵列后高效完成卷积或者矩阵计算。矢量单元利用特殊硬件进行非线性激活和池化等操作。每一层的输出结果可以暂时保存在统一缓冲区中准备作为下一层的输入。整个计算过程犹如一条流水线,在简单

---

　　① 图片参考论文:An in-depth look at Google's firstTensor Processing Unit(TPU)。

的指令和硬件状态机的统一控制下有条不紊地执行。

如图 2-16 所示,在具体设计上,第一代 TPU 配备了 65 536 个 8 位乘加单元(MAC),可以支持无符号整型数和有符号整型数的运算,但并不支持浮点数计算。在脉动阵列周边分布了总大小为 4MB 的累加器缓冲区并支持 32 位的累加运算。所有中间结果都可以使用片上大小为 24MB 的统一缓冲区来存储。TPU 外接容量达到 8GB 的内存,可以存放大量的图像和卷积核数据。

TPU 执行的指令通过 PCIe 总线进入,指令属于 CISC 指令集,平均完成每条指令需要的时钟周期数大概是 10~20 个。TPU 的指令多数属于宏指令,实质上为由硬件控制的状态机,这样做的优点是可以大幅降低指令译码和存储所产生的开销。TPU 关于神经网络计算的指令主要有 5 条:数据读指令(Read_Host_Memory)、权重读指令(Read_Weight)、矩阵运算指令(MatrixMultiply/Convolve、Activate)和数据写回指令(Write_Host_Memory)。指令格式共占 12 位,其中统一缓冲区地址占 3 位,累加器缓冲区地址为 2 位,操作数长度占 4 位,其余 3 位为操作码和标志位。

TPU 指令的基本执行流程是:首先通过 Read_Host_Memory 指令将输入特征图像数据从系统主存中读取到统一缓冲区中;接着通过 Read_Weight 指令从内存中提取卷积核权重并固定在脉动阵列中,作为脉动阵列的一部分输入;指令 MatrixMultiply/Convolve 实现的功能是将统一缓冲区中的输入数据按照一定的规律送入脉动阵列进行运算后再载入到累加器缓冲区中进行累加;随后执行的 Activate 指令会利用 ReLU、sigmoid 等激活函数完成深度神经网络中的非线性运算,并完成池化操作后将结果存入统一缓冲区中;最后,Write_Host_Memory 指令负责将统一缓冲区中完成的最终运算结果写回系统内存中。

2.3　深度学习框架

在深度学习的发展过程中,涌现出了形形色色的软件框架,这些框架多以开源的形式出现,并且在短时间内各自拥有了一批拥护者,整个行业呈现出百花齐放、百家争鸣的局面。开发深度学习软件框架的主要目的是把程序员从烦琐细致的具体编程工作中解放出来,从而将主要精力集中在人工智能算法的调优和改进上。由于深度学习算法发展很快,同时支持深度学习算力的硬件众多,一个框架的好坏往往取决于对上层算法和底层硬件的广泛兼容和适配能力。

2.3.1 MindSpore

MindSpore 是华为公司推出的新一代深度学习框架,源于全产业的最佳实践,最佳匹配昇腾 AI 处理器算力,支持终端、边缘、云全场景灵活部署,开创全新的人工智能编程范式,降低开发门槛。

在 2018 年"华为全联接(HUAWEI CONNECT)大会"上提出了人工智能面临的十大挑战,其中提到训练时间少则数日、多则数月,算力稀缺昂贵且消耗大等问题,人工智能仍然面临没有"人工"就没有"智能"的境地。这是一项需要高级技能的、专业的工作。其高技术门槛、高开发成本、长部署周期等问题阻碍了全产业开发者生态发展。为了助力开发者与产业界更加从容地应对这一系统级挑战,华为新一代人工智能框架 MindSpore 专注于实现编程简单、调试轻松、性能卓越、部署灵活等特性,以有效降低开发门槛。具体介绍如下。

(1)编程简单。如代码 2-1 所示,MindSpore 实现人工智能编程新范式,创新函数式可微分编程架构,让数据科学家聚焦模型算法数学原生表达。算子级自动微分技术使得开发新网络无须手动实现和验证反向算子,有效降低科研工程门槛。

```
import ms
from ms.ops import focal_loss
def focalloss_ad(logits, labels, out, gamma):
#前向函数引用
    loss = focal_loss(logits, labels, gamma)
#自动微分推导
dout = ms.autodiff(loss, [logits], out)
return dout
```

代码 2-1　MindSpore 自动微分代码示例

(2)调试轻松。MindSpore 实现看得见的开发、更轻松的调试体验。动静结合的开发调试模式,一套代码一条语句让开发者从容切换调试方式。如代码 2-2 所示,在需要高频调试时,选择动态图模式,通过单算子/子图执行,方便灵活地开发调试;在需要高效运行时,可以切换为静态图模式,对整张图进行编译执行,通过高效的图编译优化,获得高性能。

```
def ssd_forward_run(data, gt_boxes, gt_classes):
    net = ssd_resnet34_224(batch_size = 8)
    # 切换到图执行模式
    context.switch_to_graph_mode()
    loss = net(data, gt_boxes, gt_classes)
    # 切换到 eager 执行模式
    context.switch_to_eager_mode()
    loss = net(data, gt_boxes, gt_classes)
```

代码 2-2　MindSpore 灵活切换代码示例

（3）性能卓越。MindSpore 通过 AI Native 执行新模式,最大化发挥了"端—边—云"全场景异构算力,协同华为昇腾 AI 处理器的本地执行、高效数据格式处理、深度图优化等多维度达到极致性能,帮助开发者缩短训练时间,提升推理性能。现代的深度神经网路中的数据集、模型越来越大,单机的内存和算力无法满足需求,需要模型并行。通过手动切分门槛高,开发效率低,调试困难。如代码 2-3 所示,MindSpore 可以通过灵活的策略定义和代价模型,自动完成模型切分与调优,获取最佳效率与最优性能。

```
def ssd_forward_compile_auto_parallel(data, gt_boxes, gt_classes):
net = ssd_resnet34_224(batch_size = 8)
#在 8 块设备之间进行自动并行
compile_graph(net, data, gt_boxes, gt_classes, auto_parallel = True, device_num = 8)
```

代码 2-3　MindSpore 自动并行代码示例

（4）部署灵活。MindSpore 通过全场景按需协作方式,提供一致的开发、按需协同和灵活部署的功能,让开发者能够实现手机、边缘到云的人工智能应用快速部署,全场景互联互通,实现更高的资源效率和隐私保护,创造更加丰富的应用场景。

MindSpore 致力于人工智能开发生态的繁荣,开源开放可扩展架构,助力开发者灵活扩展第三方框架、第三方芯片支持能力,让开发者实现各种定制化需求。MindSpore 将在门户网站、开源社区提供更多学习资源、支持与服务。

2.3.2　Caffe

在早期的神经网络研究中,想要进行大规模的神经网络运算,尤其是卷积神经网络的运算,就需要研究人员针对特定硬件架构,比如 GPU,开发出相应的异构计算程序进行加速,这需要程序员具备极高的编程能力,同时也需要对不同的编程环境如 CUDA 等有深入的理解。这些都在很大程度上限制了深度学习的发展和推广。2012 年,AlexNet 借着大规模的数据训练和在 GPU 上实现数量级的加速,从而在 ImageNet 上大放异彩,引起一波深度学习的研究热潮,也促使了很多深度学习软件框架的出现。其中不乏全球知名大公司的作品,但其中最具代表性也是流传最广的便是 Caffe 开源框架。

Caffe(Convolutional Architecture for Fast Feature Embedding),由贾杨青在加州大学伯克利分校攻读博士期间创建,基于 C++/CUDA 开发,之后也开发了新一代的 PyCaffe,支持 Python 前端。Caffe 能够选择在 CPU 和 GPU 上进行计算,开发人员只需要定义神经网络的结构和参数配置,简单地通过命令行控制便能够快速实现神经网络的高效训练和推理。同时,Caffe 也支持自定义层的开发,开发人员只需要实现相应的自定义层的解析、前向和反向函数,便能够支持全新功能层。此外,Caffe 基于 C++ 开发,使得程序的调试以及在不同系统之间的移植变得非常容易。Caffe 还提供了很多预训练的模型,这使得研究人员能够在预训练模型的基础上通过修改层参数或者对网络进行微调,实现快速的网络迭代研究。所有这些都是 Caffe 在深度学习浪潮的早期能够脱颖而出的基本原因和重要特征。

在 Caffe 框架中,神经网络的结构和参数都可以通过 prototxt 文件定义。prototxt 是 Google Protocol Buffer 库(简称 protobuf)用于存储结构数据序列化后的文本,而 protobuf 是一种轻便高效的结构化数据存储格式,可以用于结构化数据序列化,很适合做数据存储或 RPC 数据交换格式,类似于 json 和 xml,但是比它们更加高效。protobuf 中最为重要的三个概念分别是 proto 文件、prototxt 文件以及 protoc 编译器。

proto 文件用来定义数据的组织结构,主要由包名(Package Name)和消息定义(Message Definition)组成。代码 2-4 展示了一个 proto 文件的定义,其中 syntax 指定 protobuf 版本,package 指定命名空间,message 定义一个消息类型。里面包含多个字段定义,字段可以是必需的(Required)、可选的(Optional)、可重复的(Repeated),同时字段的类型可以是常见的 int32、double、string,也可以是枚举类型。Caffe 源码自己定义了 caffe.proto,用于定义其内部使用的各种消息类型,其中最为重要的是用于定义层参数的 LayerParameter,用于定义求解器参数的 SolverParameter,以及用于定义网络结构的 NetParameter。

```
syntax = "proto3";                    // 指定版本信息
package university;                    // 定义声明空间

message Person                        // 定义消息类型
{
    required int32 id = 1;            // 定义必需字段
    required string name = 2;
    repeated string email = 3;       // 定义可重复字段
    repeated string phone = 4;
    optional string birthday = 5;    // 定义可选字段

    enum Type {                      // 定义枚举类型
        TEACHER = 0;
        STUDENT = 1;
    }

    required Type type = 6 [default = STUDENT]
}
```

代码 2-4　proto 文件实例

　　prototxt 文件是结构化数据按照 proto 文件中定义的格式序列化后的文本文件，也有对应的二进制文件，不过文本文件更易阅读和修改。Caffe 的 prototxt 文件包含两种：一种用来定义神经网络结构，另一种用来定义训练网络参数。定义神经网络结构的 prototxt 文件的数据结构由 NetParameter 定义，其中"层"表示神经网络中的每一层，其结构由 LayerParameter 定义。如代码 2-5 所示，一个表示神经网络结构的 prototxt 可以有多个层，根据其中的参数能够得到层的类型以及层之间的连接。因此，Caffe 通过解析 prototxt 文件便能够得到神经网络的结构。定义训练网络参数的 prototxt 文件的数据结构由求解器定义，其中包含了训练时用到的参数，包括学习率、神经网络路径等。解析这些信息，Caffe 就能够执行相应的训练操作。

```
name: "test"
layer {
    ...
}

layer {
    ...
}
```

代码 2-5　prototxt 结构

在 Caffe 编译过程中,protoc 编译器编译 caffe. proto 得到 caffe. pb. cc 和 caffe. pb. h,其中包含了定义的所有消息类型的序列化和反序列化接口。Caffe 借助这些接口便能够生成或解析 caffe. proto 定义的所有消息类型,比如通过 LayerParameter 定义就能够将prototxt 文件中的每一个层解析成一个 LayerParameter 类,根据解析出的类型(Type)字段,进一步通过对应的 LayerParameter 类的子类,比如 ConvolutionParameter,解析出具体的层参数。代码 2-6 展示了一个具体的最大池化层的实例,其格式遵守LayerParameter 定义,其中 pooling_param 字段格式遵守 PoolingParameter 定义。

```
layer {
  name: "pool1"
  type: "Pooling"
  bottom: "conv1"
  top: "pool1"
  pooling_param {
    pool: MAX
    kernel_size: 2
    stride: 2
  }
}
```

代码 2-6　一个最大池化层的实例

在 Caffe 框架中,中间特征图数据通常按照四维数组排布,称为 Blob,其具体格式在 caffe. proto 中定义。输入图像数据需要存储成 lmdb 或者 leveldb 数据库格式,对应的数据集路径和信息都通过 DataParameter 存储在 prototxt 中。目前 Caffe 也支持通过 OpenCV 直接读取图像数据,相应地就需要 OpenCV 库以及一个单独的ImageDataParameter 支持。

编译好 Caffe 后,可以仅仅通过命令行控制相应的推理和训练过程,相对应的命令如代码 2-7 所示,Caffe 行编译后的可执行程序,训练时只需要求解器文件,推理时则需要神经网络的 prototxt 文件以及相应的权重文件。

```
caffe train -- solver = lenet_solver.prototxt
caffe test -- model lenet_train_test.prototxt -- weights lenet_iter_10000.caffemodel
```

代码 2-7　使用 Caffe 进行训练和推理

由于 Caffe 通过 C++ 编写，且整个库的结构清晰，每一层都有专门的 C++ 实现和对应于 GPU 的 Cuda 实现，因此用户可以非常容易地在此基础上开发出自己版本的变种 Caffe。这也是时至今日 Caffe 仍然被各大公司、高校广泛使用并进行算法研究和应用部署的原因。在 Caffe 上开发自定义层一般需要以下步骤：

(1) 在 caffe.proto 中添加对应的自定义层的定义 LayerParameter 消息；

(2) 继承 Caffe 内部类，构建自定义层类，提供参数解析、内存分配、形状计算、层注册等方法，提供在 CPU 和 GPU 上的前向和反向实现；

(3) 编写测试文件，重新编译 Caffe，如果没有报错便证明自定义层添加成功；

(4) 修改 prototxt 文件进行训练和推理。

目前早期版本的 Caffe 已经不再更新，逐渐由 Caffe2 代替。Caffe 框架本身也存在不够灵活，只支持单卡计算，不支持多机多卡的分布式计算，不支持模型级别的并行等各种缺点。但不可否认的是，Caffe 在深度学习发展中为很多初学者提供了高效、方便的学习平台，是广大深度学习者入门的第一块敲门砖。

2.3.3　TensorFlow

TensorFlow 是谷歌公司基于 DistBelief 开发的第二代深度学习开源框架，最初由谷歌大脑团队开发，用于谷歌公司的研究及开发。TensorFlow 于 2015 年 11 月 9 日在 Apache 2.0 开源许可证下发布，支持在 CPU、GPU 以及谷歌自己设计的 TPU 上运行。TensorFlow 目前是整个深度学习领域传播最广，也是运用最广的开源软件框架。这一方面是因为 AlphaGo 击败人类顶尖职业棋手李世石之后，深度学习受到极大关注，而谷歌公司也趁着这个节点适时推出 TensorFlow，很快便深入很多开发者的内心；另一方面也是因为谷歌不遗余力的开发和推广，使得 TensorFlow 具有更新速度快、文档齐全、支持平台广、接口丰富（尤其是支持 Python）等优点，能够支持很多类型的神经网络，可以让初学者不用从造轮子开始便能够快速搭建一个业界先进的深度神经网络应用，由此俘获了很多初涉深度学习领域的用户。

TensorFlow 的命名来源于其本身的运行机制，Tensor 实际就是张量，是 TensorFlow 中节点间数据的存储和传递格式，类似于 NumPy 库中的数组，但是却有很大区别。Flow 意在流动，也就意味着张量数据的流动。TensorFlow 说白了就是输入数据经过层层计算，像水流一样流向输出节点，最终得到输出数据的整个过程。TensorFlow 的名字本身就道出了其一大特性——通过 TensorFlow 提供的接口定义静态数据流图来表示神经网路结构中数据的计算流程。这样的抽象使得用户可以以更加灵活的方式来搭建模型,并且不用关心具体的底层硬件调度以及计算实现细节。而从神经网络框架本身的角度而言,定义好计算图也就意味着框架能够在运行时知道计算图的所有细节,能够对计算图进行更深层次的优化,例如内存分配、数据重排等。此外,TensorFlow 相比 Caffe,还支持分布式计算,这可能还涉及不同设备之间的通信。

　　TensorFlow 不是一个普通的 Python 库,尽管 TensorFlow 以一个 Python 库的形式出现,并且 TensorFlow 的计算图机制也带来了完全不同的编程风格。一般的 Python 库都是 Python 本身的扩充,往往提供了一组变量、函数以及类。使用这些库时,用户感觉不到与正常的 Python 代码有什么区别。但是在进行 TensorFlow 开发时,用户会发现 TensorFlow 代码中用于定义计算图的代码无法调试、打印,甚至都无法使用 Python 的 If-else 和 While 语句。这些都是因为 TensorFlow 本质上是一种新的特定域语言(Domain Specific Language,DSL),其编程风格为声明式编程(Declarative Programming)。TensorFlow 代码先定义计算图后运行,而计算图有相应的输入和输出,相当于定义了新的程序,而这种编程理念便称作元编程(Meta-programming)。这些概念目前看上去还非常复杂,难以理解,但是在本书第 5 章编程方法中将会详细阐述这些概念并通过实例来教会读者如何使用。就目前而言,如要使用 TensorFlow 开发神经网络程序,只需要按照以下步骤操作即可:

　　(1) 使用 TensorFlow 提供的接口定义计算图;

　　(2) 使用正常的 Python 代码读取数据;

　　(3) 提供数据给计算图,运行计算图,获得输出。

图 2-17　TensorFlow 计算图

　　以图 2-17 中的计算图为例,**A**、**B** 都是形状为[10]的数组,经过元素积(Element-Wise Product)后得到一个形状为[10]的数组 **C**,之后与另一个标量相加后,得到形状同样为[10]的数组 **D**。该示例相应的 TensorFlow 代码如代码 2-8 所示。

```
import numpy as np
import tensorflow as tf
# 定义计算图
A = tf.placeholder(tf.int32, 10, 'A')
B = tf.placeholder(tf.int32, 10, 'B')
C = tf.multiply(A, B, 'Mult')
D = tf.add(C, tf.constant(1, tf.int32), 'Add')
```

```
# 运行计算图
with tf.Session() as sess:
    print(sess.run(D, feed_dict = {A: np.ones(10), B: np.ones(10)}))
```

代码 2-8　TensorFlow 代码

TensorFlow 编程的第一个概念便是计算图(Graph),每一个 TensorFlow 程序都会默认构建一个计算图,因此代码中并没有明确显示图的声明。TensorFlow 可以通过 tf. Graph 定义多个计算图,但是同一时间只会有一个默认计算图。

TensorFlow 编程的第二个概念便是节点(Node),节点包含计算节点和数据节点,计算节点定义了一个具体计算,类似代码中的 tf. add 定义了张量加法,tf. multiply 定义了张量乘法,另外还有类似卷积、全连接等更加粗颗粒的计算节点,等同于 Caffe 中定义的层。另一种则是数据节点,比如代码中的 tf. placeholder 定义了一个占位符节点,没有实际数据,用于数据的输入,再比如 tf. constant 用来定义常量节点,tf. variable 用来定义变量节点。训练参数,例如权重、偏置等,都通过这种形式表示。

TensorFlow 编程的第三个概念便是张量(Tensor),张量是 TensorFlow 中实际数据的表示形式,在计算图上体现为节点与节点之间的连接,在代码中,A,B,C,D 都是张量对象。张量分为两种:一种是占位符(placeholder)输出的张量,用于在运行时提供数据输入接口;另一种则是计算节点之间传递的张量,用户可以以计算图中某一个张量的值为目的运行计算图,计算图则会找到最小依赖图,然后根据输入去计算对应值。

TensorFlow 编程的第四个概念便是会话(Session)。会话为整个计算图的计算提供上下文,包括 GPU 的配置信息等。

2.3.4　PyTorch

PyTorch 是由脸书公司于 2016 年 10 月推出的深度学习框架,是一个开源的 Python 机器学习库,基于 Torch,正式的版本于 2018 年 12 月 7 日推出。目前的推广程度仅次于谷歌旗下的 TenosrFlow。

PyTorch 本质上与 TensorFlow 一样,可以被看作第二代深度学习框架,但是和 TensorFlow 相比,PyTorch 却有着很明显的不同特点。尽管 PyTorch 也是基于计算图的机制,但是用户使用 PyTorch 时丝毫感觉不到与 Python 本身有什么差别,这是因为 PyTorch 采用了命令式编程(Imperative Programming)的方式,计算图动态生成。

每执行一条语句,系统便构建出相应的计算图,且数据在实时进行计算,这样的计算图称为动态图。相较之下,TensorFlow 只有定义完计算图后,运行计算图时才能获取数据,这样的计算图称为静态图。在 PyTorch 的 GitHub 官网上有一张 gif 图可以很好地解释其运行原理,有兴趣的读者可以自行去查看。

为什么引入动态图的 PyTorch 不能算作比 TensorFlow 更新一代的深度学习框架呢? 这是因为本质上"动态图"的引入只是针对用户接口和使用习惯的概念,这样的灵活度是在部分程度上牺牲运行时性能换来的,并不能算得上是真正意义上的技术革新。其实,类似于 TensorFlow 这样的基于静态图的框架也在引入动态图机制,例如 TensorFlow Eager、MxNet Gluon 等。

但无论如何,命令式编程和动态图机制使得用户能够更加方便地进行深度学习开发和编程,例如递归神经网络、word2vec 这些往往不能很好地利用 TensorFlow 实现的模型,使用 PyTorch 时就能够很好地实现。

同样实现代码 2-8 中的计算,代码 2-9 中的 PyTorch 代码就显得更为简单,并且更加类似 Python 本身的编程风格。

```
import torch

A = torch.ones(10)
B = torch.ones(10)
C = A * B
D = C + 1
```

代码 2-9　PyTorch 代码

2.4　深度学习编译框架——TVM

随着越来越多深度的学习框架以及硬件产品的出现,深度学习领域的研发人员发现想要完美高效地解决端到端的程序部署和执行不是一件很简单的事情。尽管诸如 TensorFlow 这样的框架本身能够支持 CPU、GPU 以及 TPU 等多种硬件,但是不同的深度学习框架之间的算法模型迁移比较困难,比如 PyTorch、TensorFlow、Caffe 之间的迁移。如图 2-18 左边所示,不同的软件编程方法和框架在不同的硬件架构上的优化实现差异很大,比如移动端手机、嵌入式设备或是数据中心里的服务器等,所有这些因素都提升了用户的使用成本。

编译语言中间表示框架 LLVM 通过设立中间指令表达(IR)来解决这一问题,如图 2-18 右边所示。所有的软件框架都不直接映射到具体的硬件上,而是首先通过前端编译器编译成一种中间格式的指令表达。对于具体的硬件来说,供应商可以分别提供对接到中间指令表达的后端编译器,实现从 IR 到具体硬件指令的通路。

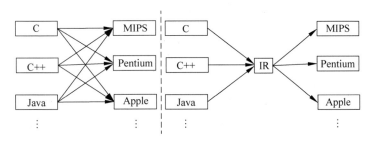

图 2-18　LLVM 的中间表示

按照同样的思路,在过去几年出现了专用于深度学习的中间表示形式、编译器和执行器,统称为编译器堆栈(Compiler Stack)。比如微软提出的 nGraph 以及 IBM 发布的 SystemML,而其中最有名的是华盛顿大学陈天奇团队提出的 TVM(Tensor Virtual Machine,张量虚拟机)框架。

TVM 的具体原理和优化策略较为复杂,本书会在第 5 章编程方法中详细介绍。在此先简要介绍其主要作用和大致结构。和 LLVM 框架类似,TVM 也分为前端、中端和后端,但是 TVM 在中端引入了很多其他特性。如图 2-19 所示,TVM 提供了以下功能:

(1)将不同框架的计算图表示转换成统一的 NNVM 的中间表示(Intermediate Representation,IR),并在此基础上做图级别的优化,比如算子融合等;

(2)提供张量级别的中间表示(TVM 原语),将具体算子的计算(Compute)和调度(Schedule)分隔开来,可以针对不同硬件采用不同的调度方式,生成特定架构上的算子实现;

(3)提供一套基于机器学习的优化方法,能够在搜索空间找到最优的调度方式,快速自动生成近似于或者超过手工优化的内核。

TVM 的贡献不仅在于提供了一套从深度学习框架到底层硬件的编译器堆栈,更

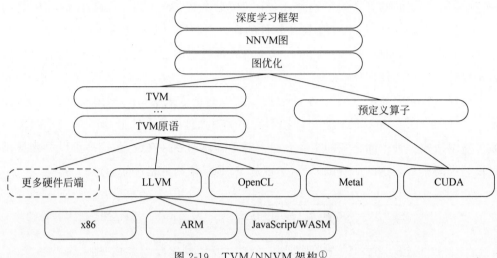

图 2-19　TVM/NNVM 架构[①]

重要的是提出了从图到算子的抽象层次,把生成规则本身分成各个原语操作,在需要的时候加以组合,针对特定架构使用特定的调度,这样使用户能够使用 TVM 自动或半自动地生成手写代码的效果,甚至在此基础上稍作修改就能够得到超过手写代码性能的内核,极大地提高了高性能深度学习应用的开发效率。

① 图片参考链接:http://p1.pstatp.com/large/pgc-image/5d4259abfbe5403199ab1f07dd26812f。

## 第 3 章

硬件架构

为了满足当今飞速发展的深度神经网络对芯片算力的需求,华为公司于 2018 年推出了昇腾系列 AI 处理器,可以对整型数或浮点数提供强大高效的乘加计算能力。由于昇腾 AI 处理器具有强大的算力并且在硬件体系结构上对于深度神经网络进行了特殊的优化,从而使之能以极高的效率完成目前主流深度神经网络的前向计算,因此在智能终端等领域拥有广阔的应用前景。

3.1 昇腾 AI 处理器总览

昇腾 AI 处理器本质上是一个片上系统,如图 3-1 所示,主要可以应用在与图像、视频、语音、文字处理相关的场景。其主要的架构组成部件包括特制的计算单元、大容量的存储单元和相应的控制单元。该处理器大致可以划分为:控制 CPU(Control CPU)、AI 计算引擎(包括 AI Core 和 AI CPU)、多层级的片上系统缓存(Cache)或缓冲区(Buffer)、数字视觉预处理模块(Digital Vision Pre-Processing,DVPP)等。处理器可以采用 LPDDR4 高速主存控制器接口,价格较低。目前主流片上系统处理器的主存一般由 DDR(Double Data Rate,双倍速率内存)或 HBM(High Bandwidth Memory,高带宽存储器)构成,用来存放大量的数据。HBM 相对于 DDR 存储带宽较高,是行业的发展方向。其他通用的外设接口模块包括 USB、磁盘、网卡、GPIO、I2C 和电源管理接口等。

当该处理器作为计算服务器的加速卡使用时,会通过 PCIe 总线接口和服务器其他单元实现数据互换。以上所有这些模块通过基于 CHI 协议的片上环形总线相连,实现模块间的数据连接通路并保证数据的共享和一致性。

昇腾 AI 处理器集成了多个 CPU 核心,每个核心都有独立的 L1 和 L2 缓存,所有核心共享一个片上 L3 缓存。集成的 CPU 核心按照功能可以划分为专用于控制处理

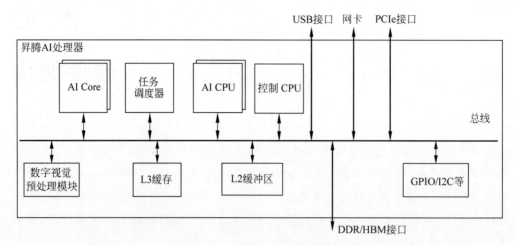

图 3-1　昇腾 AI 处理器逻辑图

器整体运行的控制 CPU 和专用于承担非矩阵类复杂计算的 AI CPU。两类任务占用的 CPU 核数可由软件根据系统实际运行情况动态分配。

除了 CPU 之外，该处理器真正的算力担当是采用了达芬奇架构的 AI Core。这些 AI Core 通过特别设计的架构和电路实现了高通量、大算力和低功耗，特别适合处理深度学习中神经网络必需的常用计算，如矩阵相乘等。目前该处理器能对整型数（INT8、INT4）或对浮点数（FP16）提供强大的乘加计算力。由于采用了模块化的设计，可以很方便地通过叠加模块的方法提高后续芯片的计算力。

针对深度神经网络参数量大、中间值多的特点，该处理器还特意为 AI 计算引擎配备了容量为 8MB 的片上缓冲区（L2 缓冲区），提供高带宽、低延迟、高效率的数据交换和访问。能够快速访问到所需的数据对于提高神经网络算法的整体性能至关重要，同时将大量需要复用的中间数据缓存在片上对于降低系统整体功耗意义重大。为了能够实现计算任务在 AI Core 上的高效分配和调度，该处理器还特意配备了一个专用 CPU 作为任务调度器（Task Scheduler，TS）。该 CPU 专门服务于 AI Core 和 AI CPU，而不承担任何其他的事务和工作。

数字视觉预处理模块主要完成图像视频的编解码，支持 4K[①] 分辨率的视频处理，对图像支持 JPEG 和 PNG 等格式的处理。来自主机端存储器或网络的视频和图像数据，在进入昇腾 AI 处理器的计算引擎处理之前，需要生成满足处理要求的输入格式、分辨率等，因此需要调用数字视觉预处理模块进行预处理以实现格式和精度转换等要

---

①　4K 指分辨率为 4096×2160 像素，表示超高清分辨率视频。

求。数字视觉预处理模块主要实现视频解码(Video Decoder,VDEC)、视频编码(Video Encoder,VENC)、JPEG 编解码(JPEG Decoder/Encoder,JPEGD/E)、PNG 解码(PNG Decoder,PNGD)和视觉预处理(Vision Pre-Processing Core,VPC)等功能。图像预处理可以完成对输入图像的上/下采样、裁剪、色调转换等多种功能。数字视觉预处理模块采用了专用定制电路的方式来实现高效率的图像处理功能,对应于每一种不同的功能都会设计一个相应的硬件电路模块来完成计算工作。在数字视觉预处理模块收到图像视频处理任务后,会读取需要处理的图像视频数据并分发到内部对应的处理模块进行处理,待处理完成后将数据写回到内存中等待后续步骤。

3.2 达芬奇架构

不同于传统的支持通用计算的 CPU 和 GPU,也不同于专用于某种特定算法的专用芯片 ASIC,达芬奇架构本质上是为了适应某个特定领域中的常见应用和算法,通常称为"特定域架构(Domain Specific Architecture,DSA)"芯片。

昇腾 AI 处理器的计算核心主要由 AI Core 构成,负责执行标量、向量和张量相关的计算密集型算子。AI Core 采用了达芬奇架构,其基本结构如图 3-2 所示,从控制上可以看成是一个相对简化的现代微处理器的基本架构。它包括了三种基础计算资源:矩阵计算单元(Cube Unit)、向量计算单元(Vector Unit)和标量计算单元(Scalar Unit)。这三种计算单元分别对应了张量、向量和标量三种常见的计算模式,在实际的计算过程中各司其职,形成了三条独立的执行流水线,在系统软件的统一调度下互相配合达到优化的计算效率。此外在矩阵计算单元和向量计算单元内部还提供了不同精度、不同类型的计算模式。AI Core 中的矩阵计算单元目前可以支持 INT8 和 FP16 的计算;向量计算单元目前可以支持 FP16 和 FP32 以及多种整型数的计算。

为了配合 AI Core 中数据的传输和搬运,围绕着三种计算资源还分布式地设置了一系列的片上缓冲区,比如用来放置整体图像特征数据、网络参数以及中间结果的输入缓冲区(Input Buffer,IB)和输出缓冲区(Output Buffer,OB),以及提供一些临时变量的高速寄存器单元,这些寄存器单元位于各个计算单元中。这些存储资源的设计架构和组织方式不尽相同,但目的都是为了更好地适应不同计算模式下格式、精度和数据排布的需求。这些存储资源和相关联的计算资源相连,或者和总线接口单元(Bus

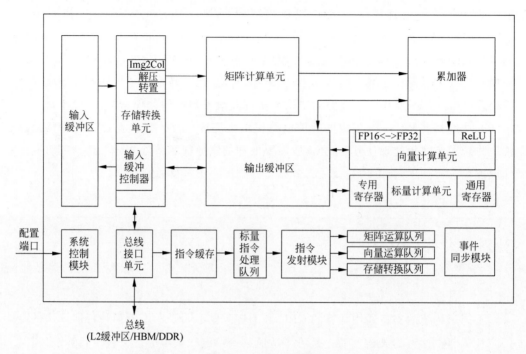

图 3-2　AI Core 架构图

Interface Unit,BIU)相连,从而可以获得外部总线上的数据。

　　在 AI Core 中,输入缓冲区之后设置了一个存储转换单元(Memory Transfer Unit,MTE)。这是达芬奇架构的特色之一,主要的目的是为了以极高的效率实现数据格式的转换。比如前面提到 GPU 要通过矩阵计算来实现卷积,首先要通过 Img2Col 的方法把输入的网络和特征数据重新以一定的格式排列起来。这一步在 GPU 中是通过软件来实现的,效率比较低下。达芬奇架构采用了一个专用的存储转换单元来完成这一过程,将这一步完全固化在硬件电路中,可以在很短的时间之内完成整个转置过程。由于类似转置的计算在深度神经网络中出现得极为频繁,这种定制化电路模块的设计可以提升 AI Core 的执行效率,从而能够实现不间断的卷积计算。

　　AI Core 中的控制单元主要包括系统控制模块、标量指令处理队列、指令发射模块、矩阵运算队列、向量运算队列、存储转换队列和事件同步模块。系统控制模块负责指挥和协调 AI Core 的整体运行模式、配置参数和实现功耗控制等。标量指令处理队列主要实现控制指令的译码。当指令被译码并通过指令发射模块顺次发射出去后,根据指令的不同类型,指令将会分别发送到矩阵运算队列、向量运算队列和存储转换队列。三个队列中的指令依据先进先出的方式分别输出到矩阵计算单元、向量计算单元和存储转换单元进行相应的计算。不同的指令阵列和计算资源构成了独立的流水线，可以并行执行以提高指令执行效率。如果指令执行过程中出现依赖关系或者有强制的时间先后顺序要求，则可以通过事件同步模块来调整和维护指令的执行顺序。事件同步模块完全由软件控制，在软件编写的过程中可以通过插入同步符的方式来指定每一条流水线的执行时序从而达到调整指令执行顺序的目的。

在 AI Core 中，存储单元为各个计算单元提供被转置过并符合要求的数据，计算单元返回运算的结果给存储单元，控制单元为计算单元和存储单元提供指令控制，三者相互协调合作完成计算任务。

3.2.1　计算单元

计算单元是 AI Core 中提供强大算力的核心单元，相当于 AI Core 的主力军。AI Core 中的计算单元主要包含矩阵计算单元、向量计算单元、标量计算单元和累加器，如图 3-3 中的加粗部分所示。矩阵计算单元和累加器主要完成与矩阵相关的运算，向量计算单元负责执行向量运算，标量计算单元主要负责各类型的标量数据运算和程序的流程控制。

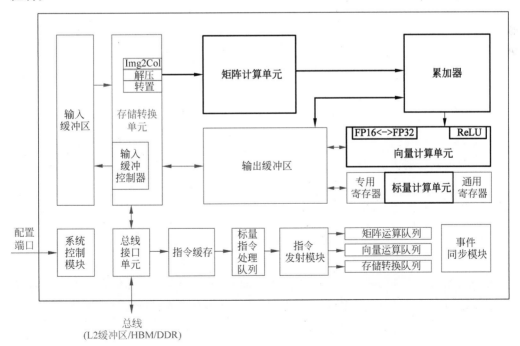

图 3-3　计算单元

1．矩阵计算单元

1）矩阵乘法

由于常见的深度神经网络算法中大量地使用了矩阵计算，达芬奇架构中特意对矩阵计算进行了深度的优化并定制了相应的矩阵计算单元来支持高吞吐量的矩阵处理。图 3-4 表示一个矩阵 A 和另一个矩阵 B 之间的乘法运算 $C=A \times B$，其中 M 表示矩阵 A 的行数，K 表示矩阵 A 的列数以及矩阵 B 的行数，N 表示矩阵 B 的列数。

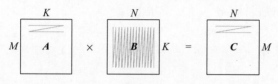

图 3-4　矩阵乘法示意图

在传统 CPU 中计算矩阵乘法的典型代码如代码 3-1 所示。

```
for (int m = 0; m < M, m++)
    for (int n = 0; n < N, n++)
        for (int k = 0; k < K, k++)
            C[m][n] += A[m][k] * B[k][n];
```

代码 3-1　CPU 计算矩阵乘法

该程序需要用到 3 个循环进行一次完整的矩阵相乘计算，如果在一个单发射的 CPU 上执行至少需要 $M \times K \times N$ 个时钟周期才能完成，当矩阵非常庞大时执行过程极为耗时。

在 CPU 计算过程中，矩阵 A 是按照行的方式进行扫描，矩阵 B 以列的方式进行扫描。考虑到典型的矩阵存储方式，无论矩阵 A 还是矩阵 B 都会按照行的方式进行存放，也就是所谓的 Row-Major 的方式。而内存读取的方式是具有极强的数据局部性特征的，也就是说，当读取内存中某个数时会打开内存中相应的一整行并且把同一行中所有的数都读取出来。这种内存的读取方式对矩阵 A 是非常高效的，但是对于矩阵 B 的读取却显得非常不友好，因为代码中矩阵 B 是需要一列一列读取的。为此需要将矩阵 B 的存储方式转成按列存储，也就是所谓的 Column-Major，如图 3-5 所示，这样才能够符合内存读取的高效率模式。因此，在矩阵计算中往往通过改变某个矩阵的存储方式来提升矩阵计算的效率。

一般在矩阵较大时，由于芯片上计算和存储资源有限，往往需要对矩阵进行分块平铺处理(Tiling),如图 3-6 所示。受限于片上缓存的容量,当一次难以装下整个矩阵 **B** 时,可以将矩阵 **B** 划分成为 B_0、B_1、B_2 和 B_3 等多个子矩阵。而每一个子矩阵的大小都可以适合一次性存储到芯片上的缓存中并与矩阵 **A** 进行计算从而得到结果子矩阵。这样做的目的是充分利用数据的局部性原理,尽可能地把缓存中的子矩阵数据重复使用完毕并得到所有相关的子矩阵结果后,再读入新的子矩阵,开始新的周期。如此往复,可以依次将所有的子矩阵都一一搬运到缓存中,完成整个矩阵计算的全过程,最终得到结果矩阵 **C**。矩阵分块的优点是充分利用了缓存的容量,并最大程度利用了数据计算过程中的局部性特征,可以高效地实现大规模的矩阵乘法计算,分块是一种常见的优化手段。

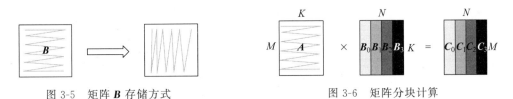

图 3-5　矩阵 **B** 存储方式　　　　　　　　图 3-6　矩阵分块计算

2) 矩阵计算单元的计算方式

在深度神经网络中实现计算卷积过程的关键步骤是将卷积运算转化为矩阵运算。在 CPU 中大规模的矩阵计算往往成为性能瓶颈,而矩阵计算在深度学习算法中又极为重要。为了解决这个矛盾,GPU 采用通用矩阵相乘(GEMM)的方法来实现矩阵乘法。例如要实现一个 16×16 矩阵与另一个 16×16 矩阵的乘法,需要安排 256 个并行的线程,并且每一个线程都可以独立计算完成结果矩阵中的一个输出点。假设每一个线程在一个时钟周期内可以完成一次乘加运算,则 GPU 完成整个矩阵计算需要 16 个时钟周期,这个延时是传统 GPU 无法避免的瓶颈。而昇腾 AI 处理器针对这个问题做了深度的优化。因此 AI Core 对矩阵乘法运算的高效性为昇腾 AI 处理器作为深度神经网络的加速器提供了强大的性能保障。

达芬奇架构在 AI Core 中特意设计了矩阵计算单元作为昇腾 AI 处理器的核心计算模块,意图高效解决矩阵计算的瓶颈问题。矩阵计算单元提供强大的并行乘加计算能力,使得 AI Core 能够高速处理矩阵计算问题。通过精巧设计的定制电路和极致的后端优化手段,矩阵计算单元可以用一条指令完成两个 16×16 矩阵的相乘运算(标记为 16^3,也是 Cube 这一名称的来历),等同于在极短时间内进行了 $16^3 = 4096$ 个乘加运算,并且可以实现 FP16 的运算精度。如图 3-7 所示,矩阵计算单元在完成 $C = A \times$

B 的矩阵运算时,会事先将矩阵 A 按行存放在输入缓冲区中,同时将矩阵 B 按列存放在输入缓冲区中,通过矩阵计算单元计算后得到的结果矩阵 C 按行存放在输出缓冲区中。在矩阵相乘运算中,矩阵 C 的第一元素由矩阵 A 的第一行的 16 个元素和矩阵 B 的第一列的 16 个元素由矩阵计算单元子电路进行 16 次乘法和 15 次加法运算得出。矩阵计算单元中共有 256 个矩阵计算子电路,可以由一条指令并行完成矩阵 C 的 256 个元素计算。

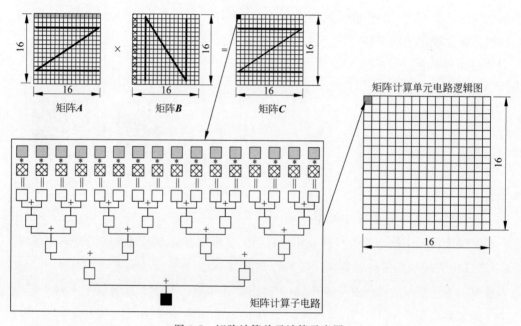

图 3-7　矩阵计算单元计算示意图

在有关矩阵的处理上,通常在进行完一次矩阵乘法后还需要和上一次的结果进行累加,以实现类似 $C = A \times B + C$ 的运算。矩阵计算单元的设计也考虑到了这种情况,为此专门在矩阵计算单元后面增加了一组累加器单元,可以实现将上一次的中间结果与当前的结果相累加,总共累加的次数可以由软件控制,并在累加完成之后将最终结果写入输出缓冲区。在卷积计算过程中,累加器可以完成加偏置的累加计算。

矩阵计算单元可以快速完成 16×16 的矩阵相乘。但当超过 16×16 大小的矩阵利用该单元进行计算时,则需要事先按照特定的数据格式进行矩阵的存储,并在计算的过程中以特定的分块方式进行数据的读取。如图 3-8 所示,矩阵 A 展示的切割和排序方式称作"大 Z 小 Z",直观地看就是矩阵 A 的各个分块之间按照行的顺序排序,称为"大 Z"方式;而每个块的内部数据也是按照行的方式排列,称为"小 Z"方式。与之

形成对比的是矩阵 **B** 的各个分块之间按照行排序,而每个块的内部按照列排序,称为"大 Z 小 N"的排序方式。按照矩阵计算的一般法则,昇腾 AI 处理器内部专用电路可以实现将如此排列的 **A**、**B** 矩阵相乘之后得到结果矩阵 **C**,而矩阵 **C** 将会呈现出各个分块之间按照列排序,而每个块内部按照行排序的格式,称为"大 N 小 Z"的排列方式。

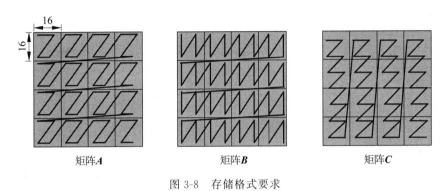

矩阵**A**   矩阵**B**   矩阵**C**

图 3-8　存储格式要求

在利用矩阵计算单元进行大规模的矩阵运算时,由于矩阵计算单元的容量有限,往往不能一次存放下整个矩阵,所以也需要对矩阵进行分块并采用分步计算的方式。如图 3-9 所示,将矩阵 **A** 和矩阵 **B** 都等分成同样大小的块,每一块都可以是一个 16×16 的子矩阵,排不满的地方可以通过补零实现。首先求 C_1 结果子矩阵,需要分两步计算:第一步将 A_1 和 B_1 搬移到矩阵计算单元中,并算出 $A_1 \times B_1$ 的中间结果;第二步将 A_2 和 B_2 搬移到矩阵计算单元中,再次计算 $A_2 \times B_2$,并把计算结果累加到上一次 $A_1 \times B_1$ 的中间结果,这样才完成结果子矩阵 C_1 的计算,之后将 C_1 写入输出缓冲区。由于输出缓冲区容量也有限,所以需要尽快将 C_1 子矩阵写入内存中,便于留出空间接收下一个结果子矩阵 C_2。同理,以此类推可以完成整个大规模矩阵乘法的运算。上述计算方式是最基本的分块矩阵计算方式,没有复用数据。在昇腾 AI 处理器的实际计算过程中,会在一定程度上复用矩阵 **A** 和矩阵 **B** 的分块矩阵。

除了支持 FP16 类型的运算,矩阵计算单元也可以支持诸如 INT8 等更低精度类型的输入数据。对于 INT8,矩阵计算单元可以一次完成一个 16×32 矩阵与一个 32×16 矩阵的相乘运算。程序员可以根据深度神经网络对于精度的要求来适当调整矩阵计算单元的运算精度,从而可以获得更加出色的性能。

矩阵计算单元除了支持 FP16 和 INT8 的运算之外,还同时支持 UINT8 和 U2 数据类型计算。在 U2 数据类型下,只支持对两比特 U2 类型权重的计算。由于现代轻量级神经网络权重为两比特的情况比较普遍,所以在计算中先将 U2 权重数据转换成

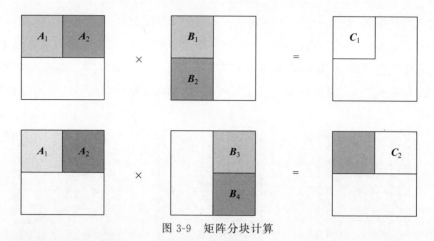

图 3-9 矩阵分块计算

FP16 或者 INT8 后再进行计算。

2. 向量计算单元

AI Core 中的向量计算单元主要负责完成和向量相关的运算,能够实现向量和标量,或双向量之间的计算,功能覆盖各种基本和多种定制的计算类型,主要包括 FP32、FP16、INT32 和 INT8 等数据类型的计算。

如图 3-10 所示,向量计算单元可以快速完成两个 FP16 类型的向量运算。如图 3-2 所示,向量计算单元的源操作数和目的操作数通常都保存在输出缓冲区中。对向量计算单元而言,输入的数据可以不连续,这取决于输入数据的寻址模式。向量计算单元支持的寻址模式包括了向量连续寻址和固定间隔寻址;在特殊情形下,对于地址不规律的向量,向量计算单元也提供了向量地址寄存器寻址来实现向量的不规则寻址。

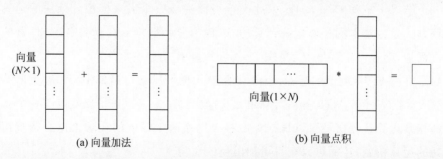

图 3-10 向量运算示例

如图 3-2 所示,向量计算单元可以作为矩阵计算单元和输出缓冲区之间的数据通路和桥梁。矩阵运算完成后的结果在向输出缓冲区传递的过程中,向量计算单元可以顺便完成在深度神经网络尤其是卷积神经网络计算中常用的 ReLU 激活函数、池化等功能并实现数据格式的转换。经过向量计算单元处理后的数据可以被写回到输出缓冲区或者矩阵计算单元中，以等待下一次运算。所有这些操作都可以通过软件配合相应的向量单元指令来实现。向量计算单元提供了丰富的计算功能，也可以实现很多特殊的计算函数，从而和矩阵计算单元形成功能互补，全面完善了 AI Core 对非矩阵类型数据计算的能力。

3. 标量计算单元

标量计算单元负责完成 AI Core 中与标量相关的运算。它相当于一个微型 CPU，控制整个 AI Core 的运行。标量计算单元可以对程序中的循环进行控制，可以实现分支判断，其结果可以通过在事件同步模块中插入同步符的方式来控制 AI Core 中其他功能性单元的执行流程。它还为矩阵计算单元或向量计算单元提供数据地址和相关参数的计算，并且能够实现基本的算术运算。其他复杂度较高的标量运算则由专门的 AI CPU 通过算子完成。

在标量计算单元周围配备了多个通用寄存器（General Purpose Register，GPR）和专用寄存器（Special Purpose Register，SPR）。这些通用寄存器可以用于变量或地址的寄存，为算术逻辑运算提供源操作数和存储中间计算结果。专用寄存器的设计是为了支持指令集中一些指令的特殊功能，一般不可以直接访问，只有部分可以通过指令读写。

AI Core 中具有代表性的专用寄存器包括 CoreID（用于标识不同的 AI Core），VA（向量地址寄存器）以及 STATUS（AI Core 运行状态寄存器）等。软件可以通过监视这些专用寄存器来控制和改变 AI Core 的运行状态和模式。

3.2.2　存储系统

AI Core 的片上存储单元和相应的数据通路构成了存储系统。众所周知，几乎所有的深度学习算法都是数据密集型的应用。对于昇腾 AI 处理器来说，合理设计数据存储和传输结构对于系统的最终运行性能至关重要。不合理的设计往往成为系统性能瓶颈，从而白白浪费片上海量的计算资源。AI Core 通过各种类型的分布式缓冲区之间的相互配合，为深度神经网络计算提供了大容量和及时的数据供应，为整体计算性能消除了数据流传输的瓶颈，从而支撑了深度学习计算中所需要的大规模、高并发数据的快速有效提取和传输。

1．存储单元

芯片中的计算资源要想发挥强劲算力，必要条件是保证输入数据能够及时准确地出现在计算单元里。达芬奇架构通过精心设计的存储单元为计算资源保证了数据的供应，相当于 AI Core 中的后勤系统。AI Core 中的存储单元由存储控制单元、缓冲区和寄存器组成，如图 3-11 中的加粗部分所示。存储控制单元通过总线接口可以直接访问 AI Core 之外的更低层级的缓存，并且也可以直通到 DDR 或 HBM，从而可以直接访问内存。存储控制单元中还设置了存储转换单元，其目的是将输入数据转换成 AI Core 中各类型计算单元所兼容的数据格式。缓冲区包括了用于暂存原始图像特征数据的输入缓冲区，以及处于中心的输出缓冲区来暂存各种形式的中间数据和输出数据。AI Core 中的各类寄存器资源主要是标量计算单元在使用。

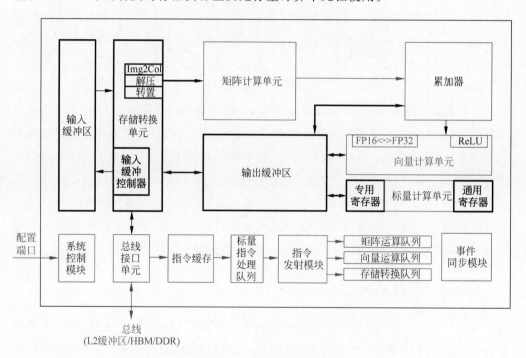

图 3-11　存储单元结构

所有的缓冲区和寄存器的读写都可以通过底层软件显式地控制，有经验的程序员可以通过巧妙的编程方式来防止存储单元中出现读写冲突而影响流水线的进程。对于类似卷积和矩阵这样规律性强的计算模式，高度优化的程序可以实现全程无阻塞的流水线执行。

　　图 3-11 中的总线接口单元作为 AI Core 的"大门",是一个与系统总线交互的窗口,并以此通向外部世界。AI Core 通过总线接口从外部 L2 缓冲区、DDR 或 HBM 中读取或者写回数据。总线接口在这个过程中可以将 AI Core 内部发出的读写请求转换为符合总线要求的外部读写请求,并完成协议的交互和转换等工作。

　　输入数据从总线接口读入后就会经由存储转换单元进行处理。存储转换单元作为 AI Core 内部数据通路的传输控制器,负责 AI Core 内部数据在不同缓冲区之间的读写管理,以及完成一系列的格式转换操作,如补零、Img2Col、转置、解压缩等。存储转换单元还可以控制 AI Core 内部的输入缓冲区,从而实现局部数据的缓存。

　　在深度神经网络计算中,由于输入图像特征数据通道众多且数据量庞大,往往会采用输入缓冲区来暂时保留需要频繁重复使用的数据,以达到节省功耗、提高性能的效果。当输入缓冲区被用来暂存使用率较高的数据时,就不需要每次通过总线接口到 AI Core 的外部读取,从而在减少总线上数据访问频次的同时也降低了总线上产生拥堵的风险。另外,当存储转换单元进行数据的格式转换操作时,会产生巨大的带宽需求,达芬奇架构要求源数据必须被存放于输入缓冲区中,才能够进行格式转换,而输入缓冲控制器负责控制数据流入输入缓冲区中。输入缓冲区的存在有利于将大量用于矩阵计算的数据一次性地搬移到 AI Core 内部,同时利用固化的硬件大幅提升了数据格式转换的速度,避免了矩阵计算单元的阻塞,消除了由于数据转换过程缓慢而带来的性能瓶颈。

　　在神经网络中往往可以把每层计算的中间结果放在输出缓冲区中,从而在进入下一层计算时方便地获取数据。由于通过总线读取数据的带宽低、延迟大,通过充分利用输出缓冲区就可以大大提升计算效率。

　　在矩阵计算单元还包含直接提供数据的寄存器,提供当前正在进行计算的大小为 16×16 的左、右输入矩阵。在矩阵计算单元之后,累加器也含有结果寄存器,用于缓存当前计算的大小为 16×16 的结果矩阵。在累加器配合下可以不断地累积前次矩阵计算的结果,这在卷积神经网络的计算过程中极为常见。在软件的控制下,当累积的次数达到要求后,结果寄存器中的结果可以被一次性地传输到输出缓冲区中。

　　AI Core 中的存储系统为计算单元提供源源不断的数据,高效适配计算单元的强大算力,综合提升了 AI Core 的整体计算性能。与谷歌 TPU 设计中的统一缓冲区设计理念相类似,AI Core 采用了大容量的片上缓冲区设计,通过增大片上缓存数据量来减少数据从片外存储系统搬运到 AI Core 中的频次,从而可以降低数据搬运过程中所产生的功耗,有效控制了整体计算的能耗。

达芬奇架构通过存储转换单元中内置的定制电路,在进行数据传输的同时,就可以实现诸如 Img2Col 或者其他类型的格式转化操作,不仅节省了格式转换过程中的消耗,同时也节省了数据转换的指令开销。这种能将数据在传输的同时进行转换的指令称为随路指令。硬件单元对随路指令的支持为程序设计提供了便捷性。

2. 数据通路

数据通路指的是 AI Core 在完成一个计算任务时,数据在 AI Core 中的流通路径。前文已经以矩阵相乘为例简单介绍了数据的搬运路径。图 3-12 展示了达芬奇架构中一个 AI Core 内完整的数据传输路径。这其中包含了 DDR 或 HBM 及 L2 缓冲区,这些都属于 AI Core 外的数据存储系统。图中其他各类型的数据缓冲区都属于核内存储系统。

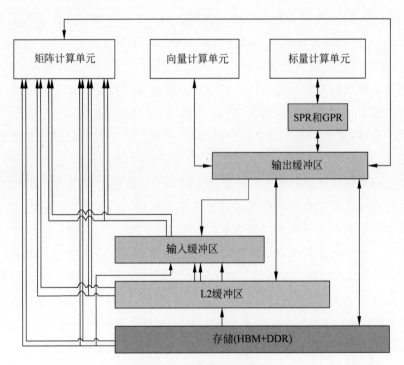

图 3-12　基本数据通路图

核外存储系统中的数据可以通过 LOAD 指令被直接搬运到矩阵计算单元中进行计算,输出的结果会被保存在输出缓冲区中。除了直接将数据通过 LOAD 指令发送到矩阵计算单元中,核外存储系统中的数据也可以通过 LOAD 指令先行传入输入缓冲区,再通过其他指令传输到矩阵计算单元中。这样做的好处是利用大容量的输入缓冲区来暂存需要被矩阵计算单元反复使用的数据。

矩阵计算单元和输出缓冲区之间是可以相互传输数据的。由于矩阵计算单元容量较小,部分矩阵运算结果可以写入输出缓冲区中,从而提供充裕的空间容纳后续的矩阵计算。当然也可以将输出缓冲区中的数据再次搬回矩阵计算单元作为后续计算的输入。输出缓冲区和向量计算单元、标量计算单元以及核外存储系统之间都有一条独立的双向数据通路。输出缓冲区中的数据可以通过专用寄存器或通用寄存器进出标量计算单元。

值得注意的是,AI Core 中的所有数据如果需要向外部传输,都必须经过输出缓冲区,才能够被写回到核外存储系统中。例如输入缓冲区中的图像特征数据如果需要被输出到系统内存中,则需要先经过矩阵计算单元处理后存入输出缓冲区中,最终从输出缓冲区写回到核外存储系统中。在 AI Core 中并没有一条从输入缓冲区直接写入输出缓冲区的数据通路。因此输出缓冲区作为 AI Core 数据流出的闸口,能够统一地控制和协调所有核内数据的输出。

达芬奇架构数据通路的特点是多进单出,数据流入 AI Core 可以通过多条数据通路,可以从外部直接流入矩阵计算单元、输入缓冲区和输出缓冲区中的任何一个,流入路径的方式比较灵活,在软件的控制下由不同数据流水线分别进行管理。而数据输出则必须通过输出缓冲区,最终才能输出到核外存储系统中。

这样设计的理由主要是考虑到了深度神经网络计算的特征。神经网络在计算过程中,往往输入的数据种类繁多并且数量巨大,比如多个通道、多个卷积核的权重和偏置值以及多个通道的特征值等,而 AI Core 中对应这些数据的存储单元可以相对独立且固定,可以通过并行输入的方式来提高数据流入的效率,满足海量计算的需求。AI Core 中设计多个输入数据通路的好处是对输入数据流的限制少,能够为计算源源不断地输送源数据。与此相反,深度神经网络计算将多种输入数据处理完成后往往只生成输出特征矩阵,数据种类相对单一。根据神经网络输出数据的特点,在 AI Core 中设计了单输出的数据通路,一方面节约了芯片硬件资源;另一方面可以统一管理输出数据,将数据输出的控制硬件降到最低。

综上所述,达芬奇架构中的各个存储单元之间的数据通路以及多进单出的核内外数据交换机制是在深入研究了以卷积神经网络为代表的主流深度学习算法后开发出来的,目的是在保障数据良好的流动性前提下,减少芯片成本、提升计算性能、降低控制复杂度。

3.2.3　控制单元

在达芬奇架构下,控制单元为整个计算过程提供了指令控制,相当于 AI Core 的司令部,负责整个 AI Core 的运行,控制单元起到了至关重要的作用。控制单元的主要组成部分为系统控制模块、指令缓存、标量指令处理队列、指令发射模块、矩阵运算队列、向量运算队列、存储转换队列和事件同步模块,如图 3-13 中加粗部分所示。

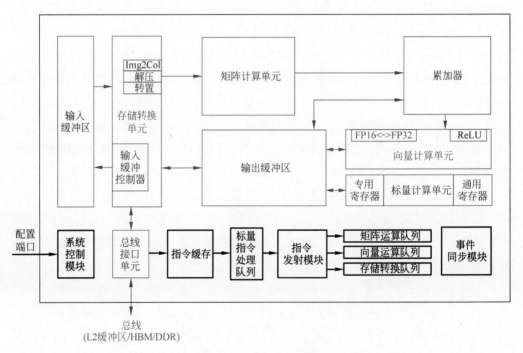

图 3-13　控制单元逻辑图

在指令执行过程中,可以提前预取后续指令,并一次读入多条指令进入缓存,提升指令执行效率。多条指令从系统内存通过总线接口进入到 AI Core 的指令缓存中并等待后续硬件快速自动解码或运算。指令被解码后便会被导入标量队列中,实现地址解码与运算控制。这些指令包括矩阵计算指令、向量计算指令以及存储转换指令等。在进入指令发射模块之前,所有指令都作为普通标量指令被逐条顺次处理。标量队列将这些指令的地址和参数解码配置好后,由指令发射模块根据指令的类型分别发送到对应的指令执行队列中,而标量指令会驻留在标量指令处理队列中进行后续执行。

指令执行队列由矩阵运算队列、向量运算队列和存储转换队列组成。矩阵计算指令进入矩阵运算队列,向量计算指令进入向量运算队,存储转换指令进入存储转换队列,同一个指令执行队列中的指令是按照进入队列的顺序进行执行的,不同指令执行队列之间可以并行执行,通过多个指令执行队列的并行执行可以提升整体执行效率。

当指令执行队列中的指令到达队列头部时就进入真正的指令执行环节,并被分发到相应的执行单元中,如矩阵计算指令会发送到矩阵计算单元,存储转换指令会发送到存储转换单元。不同的执行单元可以并行地按照指令来计算或处理数据,同一个指令队列中指令执行的流程被称作为指令流水线。

对于指令流水线之间可能出现的数据依赖,达芬奇架构的解决方案是通过设置事件同步模块来统一协调各个流水线的进程。事件同步模块时刻控制每条流水线的执行状态,并分析不同流水线的依赖关系,从而解决数据依赖和同步的问题。比如矩阵运算队列的当前指令需要依赖向量计算单元的结果,在执行过程中,事件同步控制模块会暂停矩阵运算队列执行流程,要求其等待向量计算单元的结果。而当向量计算单元完成计算并输出结果后,此时事件同步模块则通知矩阵运算队列需要的数据已经准备好,可以继续执行。在事件同步模块准许放行之后矩阵运算队列才会发射当前指令。在达芬奇架构中,无论是流水线内部的同步还是流水线之间的同步,都是通过事件同步模块利用软件控制来实现的。

如图 3-14 所示,示意了 4 条流水线的执行流程。标量指令处理队列首先执行标量指令 0、1 和 2 三条标量指令,由于向量运算队列中的指令 0 和存储转换队列中的指令 0 与标量指令 2 存在数据依赖性,需要等到标量指令 2 完成(时刻 3)才能发射并启动。由于指令是被顺序发射的,因此只能等到时刻 4 时才能发射并启动矩阵运算指令 0 和标量指令 3,这时 4 条指令流水线可以并行执行。直到标量指令处理队列中的全局同步标量指令 7 生效后,由事件同步模块对矩阵流水线、向量流水线和存储转换流水线进行全局同步控制,需要等待矩阵运算指令 0、向量运算指令 1 和存储转换指令 1 都执行完成后,事件同步模块才会允许标量流水线继续执行标量指令 8。

在控制单元中还存在一个系统控制模块。在 AI Core 运行之前,需要外部的任务调度器来控制和初始化 AI Core 的各种配置接口,如指令信息、参数信息以及任务块信息等。这里的任务块是指 AI Core 中的最小的计算任务粒度。在配置完成后,系统控制模块会控制任务块的执行进程,同时在任务块执行完成后,系统控制模块会进行中断处理和状态申报。如果在执行过程中出现了错误,系统控制模块将会把执行的错误状态报告给任务调度器,进而反馈当前 AI Core 的状态信息给整个昇腾 AI 处理器系统。

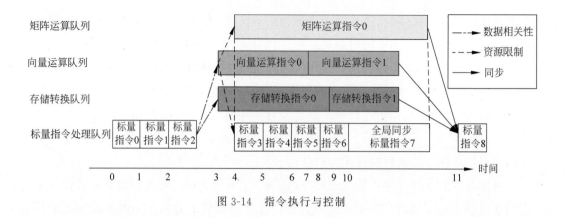

图 3-14　指令执行与控制

3.2.4　指令集设计

任何程序在处理器芯片中执行计算任务时,都需要通过特定的规范转化成硬件能够理解并处理的语言,这种语言就称为指令集架构(Instruction Set Architecture, ISA),简称指令集。指令集包含了数据类型、基本操作、寄存器、寻址模式、数据读写方式、中断、异常处理以及外部 IO 等,每条指令都会描述处理器的一种特定功能。指令集是计算机程序能够调用的处理器全部功能的集合,是处理器功能的抽象模型,也是作为计算机软件与硬件的接口。

指令集可以分为精简指令集(Reduced Instruction Set Computer,RISC)和复杂指令集(Complex Instruction Set Computer,CISC)。精简指令集的特点是单指令功能简单,执行速度快,编译效率高,不能直接操作内存,仅能通过指令来访问内存。常见的精简指令集有 ARM、MIPS、OpenRISC 以及 RSIC-V 等。复杂指令集的特点是单指令功能强大且复杂,指令执行周期长,可以直接操作内存,常见的复杂指令集如 x86。

同样对昇腾 AI 处理器而言,也有一套专属的指令集。昇腾 AI 处理器的指令集设计介乎于精简指令集和复杂指令集之间,包括了标量指令、向量指令、矩阵指令和控制指令等。标量指令类似于精简指令集,而矩阵、向量和数据搬运指令类似于复杂指令集。昇腾 AI 处理器指令集结合精简指令集和复杂指令集两者的优势,在实现单指令功能简单和速度快的同时,对于内存的操作也比较灵活,搬运较大数据块时操作简单、效率较高。

1. 标量指令

标量指令主要由标量计算单元执行,主要的目的是为向量指令和矩阵指令配置地址以及控制寄存器,并对程序执行流程进行控制。标量指令还负责输出缓冲区中数据的存储和加载,以及进行一些简单的数据运算等。昇腾 AI 处理器中常用的标量指令如表 5-1 所示。

表 5-1　常用标量指令

类　　别	指 令 举 例
运算指令	ADD. s64 Xd,Xn,Xm
	SUB. s64 Xd,Xn,Xm
	MAX. s64 Xd,Xn,Xm
	MIN. s64 Xd,Xn,Xm
比较与选择指令	CMP. OP. type Xn,Xm
	SEL. b64 Xd,Xn,Xm
逻辑指令	AND. b64 Xd,Xn,Xm
	OR. b64 Xd,Xn,Xm
	XOR. b64 Xd,Xn,Xm
数据搬运指令	MOV Xd,Xn
	LD. type Xd,[Xn],{Xm,imm12}
	ST. type Xd,[Xn],{Xm,imm12}
流程控制指令	JUMP｛♯imm16,Xn｝
	LOOP｛♯uimm16,LPCNT｝

2. 向量指令

向量指令由向量计算单元执行,类似于传统的单指令多数据(Single Instruction Multiple Data,SIMD)指令,每个向量指令可以完成多个操作数的同一类型运算,可以直接操作输出缓冲区中的数据且不需要通过数据加载指令来操作向量寄存器中存储的数据。向量指令支持的数据类型为 FP16、FP32 和 INT32。向量指令支持多次迭代执行,也支持对带有间隔的向量直接进行运算。常用的向量指令如表 5-2 所示。

表 5-2　常用向量指令

类　　别	指 令 举 例
向量运算指令	VADD. type [Xd],[Xn],[Xm],Xt,MASK
	VSUB. type [Xd],[Xn],[Xm],Xt,MASK
	VMAX. type [Xd],[Xn],[Xm],Xt,MASK
	VMIN. type [Xd],[Xn],[Xm],Xt,MASK
向量比较与选择指令	VCMP. OP. type CMPMASK,[Xn],[Xm],Xt,MASK
	VSEL. type [Xd],[Xn],[Xm],Xt,MASK

类　　别	指 令 举 例
向量逻辑指令	VAND. type [Xd], [Xn], [Xm], Xt, MASK
	VOR. type [Xd], [Xn], [Xm], Xt, MASK
数据搬运指令	VMOV [VAd], [VAn], Xt, MASK
	MOVEV. type [Xd], Xn, Xt, MASK
专用指令	VBS16. type [Xd], [Xn], Xt
	VMS4. type [Xd], [Xn], Xt

3. 矩阵指令

矩阵指令由矩阵计算单元执行,实现高效的矩阵相乘和累加操作($C=A \times B+C$)。在神经网络计算过程中,矩阵 A 通常代表输入特征矩阵,矩阵 B 通常代表权重矩阵,矩阵 C 为输出特征矩阵。矩阵指令支持 INT8 和 FP16 类型的输入数据,支持 INT32、FP16 和 FP32 类型的计算。目前最常用的矩阵指令为矩阵乘加指令 MMAD,其格式如下:

```
MMAD.type [Xd], [Xn], [Xm], Xt
```

其中,[Xn],[Xm]为指定输入矩阵 A 和矩阵 B 的起始地址,[Xd]为指定输出矩阵 C 的起始地址。Xt 表示配置寄存器,由三个参数组成,分别为 M,K 和 N,用以表示矩阵 A、B 和 C 的大小。在矩阵计算中,系统会不断通过 MMAD 指令来实现矩阵的乘加操作,从而达到加速神经网络卷积计算的目的。

3.3　卷积加速原理

在深度神经网络中,卷积计算一直扮演着至关重要的角色。在一个多层的卷积神经网络中,卷积计算的计算量往往是决定性的,将直接影响到系统运行的实际性能。作为人工智能加速器的昇腾 AI 处理器自然也不会忽略这一点,并且从软硬件架构上都对卷积计算进行了深度的优化。

3.3.1　卷积加速

图 3-15 展示的是一个典型的卷积层计算过程,其中 X 为输入特征矩阵;W 为权重矩阵;b 为偏置值;$Y_{\circ}$ 为中间输出;Y 为输出特征矩阵,GEMM 表示通用矩阵乘法。输入特征矩阵 X 和 W 先经过 Img2Col 展开处理后得到重构矩阵 X_{I2C} 和 W_{I2C}。通过矩阵 X_{I2C} 和矩阵 W_{I2C} 进行矩阵相乘运算后得到中间输出矩阵 $Y_{\circ}$;接着累加偏置 b,得到最终输出特征矩阵 Y,这就完成了一个卷积神经网络中的卷积层处理。

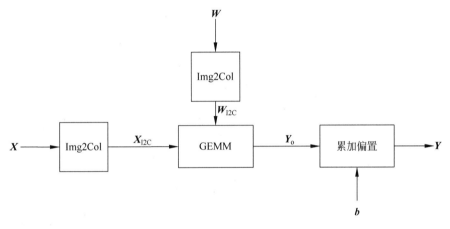

图 3-15　卷积计算过程

利用 AI Core 来加速通用卷积计算,总线接口从核外 L2 缓冲区或者直接从内存中读取卷积程序编译后的指令,送入指令缓存中,完成指令预取等操作,等待标量指令处理队列进行译码。如果标量指令处理队列当前无正在执行的指令,就会即刻读入指令缓存中的指令,并进行地址和参数配置,之后再由指令发射模块按照指令类型分别送入相应的指令队列执行。在卷积计算中首先发射的指令是数据搬运指令,该指令会被发送到存储转换队列中,再最终转发到存储转换单元中。

卷积整个数据流如图 3-16 所示,如果所有数据都在 DDR 或 HBM 中,存储转换单元接收到读取数据指令后,会将矩阵 X 和 W 由总线接口单元从核外存储器中由数据通路①读取到输入缓冲区中,并且经过数据通路③进入存储转换单元,由存储转换单元对 X 和 W 进行补零和 Img2Col 重组后得到 X_{I2C} 和 W_{I2C} 两个重构矩阵,从而完成卷积计算到矩阵计算的格式变换。在格式转换的过程中,存储转换队列可以发送下一个指令给存储转换单元,通知存储转换单元在矩阵转换结束后将 X_{I2C} 和 W_{I2C} 经过数据通路⑤送入矩阵计算单元中等待计算。根据数据的局部性特性,在卷积过程中如果权重 W_{12C} 需要重复计算多次,可以将权重经过数据通路⑰固定在输入缓冲区中,在每次需要用到该组权重时再经过数据通路⑱传递到矩阵计算单元中。在格式转换过程中,存储转换单元还会同时将偏置数据从核外存储经由数据通路④读入到输出缓冲区中,经过数据通路⑥由存储转换单元将偏置数据从原始的向量格式重组成矩阵后,经过数据通路⑦转存入输出缓冲区中,再经过数据通路⑨存入累加器中的寄存器中,以便后续利用累加器进行偏置值累加。

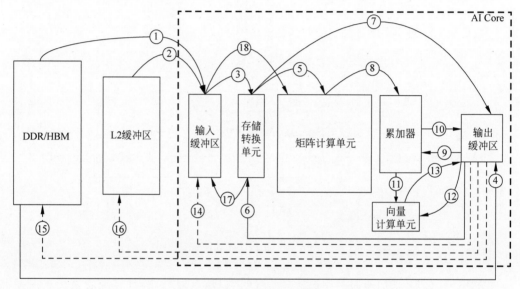

图 3-16　卷积典型数据流

当左、右矩阵数据都准备好了以后,矩阵运算队列会将矩阵相乘指令通过数据通路⑤发送给矩阵计算单元。X_{12C} 和 W_{12C} 矩阵会被分块组合成 16×16 的矩阵,由矩阵计算单元进行矩阵乘法运算。如果输入矩阵较大,则可能会重复以上步骤多次并累加得到 Y_0 中间结果矩阵,存放于矩阵计算单元中。矩阵相乘完成后,如果还需要处理偏置值,累加器会接收到偏置累加指令,并从输出缓冲区中通过数据通路⑨读入偏置值,同时经过数据通路⑧读入矩阵计算单元中的中间结果 Y_0 并累加,最终得到输出特征矩阵 Y,经过数据通路⑩被转移到输出缓冲区中等待后续指令进行处理。

AI Core 通过矩阵相乘完成了网络的卷积计算,之后向量执行单元会接收到池化和激活指令,输出特征矩阵 Y 就会经过数据通路⑫进入向量计算单元进行池化和激活处理,得到的结果 Y 会经过数据通路⑬存入输出缓冲区中。向量计算单元能够处理激活函数等一些常见的特殊计算,并且可以高效实现降维的操作,特别适合做池化计算。在执行多层神经网络计算时,Y 会被再次从输出缓冲区经过数据通路⑭转存到输入缓冲区中,作为输入重新开始下一层网络的计算。

达芬奇架构针对通用卷积的计算特征和数据流规律,采用功能高度定制化的设计,将存储、计算和控制单元进行有效的结合,在每个模块完成独立功能的同时实现了整体的优化设计。AI Core 高效组合了矩阵计算单元与数据缓冲区,缩短了存储到计算的数据传输路径,降低延时。

同时 AI Core 在片上集成了大容量的输入缓冲区和输出缓冲区,一次可以读取并缓存充足的数据,减少了对核外存储系统的访问频次,提升了数据搬移的效率。同时,各类缓冲区相对于核外存储系统具有较高的访问速度,大量片上缓冲区的使用也极大提升了计算中实际可获得的数据带宽。

同时针对深度神经网络的结构多样性,AI Core 采用了灵活的数据通路,使得数据在片上缓冲区、核外存储系统、存储转换单元以及计算单元之间可以快速流动和切换,从而满足不同结构的深度神经网络的计算要求,使得 AI Core 对各种类型的计算具有一定的通用性。

3.3.2 架构对比

在此回顾一下前面已经阐述过的 GPU 和 TPU 处理卷积的方式,并和昇腾 AI 处理器中的达芬奇架构做一个对比。以如图 2-5 所示的进行卷积加速的案例为例,GPU 采用通用矩阵乘法方式,将卷积计算转换成擅长的矩阵计算,利用海量线程在多个时钟周期内通过并行处理得到输出特征矩阵。GPU 利用流处理器中的 SIMD 同时执行多个线程,而这些线程在一定时间内完成一个操作步骤,如矩阵乘法、激活或池化等。GPU 中线程完成了一个操作步骤之后,由于片上存储容量较小,往往需要将数据写回到内存中,直到这些线程执行下一步计算时才会再次读入内存中的数据。由于 GPU 的通用计算能力,无论是卷积计算还是池化、激活计算都可以采用类似的执行模式进行处理。

TPU 采用了脉动阵列的方式,对卷积计算进行了直接的加速。TPU 在片上设计了大容量的缓冲区,可以一次将几乎所有计算需要用到的数据都读入片上缓冲区中,之后由内部脉动数据流控制单元将数据传入脉动计算阵列中执行。在脉动阵列全部计算单元都被占满时,达到饱和状态,且每一个时钟周期都可输出一行元素的结果。

TPU 在脉动阵列中执行完卷积运算后,需要经过定制的矢量运算单元进行激活或池化处理。

昇腾 AI 处理器进行卷积计算时也采用了通用矩阵乘法的方式进行加速。它首先将输入特征矩阵和权重矩阵展开重组,就好像 GPU 一样,然后进行矩阵相乘来实现卷积计算。但是由于硬件架构和设计的不同,昇腾 AI 处理器在处理矩阵运算时和 GPU 相比存在显著的差异。由于矩阵计算单元一次可以对 16×16 大小的矩阵进行计算,并可以在很短的时间内计算出结果,所以相比 GPU 来说,昇腾 AI 处理器提高了矩阵计算的吞吐率。同时,由于向量计算单元和标量计算单元的存在,可以并行地处理卷积、池化、激活等多种计算,进一步提高了深度神经网络计算过程的并行性。

GPU 通过集中式的寄存器管理、多线程并行化执行、类 CPU 的片上组织结构,可以实现灵活的任务分配与调度控制,程序开发难度相对较低。但是为了满足通用性的要求所付出的代价是每次计算过程都需要符合通行的规则,比如从寄存器取数开始到结果存回寄存器结束,这样就增加了数据在搬运过程中的代价,从而使得整体计算功耗升高。

TPU 在实现卷积神经网络计算时,通过极为精简的指令一次性将大量数据读入缓冲区中,并以固定的模式流入脉动阵列进行计算,可以大大减少数据搬运的次数并降低系统整体功耗。但是这样定制化的设计限制了芯片的应用领域。同时由于片上缓冲区过大,在同等面积下,必然会压缩其他有效资源,从而限定了 TPU 的能力。

昇腾 AI 处理器具有对矩阵和卷积运算的高效性,主要得益于达芬奇架构所采用的定制化硬件设计,专门用来加速矩阵运算,能够快速完成 16×16 大小的矩阵乘法。同时达芬奇架构也采用了较多的分布式缓存与计算单元进行配合,能有效减少数据到计算单元的搬运,在提升计算力的同时还减小了数据传输的功耗,使得昇腾 AI 处理器在深度卷积神经网络这一应用领域具有一定的优势,尤其是针对大规模的卷积计算。但是由于达芬奇架构采用了固定的 16×16 大小的矩阵计算单元,所以在处理规模较小的网络时,容易造成矩阵计算单元算力难以发挥、硬件资源利用率低下的问题。

综上所述,无论哪一种架构都有其独特的优势,也存在劣势。脱离其特定的应用领域来判断一个硬件架构的好坏是没有意义的。即便是在某一应用领域内,数据的大小和分布、计算的类型和精度、网络的结构和设置等都会极大地影响硬件架构优势的发挥。

　　不同于传统意义上的专用芯片,对于未来行业发展越来越重要的特定域架构芯片来说,硬件设计只是影响最终性能的一个维度,而它内在能力的发挥很大程度要取决于运行其上的软件的效率。在本书后续章节中将着重介绍软件优化的方法和案例,目的就是希望帮助读者建立软硬件协同编程的理念,从而可以真正适应后摩尔时代计算机行业发展的需求。

## 第 4 章

软件架构

昇腾 AI 处理器的达芬奇架构在硬件设计上采用了计算资源的定制化设计,功能执行与硬件高度适配,为卷积神经网络计算性能的提升提供了强大的硬件基础。对于一个神经网络的算法,从各种开源框架到神经网络模型的实现,再到实际芯片上的运行,中间需要多层次的软件结构来管理网络模型、计算流以及数据流。神经网络软件流为从神经网络到昇腾 AI 处理器的落地实现过程提供了有力支撑,同时开发工具链为基于昇腾 AI 处理器的神经网络应用开发带来了诸多便利,而神经网络软件流和开发工具链构成了昇腾 AI 处理器的基础软件栈,从上而下支撑起整个芯片的执行流程。

4.1 昇腾 AI 软件栈总览

为了使昇腾 AI 处理器发挥出极佳的性能,设计一套完善的软件解决方案是非常重要的。一个完整的软件栈包含计算资源和性能调优的运行框架,以及功能多样的配套工具。昇腾 AI 处理器的软件栈可以分为神经网络软件流、工具链以及其他软件模块。

神经网络软件流主要包含了流程编排器(Matrix)、框架管理器(Framework)、运行管理器(Runtime)、数字视觉预处理模块(Digital Vision Pre-Processing,DVPP)、张量加速引擎(Tensor Boost Engine,TBE)及任务调度器(Task Scheduler,TS)等功能模块。神经网络软件流主要用来完成神经网络模型的生成、加载和执行等功能。工具链主要为神经网络的实现过程提供辅助便利。

如图 4-1 所示,软件栈的主要组成部分在软件栈中的功能和作用相互依赖,承载着数据流、计算流和控制流。昇腾 AI 处理器的软件栈主要分为 4 个层次和一个辅助工具链。4 个层次分别为 L3 应用使能层、L2 执行框架层、L1 芯片使能层和 L0 计算资源层。工具链主要提供了工程管理、编译调测、流程编排、日志管理和性能分析等辅助能力。

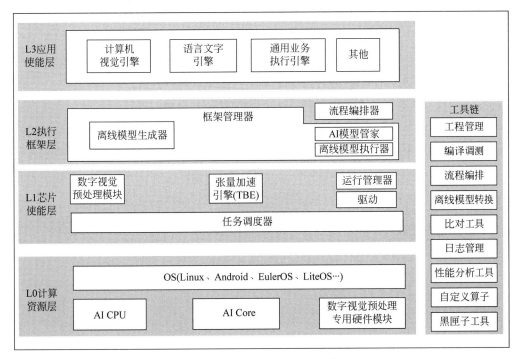

图 4-1　昇腾 AI 软件栈逻辑架构图

1. L3 应用使能层

L3 应用使能层是应用级封装,主要是面向特定的应用领域,提供了不同的处理算法,包含了通用业务执行引擎、计算机视觉引擎和语言文字引擎等。通用业务执行引擎提供通用的神经网络推理能力;计算机视觉引擎面向计算机视觉领域提供一些视频或图像处理的算法封装,专门用来处理计算机视觉领域的算法和应用;在面向语音及其他领域,语言文字引擎提供一些语音、文本等数据的基础处理算法封装等,可以根据具体应用场景提供语言文字处理功能。

在通用业务需求上,基于流程编排器定义对应的计算流程,然后由通用业务执行引擎来进行具体功能的实现。L3 应用使能层为各种领域提供具有计算和处理能力的引擎直接使用下一层 L2 执行框架层的框架调度能力,通过通用框架来生成相应的神经网络而实现具体的引擎功能。

2. L2 执行框架层

L2 执行框架层是框架调用能力和离线模型生成能力的封装。L3 应用使能层将具体领域应用的算法开发完成并封装成引擎后，L2 执行框架层将会根据相关算法的特点进行合适深度学习框架的调用，如调用 Caffe 或 TensorFlow 框架来得到相应功能的神经网络，再通过框架管理器来生成离线模型。L2 执行框架层包含了框架管理器以及流程编排器。

在 L2 执行框架层会使用到在线框架和离线框架这两类。在线框架使用主流的深度学习开源框架（如 Caffe、TensorFlow 等），通过离线模型转换和加载，使其能在昇腾 AI 处理器上进行加速运算。对于网络模型，在线框架主要提供网络模型的训练和推理能力，能够支持单卡、单机、多机等不同部署场景下的训练和推理的加速。除了常见的深度学习开源框架之外，L2 执行框架层还提供了华为公司自行研制的 MindSpore 深度学习框架，其功能类似于 TensorFlow，但是通过 MindSpore 框架产生的神经网络模型，可以直接运行在昇腾 AI 处理器上，而不需要进行硬件的适配和转换。

对于昇腾 AI 处理器，神经网络支持在线生成和执行，同时通过离线框架还提供了神经网络的离线生成和执行能力，就是可以在脱离深度学习框架下使得离线模型（Offline Model，OM）具有同样的能力（主要是推理能力）。框架管理器中包含了离线模型生成器（Offline Model Generator，OMG）、离线模型执行器（Offline Model Executor，OME）和 AI 模型管家推理接口，支持模型的生成、加载、卸载和推理计算执行。

离线模型生成器主要负责将 Caffe 或 TensorFlow 框架下已经生成的模型文件和权重文件转换成离线模型文件，并可以在昇腾 AI 处理器上独立执行。离线模型执行器负责加载和卸载离线模型，并将加载成功的模型文件转换为可执行在昇腾 AI 处理器上的指令序列，完成执行前的程序编译工作。这些离线模型的加载和执行都需要流程编排器进行统筹。流程编排器向开发者提供用于深度学习计算的开发平台，包含计算资源、运行框架以及相关配套工具等，让开发者可以便捷高效地编写在特定硬件设备上运行的人工智能应用程序，负责对模型的生成、加载和运算的调度。在 L2 执行框架层将神经网络的原始模型转换成最终可以执行在昇腾 AI 处理器上运行的离线模型后，离线模型执行器将离线模型传送给 L1 芯片使能层进行任务分配。

3. L1 芯片使能层

L1 芯片使能层是离线模型通向昇腾 AI 处理器的桥梁。在收到 L2 执行框架层生成的离线模型后，针对不同的计算任务，L1 芯片使能层主要通过加速库（Library）给离线模型计算提供加速功能。L1 芯片使能层是最接近底层计算资源的一层,负责给硬件输出算子层面的任务。L1 芯片使能层主要包含数字视觉预处理模块、张量加速引擎、运行管理器、驱动以及任务调度器。

在 L1 芯片使能层中,以芯片的张量加速引擎为核心,支持在线和离线模型的加速计算。张量加速引擎中包含了标准算子加速库,这些算子经过优化后具有良好的性能。算子在执行过程中与位于算子加速库上层的运行管理器进行交互,同时运行管理器与 L2 执行框架层进行通信,提供标准算子加速库接口给 L2 执行框架层调用,让具体网络模型能找到优化后的、可执行的、可加速的算子进行功能上的最优实现。如果 L1 芯片使能层的标准算子加速库中无 L2 执行框架层所需要的算子,这时可以通过张量加速引擎编写新的自定义算子来支持 L2 执行框架层的需要,因此张量加速引擎通过提供标准算子库和自定义算子的能力为 L2 执行框架层提供了具有功能完备性的算子。

在张量加速引擎下面是任务调度器,根据相应的算子生成具体的计算核函数后,任务调度器会根据具体任务类型处理和分发相应的计算核函数到 AI CPU 或者 AI Core 上,通过驱动激活硬件执行。任务调度器本身运行在一个专属的 CPU 核上。

数字视觉预处理模块是一个面向图像视频领域的多功能封装体。在遇到需要进行常见图像或视频预处理的场景时,该模块为上层提供了使用底层专用硬件的各种数据预处理能力。

4. L0 计算资源层

L0 计算资源层是昇腾 AI 处理器的硬件算力基础。在 L1 芯片使能层完成算子对应任务的分发后,具体计算任务的执行开始由 L0 计算资源层启动。L0 计算资源层包含了操作系统、AI CPU、AI Core 和数字视觉预处理模块(DVPP)。

AI Core 是昇腾 AI 处理器的算力核心,主要完成神经网络的矩阵相关计算。而 AI CPU 完成控制算子、标量和向量等通用计算。如果输入数据需要进行预处理操作,DVPP 专用硬件模块会被激活并专门用来进行图像和视频数据的预处理执行,在特定场景下为 AI Core 提供满足计算需求的数据格式。AI Core 主要负责大算力的计算任务;AI CPU 负责较为复杂的计算和执行控制功能;数字视觉预处理模块完成数据预处理功能;操作系统的作用是使得三者紧密辅助,组成一个完善的硬件系统,为昇腾 AI 处理器的深度神经网络计算提供执行上的保障。

5. 工具链

工具链是一套支持昇腾 AI 处理器,并可以方便程序员进行开发的工具平台,提供了自定义算子的开发、调试和网络移植、优化及分析功能的支撑。另外,在面向程序员的编程界面提供了一套可视化的 AI 引擎拖曳式编程服务,极大地降低了深度神经网络相关应用程序的开发门槛。

工具链包括工程管理、编译调测、流程编排、离线模型转换、比对工具、日志管理、性能分析工具、自定义算子及黑匣子工具等。因此,工具链为在此平台上的应用开发和执行提供了多层次和多功能的便捷服务。

4.2　神经网络软件流

为完成一个神经网络应用的实现和执行,昇腾 AI 软件栈在深度学习框架到昇腾 AI 处理器之间架起了一座桥梁,也就是一条功能齐全并且支撑神经网络高性能计算的软件流,为神经网络从原始的模型,到中间的计算图表征,再到独立执行的离线模型提供了快速转换的捷径。这条神经网络软件流围绕离线模型的生成、加载和执行,聚集了流程编排器、数字视觉预处理模块、张量加速引擎、框架管理器、运行管理器和任务调度器等功能块形成了一个完整的功能集群,如图 4-2 所示。

这些功能块各有专攻:流程编排器负责完成神经网络在昇腾 AI 处理器上的落地与实现,统筹了整个神经网络生效的过程,控制离线模型的加载和执行过程;数字视觉预处理模块在输入之前进行一次数据处理和修饰,以满足计算的格式需求;张量加速引擎作为神经网络算子的兵工厂,为神经网络模型源源不断地提供功能强大的计算算子;框架管理器专门将原始神经网络模型打造成昇腾 AI 处理器支持的形态,并且将塑造后的模型与昇腾 AI 处理器相融合,引导神经网络运行并高效发挥出性能;运行管理器为神经网络的任务下发和分配提供了各种资源管理通道;任务调度器作为一个硬件执行的任务驱动者,为昇腾 AI 处理器提供具体的目标任务;运行管理器和任务调度器联合互动,共同组成了神经网络任务流通向硬件资源的系统,实时监控和有效分发不同类型的执行任务。总之,整个神经网络软件流为昇腾 AI 处理器提供一个软硬件结合且功能完备的执行流程,助力相关应用生态圈的发展。

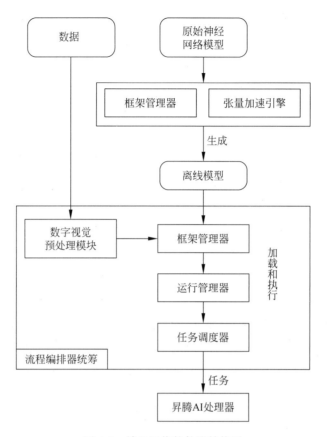

图 4-2 神经网络软件流结构图

4.2.1 流程编排器

1. 功能简介

昇腾 AI 处理器对网络执行层次进行划分,将特定功能的执行操作看成基本执行单位,得到颗粒化计算引擎(Engine)。每个计算引擎在流程编排过程中对数据完成具体操作功能,如对图片进行分类处理、输入图片数据预处理,以及输出图片数据的标识等。简言之,计算引擎由开发者进行自定义来完成所需要的具体功能。

一般来说,通过流程编排器的统一调用,整个深度神经网络应用包括 4 个引擎:数据引擎、预处理引擎、模型推理引擎和后处理引擎。数据引擎主要准备神经网络需要的数据集(如 MNIST 数据集)和进行相应数据的处理(如图片过滤等),作为后续计算引擎的数据来源。一般输入媒体数据需要进行格式预处理来满足昇腾 AI 处理器的计算要求,而预处理引擎主要进行媒体数据的预处理,完成图像和视频编解码以及格式转换等操作,并且数字视觉预处理各功能模块都需要统一通过流程编排器进行调用。数据流用于神经网络推理时,需要用到模型推理引擎。而模型推理引擎主要利用加载好的模型和输入的数据流完成神经网络的前向计算。在模型推理引擎输出结果后,后处理引擎再对模型推理引擎输出的数据进行后续处理,如图像识别的加框和加标识等处理操作。通过这 4 个引擎可以构建成多种类型的神经网络应用,以计算引擎组合的方式实现基于神经网络的业务功能。计算引擎以类似于算子的思想进行功能集成,从更高层次来抽象神经网络的功能结构,为神经网络的具体应用开发带来了简洁的基本功能模块,加速了神经网络应用的开发流程。

昇腾 AI 处理器除了对执行层次进行了引擎封装之外,还对神经网络模型进行了离线模型转换,使得神经网络模型可以通过离线模型的形式执行在昇腾 AI 处理器上。神经网络模型可以通过离线模型生成器生成离线模型,离线模型包含了网络中算子的依赖关系及训练好的权重信息,这些依赖关系和权重信息本质上构成一个神经网络计算图。这种离线模型可以在硬件上独立运行,因此使得芯片在完成具体推理任务时可以完全脱离那些基础的神经网络开源框架,从而可以节省很多资源开销。离线模型还可以通过量化、压缩等手段,减小模型的大小,节约存储空间,适配轻量化的应用。同时,由于离线模型与硬件关系结合紧密,并且基于昇腾 AI 处理器具体硬件进行了高度优化,从而在性能和效率上获得了较大提升。

实际上,通过计算引擎进行神经网络离线模型的实现过程就是一个计算引擎流程的编排和设计过程。编排完成后则生成计算引擎流程图。图 4-3 表示一种典型的计算引擎流程图。计算引擎流程图中每一个具体数据处理的节点就是计算引擎,数据流按照编排好的路径流过每个引擎时,分别进行相关处理和计算,最终输出需要的结果,而整个流程图最后输出的结果就是对应神经网络计算输出的结果。相邻两个计算引擎节点通过计算引擎流程图中的配置文件建立连接关系,节点间实际数据流会根据具体网络模型按节点连接方式进行流动。在配置完成节点属性后,向计算引擎流程图的开始节点灌入数据就会启动整个计算引擎的运行流程。

图 4-3 计算引擎流程图

而作为整个神经网络执行编导的流程编排器，它运行于 L1 芯片使能层之上，L3 应用使能层之下，为多种操作系统（Linux、Android 等）提供统一的标准化中间接口，并且负责完成整个计算引擎流程图的建立、销毁和计算资源的回收。

在计算引擎流程图建立过程中，流程编排器根据计算引擎的配置文件完成计算引擎流程图的建立。在执行之前，流程编排器提供输入数据。如果输入数据是视频图像等格式未能满足处理需要的形式，则可以通过相应的编程接口来调用数字视觉预处理模块进行数据预处理。如果数据满足处理要求，则直接通过接口来调用离线模型执行器进行推理计算。在执行过程中，流程编排器具有多节点调度和多进程管理功能，负责计算进程在设备端的运行，并守护计算进程，以及进行相关执行信息的统计汇总等。在模型执行结束后，为主机上的应用提供获取输出结果的功能。

昇腾 AI 处理器采用计算引擎和流程编排器的配合来实现计算引擎图的编排和执行，通过流程编排器提供 4 种通用的计算引擎，有效地将多种神经网络离线模型的实现过程实现对象化与流程化，并增强了对数据流的控制，使得针对不同模型的执行都有一个通用的流程模板来进行开发设计。计算引擎的概念也使得数据流和计算流可以在流程图中进行集中流动与统一化管理。

2. 应用场景

由于昇腾 AI 处理器针对不同的业务，可以组建具有不同专用性的硬件平台，所以根据具体硬件和主机端的协作情形，常见应用场景有加速卡（Accelerator）和开发者板（Atlas DK）两种，但流程编排器在这两种典型场景中的应用存在不同。

1）加速卡形式

在加速卡的应用场景中，基于昇腾 AI 处理器而设计的 PCIe 加速卡（如图 4-4 所示）主要面向数据中心和边缘侧服务器场景，属于一种加速神经网络计算的专用加速卡。PCIe 加速卡支持多种数据精度，相比其他同类加速卡其性能有所提升，为神经网络的计算提供了更强大的计算能力。在加速器场景中，需要有主机来和加速卡相连，主机是能够支持PCIe 插卡的各种服务器和个人计算机等，主机通过调用加速卡的神经网络计算能力来完成相应处理。

图 4-4　基于昇腾 AI 处理器的
PCIe 加速卡

如图 4-5 所示，加速卡场景下的流程编排器功能由 3 个子进程来实现：流程编排代理（Matrix Agent）子进程、流程编排守护（Matrix Daemon）子进程和流程编排服务

(Matrix Service)子进程。流程编排代理子进程通常运行在主机上,对数据引擎和后处理引擎进行控制和管理,完成与主机应用程序之间的处理数据交互,并对应用程序进行控制,还能与设备端的处理进程进行通信。流程编排守护子进程和流程编排服务子进程运行在设备端。流程编排守护子进程可以根据配置文件完成设备上流程的建立,负责启动设备上的流程编排进程并进行管理,同时在计算结束后完成计算流程的解除并进行资源回收。流程编排服务子进程主要对设备端上预处理引擎和模型推理引擎进行启动和控制。它控制预处理引擎调用数字视觉预处理模块的编程接口实现视频图像数据预处理功能。流程编排服务子进程还可以调用离线模型执行器中的 AI 模型管家编程接口来实现离线模型的加载和推理。

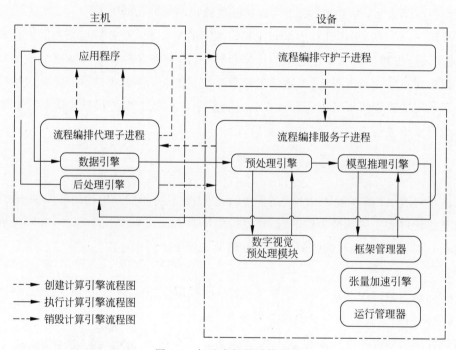

图 4-5　加速卡场景计算流程

神经网络的离线模型通过流程编排器进行推理的计算过程如图 4-5 所示,主要分为 3 个步骤,分别是创建计算引擎流程图、执行计算引擎流程图和销毁计算引擎流程图。创建计算引擎流程图就是通过流程编排器使用不同功能的计算引擎编排好神经网络的执行流程;执行计算引擎流程图主要按照定义好的计算引擎流程图进行神经网络功能的计算和实现;销毁计算引擎流程图主要在所有计算完成后释放计算引擎占用的系统资源。

整个应用程序在系统中的执行过程如下:

(1) 创建。应用程序调用主机端的流程编排代理子进程,根据预先编写好的对应神经网络的计算引擎流程图配置文件编排该神经网络的计算引擎流程图,创建好神经网络的执行流程,定义好每个计算引擎的任务;然后计算引擎编排单元将神经网络的离线模型文件和配置文件上传给设备端上的流程编排守护子进程,接着由设备端的流程编排服务子进程进行引擎初始化。流程编排服务子进程会控制模型推理引擎调用AI模型管家的初始化接口加载神经网络的离线模型,完成整个计算引擎流程图的创建步骤。

(2) 执行。加载离线模型完成后会通知主机端的流程编排代理子进程进行应用数据的输入。应用程序直接将数据送入数据引擎中进行相应的处理。如果传入的是媒体数据且不满足昇腾 AI 处理器的计算要求时,预处理引擎会马上启动,并且调用数字视觉预处理模块的接口,进行媒体数据预处理,如完成编解码、缩放等。预处理完成后将数据返回给预处理引擎,再由预处理引擎将数据传送给模型推理引擎。同时模型推理引擎调用 AI 模型管家的处理接口将数据和加载好的离线模型结合完成推理计算。在得到输出结果后,模型推理引擎调用流程编排单元的发送数据接口将推理结果返回给后处理引擎,由后处理引擎完成数据的后处理操作,最终再通过流程编排单元将后处理的数据返回给应用程序,至此完成了计算引擎流程图的执行。

(3) 销毁。在所有引擎数据处理和返回完成后,应用程序通知流程编排代理子进程,进行数据引擎和后处理引擎计算硬件资源的释放;而流程编排代理子进程通知流程编排服务子进程进行预处理引擎和模型推理引擎的资源释放。所有资源释放完成后,就完成了计算引擎流程图的销毁,由流程编排代理子进程再一次通知应用程序可以进行下一次的神经网络的执行。

3 个软件单元对于计算引擎流程按部就班,有序执行,共同配合实现一个神经网络离线模型在昇腾 AI 处理器上的功能应用。

2) 开发者板形式

在开发者板场景下,华为公司推出了 Atlas 开发者套件 Atlas 200 DK(Atlas 200 Developer Kit),如图 4-6所示。Atlas 200 DK 主要包括以昇腾 AI 处理器为核心的一个开发者板形态的硬件。开发者板将昇腾 AI 处理器的核心功能通过板子上的外围接口开放出来,方便从外部直接对芯片进行控制和开发,可以较容易且直观地

图 4-6　Atlas 200 DK

发挥昇腾 AI 处理器的神经网络处理能力。因此,基于昇腾 AI 处理器构建的开发者板可以被广泛地应用在不同的人工智能领域,也是日后移动端侧的主力硬件。

由于在开发者板环境下,主机的控制功能也一并集成到开发者板上,因此流程编排器只有一个软件单元运行进程,同时需要兼顾加速卡场景下的主机端流程编排代理子进程、设备端流程编排服务子进程和流程编排守护子进程这三者的功能。

此时流程编排器作为昇腾 AI 处理器的功能接口,完成计算引擎流程图与应用程序的数据交互和命令。流程编排器根据计算引擎流程的配置文件建立计算引擎流程图,负责编排流程和进程控制及管理,同时在计算结束后完成计算引擎流程图的解除并进行资源回收。在预处理过程中,流程编排器调用预处理引擎的接口实现媒体预处理功能。在推理过程中,流程编排器还可以调用 AI 模型管家的编程接口实现离线模型的加载和推理。在开发者板应用场景下,流程编排器统筹整个计算引擎流程图的实现过程(如图 4-7 所示),而不需要和其他设备进行交互。

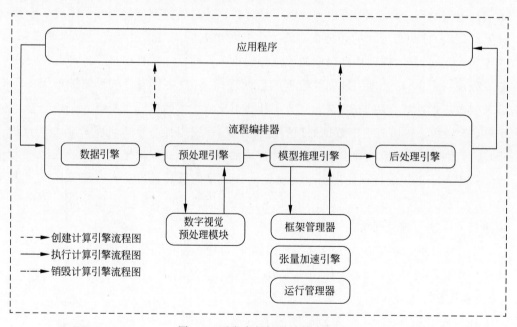

图 4-7　开发者板场景计算流程

同样在开发者板场景下,神经网络的离线模型通过流程编排器进行推理计算的过程也分为创建计算引擎流程图、执行计算引擎流程图和销毁计算引擎流程图 3 个主要步骤,如图 4-7 所示。

(1) 创建。应用程序调用流程编排器,根据网络模型由流程编排器创建计算引擎流程图,并初始化计算引擎。在初始化过程中,模型推理引擎通过 AI 模型管家的初始化接口加载模型,完成计算引擎流程图的创建。

(2)执行。将数据输入数据引擎中,如果媒体数据格式不满足要求,则预处理引擎会完成预处理。接着,模型推理引擎调用离线模型执行器中的 AI 模型管家进行推理计算。模型推理引擎计算结束后,调用流程编排器提供的数据输出接口将推理结果返回给后处理引擎,后处理引擎通过回调函数将推理结果返回给应用程序,完成计算引擎流程图的执行。

(3)销毁。在程序计算完成后,流程编排器将计算引擎流程图销毁,释放资源,从而完成了开发者板场景的神经网络功能的全部实现。

4.2.2 数字视觉预处理模块

数字视觉预处理(DVPP)模块作为整个软件流执行过程中的编解码和图像转换模块,为神经网络发挥着预处理辅助功能。当来自系统内存和网络的视频或图像数据进入昇腾 AI 处理器的计算资源中运算之前,由于达芬奇架构对输入数据有固定的格式要求,如果数据未满足架构规定的输入格式、分辨率等要求,就需要调用数字视觉预处理模块进行格式的转换,才可以进行后续的神经网络计算步骤。

1. 功能架构

数字视觉预处理模块的功能架构如图 4-8 所示。其对外提供 6 个模块,分别为视频解码(VDEC)模块、视频编码(VENC)模块、JPEG 解码(JPEGD)模块、JPEG 编码(JPEGE)模块、PNG 解码(PNGD)模块和视觉预处理(VPC)模块。视频解码模块提供 H.264/H.265 的视频解码功能,对输入的视频码流进行解码输出图像,用于视频识别等场景的前处理。与之功能对偶,视频编码模块提供输出视频的编码功能。对于视觉预处理模块的输出数据或原始输入的 YUV 格式数据,视频编码模块进行编码输出 H.264/H.265 视频,便于直接进行视频的播放和显示。这个功能常用于云游戏、仿真手机运维等高速数据传输场景。同样,对于 JPEG 格式的图片,也有相应的编解码模块。JPEG 解码模块对 JPEG 格式的图片进行解码,将原始输入的 JPEG 格式的图片转换成 YUV 数据,对神经网络的训练、推理输入数据进行预处理。在图片处理完成后,需要用 JPEG 编码模块对处理后的数据进行 JPEG 格式还原,用于神经网络的训练、推理输出数据的后处理。当输入图片格式为 PNG 时,这时需要流程编排器调用 PNGD 解码模块进行解码,将 PNG 格式的图片以 RGB 格式进行数据输出给昇腾 AI

处理器进行训练或推理计算。除了这些基本视频和图片格式的编解码转换模块,数字视觉预处理模块还提供对图片和视频其他方面的处理功能,如格式转换(例如 YUV/RGB 格式到 YUV420SP 格式转换)、缩放、裁剪等功能。

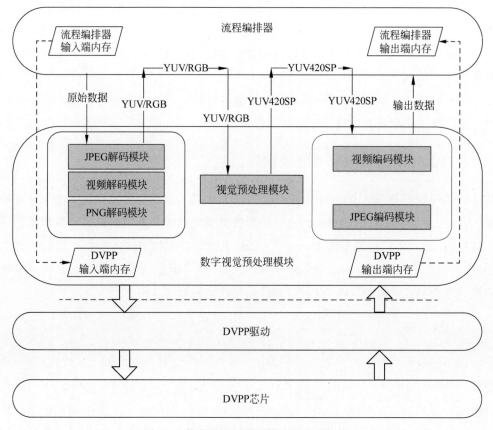

图 4-8　数字视觉预处理模块的功能架构

　　数字视觉预处理模块的执行流程(见图 4-8),需要由流程编排器、视觉预处理模块、DVPP 驱动和 DVPP 硬件模块共同协作完成。位于框架最上层的是流程编排器,负责调度 DVPP 中的功能模块进行相应处理以及管理数据流。数字视觉预处理模块位于功能架构的中上层,为流程编排器提供调用视频图形处理模块的编程接口,通过这些接口可以配置编解码或视觉预处理模块的相关参数。DVPP 驱动位于功能架构的中下层,最贴近于 DVPP 的硬件模块,主要负责设备管理、引擎管理和引擎模组的驱动。驱动会根据数字视觉处理模块下发的任务,分配对应的 DVPP 硬件引擎,同时还对硬件模块中的寄存器进行读写,完成其他一些硬件的初始化工作。最底层的是真实的硬件计算资源 DVPP 模块组,是一个独立于昇腾 AI 处理器中其他模块的一个单独的专用加速器,专门负责执行与图像和视频相对应的编解码和预处理任务。

2．预处理机制

当输入数据进入数据引擎时,引擎一旦检查发现数据格式不满足后续 AI Core 的处理需求,则可开启数字视觉预处理模块进行数据预处理。如图 4-8 所示的数据流,以图片预处理为例,首先流程编排器会将数据从内存传送到数字视觉预处理模块的缓冲区中进行缓存。根据具体数据的格式,预处理引擎通过数字视觉预处理模块提供的编程接口来完成参数配置和数据传输。编程接口启动后,数字视觉预处理模块将配置参数和原始数据传递给驱动程序。由 DVPP 驱动调用 PNG 或 JPEG 解码模块进行初始化和任务下发。这时,PNG 或 JPEG 解码模块启动实际操作来完成图片的解码,得到 YUV 或者 RGB 格式的数据,满足后续处理的需要。

解码完成后,流程编排器以同样的机制继续调用数字视觉预处理模块进一步把图片转换成 YUV420SP 格式,因为 YUV420SP 格式数据存储效率高且占用带宽小,所以同等带宽下可以传输更多数据来满足 AI Core 强大计算吞吐量的需求。同时,数字视觉预处理模块也可以完成图像的裁剪与缩放。

图 4-9 展示了一种典型改变图像尺寸的裁剪和补零操作,视觉预处理模块在原图像中取出的待处理图像部分,再将这部分进行补零操作,在卷积神经网络计算过程中保留边缘的特征信息。补零操作需要用到上、下、左、右 4 个填充尺寸,在补零区域中进行图像边缘扩充,最后得到可以直接计算的补零后图像。

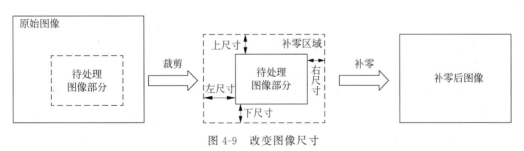

图 4-9　改变图像尺寸

经过一系列的预处理后,满足格式要求的图像数据将在控制 CPU 的控制下进入 AI Core 中进行所需的神经网络计算。完成后将输出的图像数据统一通过 JPEG 编码模块进行编码,完成编码后处理,将数据放入数字视觉预处理模块的缓冲区中,最终由流程编排器取出数据进行后续操作,同时也会释放 DVPP 的计算资源并回收缓存。

整个预处理过程中,流程编排器完成不同模块的功能调用。数字视觉预处理模块作为定制化的数据补给模块,采用了异构和专用的处理方式来对图像数据进行快速变换,为 AI Core 提供了充足的数据源,从而满足了神经网络计算中大数据量、大带宽的需求。

4.2.3　张量加速引擎(TBE)

通常,在神经网络构造中,以算子来组成不同应用功能的网络结构。而张量加速引擎作为算子的兵工厂,为基于昇腾 AI 处理器运行的神经网络提供算子开发能力,用张量加速引擎语言编写的 TBE 算子来构建各种神经网络模型。同时,张量加速引擎对算子也提供了封装调用能力。在张量加速引擎中有一个由专人优化过的神经网络TBE 标准算子库,开发者可以直接利用标准算子库中的算子实现高性能的神经网络计算。除此之外,张量加速引擎也提供了 TBE 算子的融合能力,为神经网络的优化开辟了一条独特的路径。

1. 功能框架

张量加速引擎提供了基于 TVM 开发自定义算子的能力,通过 TBE 语言和自定义算子编程开发界面可以完成相应神经网络算子的开发。张量加速引擎的结构如图 4-10 所示,包含了特定域语言(Domain-Specific Language,DSL)模块、调度(Schedule)模块、中间表示(Intermediate Representation,IR)模块、编译器传递(Pass)模块以及代码生成(CodeGen)模块。

TBE 算子开发分为计算逻辑编写和调度开发,而特定域语言模块提供了算子计算逻辑的编写接口,直接基于特定域语言编写算子的计算过程和调度过程。算子计算过程描述指明算子的计算方法和步骤,而调度过程描述完成数据切块和数据流向的规划。算子每次计算都按照固定数据形状进行处理,这就需要提前针对在昇腾 AI 处理器中的不同计算单元上执行的算子进行数据形状切分,因为矩阵计算单元、向量计算单元以及 AI CPU 上执行的算子对输入数据形状的需求各不相同。

图 4-10　张量加速引擎模块构成

在完成算子的基本实现过程定义后,需要启动调度模块中分块(Tiling)子模块,对算子中的数据按照调度描述进行切分,同时指定好数据的搬运流程,确保在硬件上的执行达到最优。除了数据形状切分之外,张量加速引擎的算子融合和优化能力也是由调度模块中的融合(Fusion)子模块提供的。

在算子编写完成后,需要生成中间表示来进一步优化,而中间表示模块通过类似于 TVM 的 IR 模块来进行中间表示的生成。在中间表示生成后,需要将模块针对各种应用场景进行编译优化,优化的方式有双缓冲(Double Buffer)、流水线(Pipeline)同步、内存分配管理、指令映射、分块适配矩阵计算单元等。

在算子经过编译器传递模块处理后,由代码生成模块生成类 C 代码的临时文件,这个临时代码文件可以通过编译器生成算子的实现文件,并可以被离线模型执行器直接加载和执行。

综上所述,一个完整的自定义算子通过张量加速引擎中的子模块完成整个开发流程,从特定域语言模块提供原语算子计算逻辑和调度描述,构成算子原型后,由调度模块进行数据切分和算子融合,进入中间表示模块,生成算子的中间表示。编译器传递模块以中间表示进行内存分配等编译优化,最后由代码生成模块产生类 C 代码供编译器直接编译。张量加速引擎在算子的定义过程不但完成了算子编写,而且还完成了相关的优化,提升了算子的执行性能。

2. 应用场景

TBE 算子的三种应用场景如图 4-11 所示。

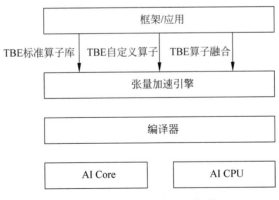

图 4-11　TBE 算子的应用场景

一般情况下,通过深度学习框架中的标准算子实现的神经网络模型已经通过 GPU 或者其他类型神经网络芯片做过训练。如果将这个神经网络模型继续运行在昇腾 AI 处理器上时,自然希望发挥模型的可移植性,尽量在不改变原始代码的前提下,在昇腾 AI 处理器上发挥最大性能。因此张量加速引擎提供了一套完整的 TBE 算子加速库,库中的算子功能与神经网络中的常见标准算子保持了一一对应的关系,并且由软件栈提供了编程接口供调用算子使用,为上层深度学习中各种框架或者应用提供了加速的同时尽量避免了开发昇腾 AI 处理器底层的适配代码。

如果在神经网络模型构造中,出现了新的算子,这时张量加速引擎中提供的标准算子库就可能无法满足开发需求。此时需要通过 TBE 语言进行自定义算子开发。这种开发方式和 GPU 上利用 CUDA C++的方式相似,可以实现更多功能的算子,灵活编写各种网络模型。编写完成的算子会交给编译器进行编译,最终执行在 AI Core 或 AI CPU 上发挥出芯片的加速能力。

在合适的场景下,张量加速引擎提供的算子融合能力会促进算子性能的提升,让神经网络算子可以基于不同层级的缓冲区进行多级别的缓存融合,使得昇腾 AI 处理器在执行融合后的算子时片上资源利用率获得显著提升。

综上所述,由于张量加速引擎在提供算子开发能力的同时也提供了标准算子调用以及算子融合优化的能力,使得昇腾 AI 处理器在实际的神经网络应用中,可以满足功能多样化的需求,构建网络的方法也会更加方便灵活,融合优化能力更会使运行性能锦上添花。

4.2.4　运行管理器

作为神经网络软件任务流向系统硬件资源的大坝系统闸门,运行管理器专门为神经网络的任务分配提供了资源管理通道。昇腾 AI 处理器通过运行管理器而执行在应用程序的进程空间中,为应用程序提供了存储(Memory)管理、设备(Device)管理、执行流(Stream)管理、事件(Event)管理、核(Kernel)函数执行等功能。

运行管理器在软件栈中的上下文关系如图 4-12 所示,在运行管理器上层为张量加速引擎提供的 TBE 标准算子库和离线模型执行器。TBE 标准算子库为昇腾 AI 处理器提供神经网络需要使用到的算子,离线模型执行器专门用来进行离线模型的加载和执行。运行管理器下层是驱动,与昇腾 AI 处理器进行底层交互。

如图 4-13 所示,运行时运行管理器对外提供各种调用接口,如存储接口、设备接口、执行流接口、事件接口以及执行控制接口,不同的接口由运行管理引擎控制完成不同的功能。

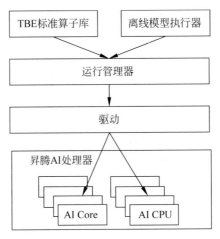

图 4-12 运行管理器的上下文关系

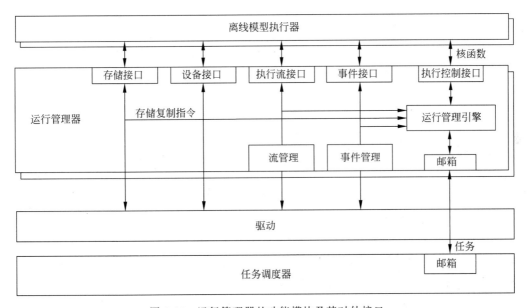

图 4-13 运行管理器的功能模块及其对外接口

存储接口提供设备上 HBM 或 DDR 内存的申请、释放和复制等,包括设备到主机、主机到设备以及设备到设备之间的数据复制。这些内存复制分为同步和异步两种方式:同步复制指的是内存复制完成后才能继续执行下一步操作,而异步复制指在复制的同时也可以同时执行其他操作。

设备接口提供底层设备的数量和属性查询,以及选中、复位等操作。在离线模型

113

调用了设备接口后选中某特定设备后,则模型中所有的任务都将会在这个被选中的设备上执行。若执行过程中需要向其他设备派发任务,则需要再调用一次设备接口进行设备选中。

执行流接口提供执行流的创建、释放、优先级定义、回调函数设置、对事件的依赖定义和同步等,这些功能关系到执行流内部的任务执行,同时单个执行流内部的任务必须按顺序执行。

如果多个执行流之间需要进行同步,这时需要调用事件接口,进行同步事件的创建、释放、记录和依赖定义等,确保多个执行流得以同步执行完成并输出模型最终结果。事件接口除了用于分配任务或执行流之间的依赖关系,还可以用于程序运行中的时间标记,记录执行时序。在执行时,还会用到执行控制接口,运行管理器通过执行控制接口和邮箱(Mailbox)完成核函数的加载和存储异步复制等任务的派发。

4.2.5　任务调度器

任务调度器与运行管理器共同组成软硬件之间的大坝系统。在执行时,任务调度器对硬件进行任务的驱动和供给,为昇腾 AI 处理器提供具体的目标任务,与运行管理器一起完成任务调度流程,并将输出数据回送给运行管理器,充当了一个任务输送分发和数据回传的通道。

1. 功能简介

任务调度器运行在设备侧的任务调度 CPU 上,负责将运行管理器分发的具体任务进一步派发到 AI CPU 上。它也可以通过硬件任务块调度器(Block Scheduler,BS)把任务分配到 AI Core 上执行,并在执行完成后返回任务执行的结果给运行管理器。通常任务调度器处理的主要事务有 AI Core 任务、AI CPU 任务、内存复制任务、事件记录任务、事件等待任务、清理维护(Maintenance)任务和性能分析(Profiling)任务。

内存复制主要以异步方式进行。事件记录任务主要记录事件的发生信息,如果存在等待该事件的任务,则这些任务在事件记录完成后可以解除等待,继续执行,消除由事件记录而导致执行流的阻塞。事件等待任务是指:如果等待的事件已经发生,则等待任务直接完成;当等待的事件尚未发生时,将等待任务填入待处理列表中,同时暂停事件等待任务所在执行流中后续所有任务的处理,在等待的事件发生时,再进行事件等待任务的处理。

在任务执行完成后,由清理维护任务根据任务参数的不同进行相应的清理工作,回收计算资源。在执行过程还有可能要对计算的性能进行记录和分析,这时需要用到性能分析任务来控制性能分析操作的启动和暂停。

　　任务调度器的功能框架如图 4-14 所示。

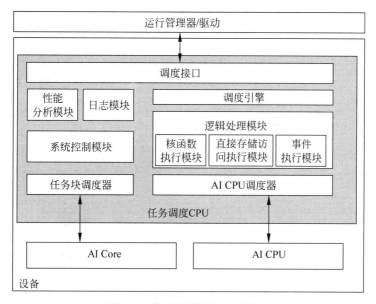

图 4-14　任务调度器的功能框架

　　任务调度器通常位于设备端,功能由任务调度 CPU 来完成。任务调度 CPU 由调度接口(Interface)、调度引擎(Engine)、调度逻辑处理模块、AI CPU 调度器、任务块调度器、系统控制(SysCtrl)模块、性能分析(Profile)和日志(Log)模块组成。

　　任务调度 CPU 通过调度接口实现与运行管理器和驱动之间的通信与交互。将任务通过结果传送给任务调度引擎,任务调度引擎作为任务调度实现的主体,负责实现任务组织、任务依赖及任务调度控制等流程,管理着整个任务调度 CPU 的执行过程。任务调度引擎根据任务的具体类型,将任务分为计算、存储和控制三种类型,分发给不同调度逻辑处理模块,启动具体核函数任务、存储任务以及执行流间事件依赖等逻辑的管理与调度。

　　逻辑处理模块分为核函数执行(Kernel Execute)模块、直接存储访问执行(DMA Execute)模块和事件执行(Event Execute)模块。核函数执行模块进行计算任务的调度处理,实现 AI CPU 和 AI Core 上任务的调度逻辑,对具体的核函数进行调度处理。而直接存储访问执行模块实现存储任务的调度逻辑,对内存复制等进行调度处理。事件执行模块负责实现同步控制任务的调度逻辑,实现执行流间事件依赖的逻辑处理。

在完成不同类型任务的调度逻辑处理后,开始直接交由相应的控制单元进行硬件执行。

针对 AI CPU 的任务执行,由任务调度 CPU 中的 AI CPU 调度器用软件的方式对 AI CPU 进行状态管理及任务调度。而对于 AI Core 的任务执行,则由任务调度 CPU 将处理后的任务通过一个单独的任务块调度器硬件分发到 AI Core 上,由 AI Core 进行具体计算,计算完成的结果也是由任务块调度器返回给任务调度 CPU。

任务调度 CPU 在完成任务调度的过程中,由系统控制对系统进行配置和芯片功能的初始化,同时由性能分析和日志模块监测整个执行流程,记录关键执行参数以及具体执行细节,在整个执行结束或者报错时,可以进行具体的性能分析或者错误定位,为执行过程的正确性和高效性进行详细的评估分析提供依据。

2. 调度流程

在神经网络的离线模型执行过程中,任务调度器接收来自离线模型执行器的具体执行任务,这些任务之间存在依赖关系,需要先解除依赖关系,再进行任务调度等步骤,最后根据具体的任务类型分发给 AI Core 或 AI CPU,完成具体硬件的计算或执行。在任务调度过程中,任务由多条执行指令(CMD)组成,由任务调度器和运行管理器进行相互交互,完成整个任务指令的有序调度。运行管理器执行在主机的 CPU 上,指令队列位于设备上的内存中,任务调度器进行具体任务指令的下发。其协同运作流程(如图 4-15 所示)如下。

首先运行管理器调用驱动的 dvCommandOcuppy 接口进入指令队列中,根据指令的尾部信息查询指令队列中可用的存储空间,并将可以用的指令存储空间地址返回给运行管理器。运行管理器接收到地址后,将当前准备好的任务指令填充进指令队列可用存储空间中,并调用驱动的 dvCommandSend 接口更新指令队列当前的尾部位置和信用(Credit)信息。队列接收新增的任务指令后,产生 doorbell 中断,并通知任务调度器在设备内存中的指令队列新增的任务指令。任务调度器得到通知后,进入设备内存中,搬运任务指令进入任务调度器的缓存中进行保存,并且更新设备端 DDR 内存中指令队列的头部信息。最后,任务调度器根据执行情况,将缓存中的指令发送给 AI CPU 或 AI Core 执行。

和大多数加速器运行时软件栈的构造基本一致,昇腾 AI 处理器中的运行管理器、驱动和任务调度器紧密配合,共同有序地完成任务分发至相应硬件资源并执行。这个调度过程为深度神经网络计算过程紧密有序地输送了任务,保证了任务执行的连续性和高效性。

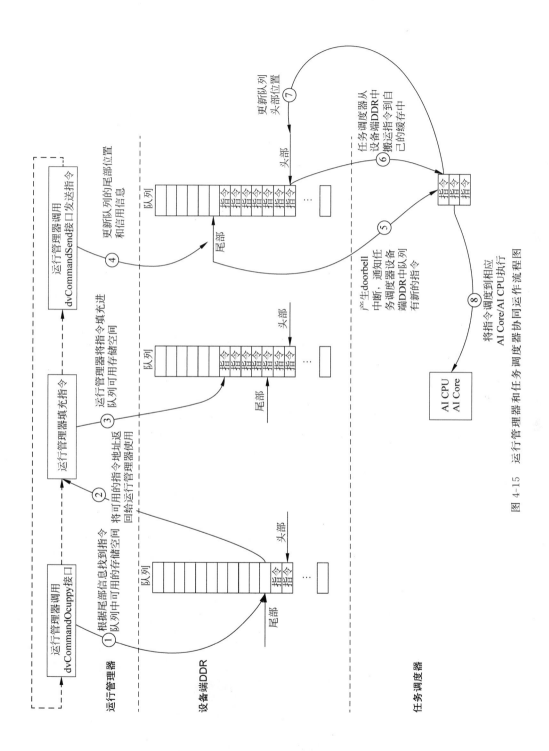

图 4-15　运行管理器和任务调度器协同运作流程图

4.2.6 框架管理器

框架管理器作为神经网络在昇腾 AI 处理器实现形态的塑造者与执行参与者,在神经网络软件流中,协同张量加速引擎为神经网络生成可执行的离线模型。在神经网络执行之前,框架管理器与昇腾 AI 处理器紧密结合生成硬件匹配的高性能离线模型,并连通了流程编排器和运行管理器,使得离线模型和昇腾 AI 处理器深度融合。在神经网络执行时,框架管理器联合了流程编排器、运行管理器、任务调度器以及底层的硬件资源,将离线模型、数据和达芬奇架构三者进行结合,优化执行流程得出神经网络的应用输出。

1. 功能框架

框架管理器包含 3 部分,分别为离线模型生成器(Offline Model Generator, OMG)、离线模型执行器(Offline Model Executor,OME)和 AI 模型管家(AI Model Manager),如图 4-16 所示。开发者使用离线模型生成器来生成离线模型,并以 om 为扩展名的文件进行保存。随后,软件栈中的流程编排器调用框架管理器中 AI 模型管家,启动离线模型执行器,将离线模型加载到昇腾 AI 处理器上,最后再通过整个软件栈完成离线模型的执行。从离线模型的诞生,到加载进入昇腾 AI 处理器硬件,直至最后的功能运行,框架管理器始终发挥着管理的作用。

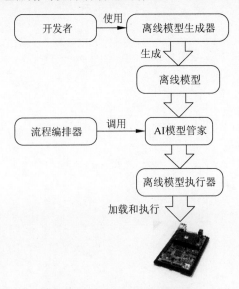

图 4-16 离线模型功能框架

2．离线模型生成

以卷积神经网络为例,在深度学习框架下构造好相应的网络模型,并且训练好原始数据,再通过离线模型生成器进行算子调度优化、权重数据重排和压缩、内存优化等,最终生成调优好的离线模型。离线模型生成器主要用来生成可以高效执行在昇腾 AI 处理器上的离线模型。

离线模型的生成流程如图 4-17 所示。离线模型生成器在接收到原始模型后,对卷积神经网络模型进行模型解析、量化、编译和序列化。这 4 个步骤依次介绍如下。

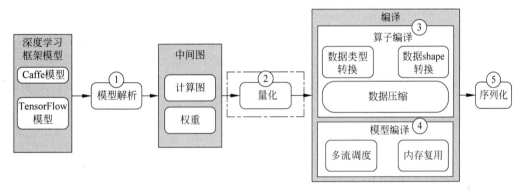

图 4-17　离线模型的生成流程

1）解析

在解析过程中,离线模型生成器支持不同框架下的原始网络模型解析,提炼出原始模型的网络结构、权重参数,再通过图的表示法,由统一的中间图(IR Graph)来重新定义网络结构。计算图由计算节点和数据节点构成,计算节点由不同功能的 TBE 算子组成,而数据节点专门接收不同的张量数据,为整个网络提供计算需要的各种输入数据。这个中间图是由计算图和权重构成的,涵盖了所有原始模型的信息。中间图为不同深度学习框架到昇腾 AI 软件栈搭起了一座桥梁,使得外部框架构造的神经网络模型可以轻松转换为昇腾 AI 处理器支持的离线模型。

2）量化

如图 4-18 所示,解析完成后生成了中间图,如果模型还需要进行量化处理,则可以基于中间图的结构和权重,通过自动量化工具来进行量化。在算子中,可以对权重、偏置进行量化,在离线模型生成过程中,量化后的权重、偏置会保存在离线模型中,推理计算时可以使用量化后的权重和偏置对输入数据进行计算,而校准集用于在量化过程中训练量化参数,保证量化精度。如果不需要量化,则直接进行离线模型编译生成离线模型。

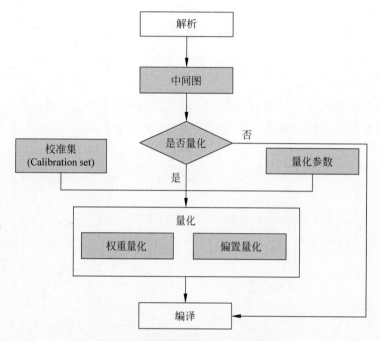

图 4-18　离线模型生成中的量化流程

量化方式分为数据偏移量化和无偏移量化,需要输出量化度(Scale)和量化偏移(Offset)两个参数。在数据量化过程中,指定无偏移量化时,数据都采用无偏移量化模式,计算出量化数据的量化度;如果指定数据偏移量化,则数据采用偏移模式,进而会计算输出数据的量化度和量化偏移。在权重量化过程中,由于权重对量化精度要求较高,因此始终采用无偏移量化模式。比如根据量化算法对权重文件进行 INT8 类型量化,即可输出 INT8 权重和量化度。而在偏置量化过程中,根据权重的量化度和数据的量化度,可将 FP32 类型偏置数据量化成 INT32 类型数据输出。

在对模型大小和性能有更高要求的时候可以选择执行量化操作。离线模型生成过程中量化会将高精度数据向低比特数据进行量化,让最终的离线模型更加轻量化,从而达到节约网络存储空间、降低传输时延和提高运算执行效率的目的。在量化过程中,由于模型存储大小受参数影响很大,因此离线模型生成器重点支持卷积算子、全连接算子以及深度可分离卷积(Depthwise Convolution)等带有参数算子的量化。

3）编译

在完成模型量化后,需要对模型进行编译,编译分为算子编译和模型编译两部分:算子编译提供算子的具体实现;模型编译将算子模型聚合连接生成离线模型结构。

（1）算子编译。

算子编译进行算子生成,主要是生成算子特定的离线结构。算子生成分为输入张量描述、权重数据格式转换和输出张量描述 3 个流程。在输入张量描述中,计算每个算子的输入维度、内存大小等信息,并且在离线模型生成器中定义好算子输入数据的形式。在权重数据格式转换中,对算子使用的权重参数进行数据格式变换（比如 FP32 到 FP16 的转换）、形状转换（如分形重排）、数据压缩等处理。在输出张量描述中,计算算子的输出维度、内存大小等信息。算子生成流程如图 4-19 所示。

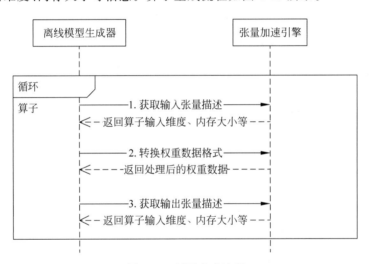

图 4-19　算子生成流程

算子在生成过程中需要通过 TBE 算子加速库的接口对输出数据的形状进行分析、确定与描述,通过 TBE 算子加速库接口也可实现数据格式的转换。离线模型生成器收到神经网络生成的中间图并对中间图中的每一节点进行描述,逐个解析每个算子的输入和输出。离线模型生成器分析当前算子的输入数据来源,获取上一层中与当前算子直接进行衔接的算子类型,通过 TBE 算子加速库的接口进入算子库中寻找来源算子的输出数据描述,然后将来源算子的输出数据信息返回给离线模型生成器,作为当前算子的具体输入张量描述。因此,了解了来源算子的输出信息就可以自然地获得当前算子输入数据的描述。

如果在中间图中的节点不是算子,而是数据节点,则不需要进行输入张量描述。如果算子带有权重数据,如卷积算子和全连接算子等,则需要进行权重数据的描述和处理。如果输入权重数据类型为 FP32,则需要通过离线模型生成器调用类型转换(ccTransTensor)接口,将权重数据转换成 FP16 数据类型,满足 AI Core 的数据类型需求。完成数据类型转换后,离线模型生成器调用形状设置(ccTransFilter)接口对权重数据进行分形重排,让权重数据的输入形状可以满足 AI Core 的格式需求。在获得固定格式的权重数据后,离线模型生成器调用张量加速引擎提供的压缩优化(ccCompressWeight)接口,对权重数据进行压缩优化,以缩小权重数据的存储空间,使得模型更加轻量化。在对权重数据转换完后返回满足计算要求的权重数据给离线模型生成器。

权重数据转换完成后,离线模型生成器还需要对算子的输出数据信息进行描述,确定输出张量形式。对于高层次复杂算子,如卷积算子和池化算子等,离线模型生成器可以直接通过 TBE 算子加速库提供的计算接口,如卷积算子对应于 ccGetConvolution2dForwardOutputDim 接口,池化算子对应于 ccGetPooling2dForwardOutputDim 接口,并结合算子的输入张量信息和权重数据来获取算子的输出张量信息。如果是低层次简单算子,如加法算子等,则直接通过算子的输入张量信息来确定输出张量形式,最终再存入离线模型生成器中。按照上述运行流程,离线模型生成器遍历网络中间图中的所有算子,循环执行算子生成步骤,对所有算子的输入输出张量和权重数据描述,完成算子的离线结构表示,为下一步模型生成提供算子模型。

(2) 模型编译。

在编译过程中完成算子生成后,离线模型生成器还要进行模型生成,获取模型的离线结构。离线模型生成器获取中间图,对算子进行并发的调度分析,将多个中间图节点进行执行流拆分,获得多个由算子和数据输入组成的执行流。执行流可以被看作算子的执行序列。对于没有相互依赖的节点,直接分配到不同的执行流中。如果不同执行流中节点存在依赖关系,则通过 rtEvent 同步接口进行多执行流间同步。在 AI Core 运算资源富余的情况下,多执行流拆分可以为 AI Core 提供多流调度,从而提升网络模型的计算性能。但是,如果 AI Core 并行处理任务较多时,则会加剧资源抢占程度,恶化执行性能。一般默认情况下,采用单执行流对网络进行处理,可降低因多任务并发执行导致阻塞的风险。

同时,基于多个算子的执行序列的具体执行关系,离线模型生成器可以进行独立于硬件的算子融合优化以及内存复用优化操作。根据算子输入输出内存信息,进行计算内存复用,将相关复用信息写入模型和算子描述中,生成高效的离线模型。这些优化操作可以将多个算子执行时的计算资源进行重新分配,最大程度地减小运行时的内存占用,同时避免运行过程中频繁进行内存分配和释放,实现以最小的内存使用和最低的数据搬移频率来完成多个算子的执行,提升性能,而且降低对硬件资源的需求。

4)序列化

编译后产生的离线模型存放于内存中,还需要进行序列化。序列化过程主要提供签名及加密功能给模型文件,对离线模型进行进一步封装和完整性保护。序列化完成后可以将离线模型从内存输出到外部文件中以供异地的昇腾 AI 处理器调用和执行。

3. 离线模型加载

框架管理器中离线模型生成器完成离线模型生成后,由离线模型执行器将模型加载到运行管理器中,与昇腾 AI 处理器进行融合后,才可以进行推理计算,这个过程中离线模型执行器发挥了主要的模型执行作用。离线模型加载流程如图 4-20 所示。

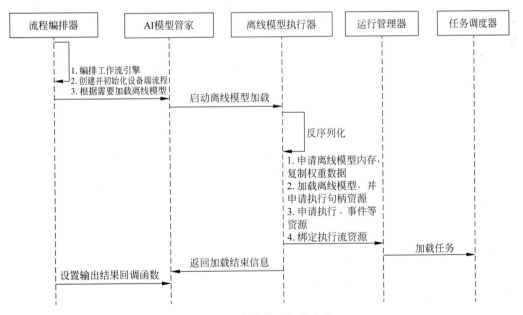

图 4-20　离线模型加载流程

首先,流程编排器作为应用与软件栈的交互入口,为推理任务的执行流程提供了管理能力,将整个离线模型需要完成的流程划分成各个执行阶段的引擎,并且调用 AI 模型管家的加载接口进行设备端的流程初始化和离线模型加载。接着启动离线模型执行器进行离线模型加载,对离线模型的文件进行反序列化操作,解码出可执行的文件,再调用执行环境的存储接口申请内存,并将模型中算子的权重数据复制到内存中;同时还申请运行管理器的模型执行句柄、执行流和事件等资源,并将执行流等资源与对应的模型进行一一绑定。一个执行句柄完成一个神经网络计算图的执行,而一个执行句柄下可以有多个执行流;不同执行流中包含 AI Core 或 AI CPU 的计算任务,一个任务由 AI CPU 或 AI Core 上的一个核函数来完成,而事件指的是不同执行流之间的同步操作。

完成一个模型的计算需要循环遍历离线模型中的所有算子,并在刷新任务信息后,离线模型执行器会调用运行管理器接口下发任务给任务调度器,最后由离线模型执行器返回加载结束信息给 AI 模型管家,再由流程编排器设置输出结果的回调函数获取执行完成后的结果。至此为止,离线执行器完成了离线模型的加载过程,下一步便可以直接进行推理计算。这个加载过程相当于将模型和昇腾 AI 处理器进行了适配,将硬件资源和离线模型中的算子进行了统筹规划,使得离线模型在后续执行中有条不紊地进行,为推理计算提供了预加速能力。

4. 离线模型推理

离线模型加载完成后,就可以实现模型的推理功能。由于离线模型本质上还是一个神经网络模型,因此在推理过程中要执行相应的功能,如图像识别等。在离线模型的生成和加载过程中,都没有使用具体的待处理数据,仅仅是通过软件栈对模型中算子和计算流程实现了一种构造、编排、优化、封装以及硬件适配操作,而在具体推理执行过程中,才会读入具体的输入数据来驱动完成执行并输出结果。

离线模型推理流程如图 4-21 所示。应用程序对需要处理的数据产生需求时,准备好待处理的数据,流程编排器将调用 AI 模型管家的处理接口将数据输入离线模型执行器中。接着离线模型执行器调用运行管理器的执行流(rtModelExecute)接口,将执行流中多个推理任务下发到任务调度器中。任务调度器将任务再拆分成任务块,下发到 AI Core 或 AI CPU 上执行,完成后将任务块结果返回给任务调度器。任务调度器遍历执行流中的任务,循环发送任务块并返回执行结果直至所有任务全部完成后,将任务结果返回并存入运行管理器的内存中。在完成多执行流的任务计算时,需要通过运行管理器中的事件记录和事件等待接口进行多执行流间的算子同步,有序完成算子的计算。在一个执行流中所有算子调用完成后,离线模型执行器通过运行管理器的执行流同步(rtStreamSychronize)接口来同步等待所有执行流的执行完成。在所有相关执行流任务完成后整合所有结果生成模型的最终结果,此时离线模型执行器则会通知AI 模型管家执行流已经完成执行。最后 AI 模型管家会调用预设的输出回调函数,将整个离线模型推理执行的结果返回到流程编排器,由流程编排器反馈给应用程序。

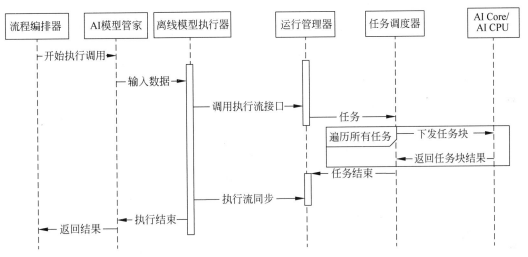

图 4-21　离线模型推理流程

4.2.7　神经网络软件流应用

神经网络软件流应用的整体过程包括在深度学习网络框架下定义好神经网络结构,生成神经网络模型,交由神经网络软件流在昇腾 AI 处理器进行功能实现。现在以 Inception v3 分类网络为例展示神经网络软件流的实际应用。

Inception v3 分类网络是一个卷积神经网络,专门用来进行图像分类。用户首先可以在神经网络软件流提供的 Caffe 深度学习框架下,定义好网络结构并完成训练,通过 prototxt 文件保存网络结构,通过 caffemodel 文件保存权重。Inception v3 分类网络的结构由卷积层、池化层和全连接层等交替组成,输入数据逐层进行处理并向后传递。

有了原始的 Inception v3 网络模型后需要进行离线模型转换,通过神经网络软件流中的离线模型生成器和张量加速引擎将输入的原始模型进行离线模型生成。可以通过命令行调用离线模型生成器的运行程序,然后由离线模型生成器依次完成模型解析、模型编译和序列化从而生成最终的离线模型。如果网络需要量化,也可以由离线模型生成器完成模型参数的量化工作。

在离线模型转换完成后,就可得到离线模型,并可通过有向无环图的方式呈现模型中算子的执行顺序及相关的数据依赖关系。通过模型可视化工具可以看出,Inception v3 网络的离线模型结构如图 4-22 所示。Caffe 的模型在转换成离线模型时会进行算子融合,同时输入数据会发生变化。在原始 Caffe 的模型中,步长、卷积核等参数采用了默认值。但是在转换后的离线模型中,采用了常数(Const)节点表示输入,这些常数节点可接收卷积的步长、卷积核等参数并传入模型中。这样的好处是可以根据具体需求输入可变的网络参数,实现的功能可以相对灵活。

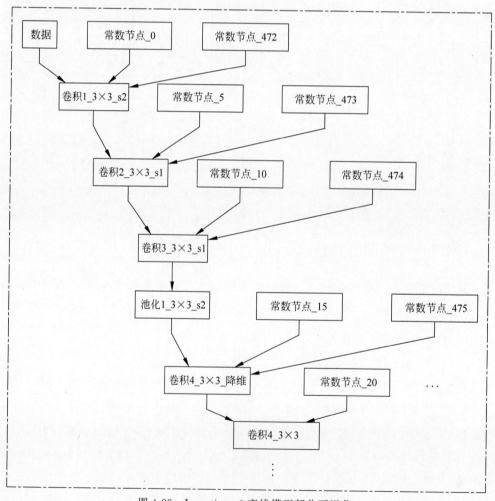

图 4-22　Inception v3 离线模型部分可视化

　　Inception v3 网络离线模型生成后,为了能让 Inception v3 网络的分类功能可以在昇腾 AI 处理器上得以施展,需要通过流程编排器进行计算引擎的开发来创建计算引擎流程图,并通过对计算引擎流程图的执行来完成 Inception v3 网络离线模型的功能实现。因此,首先需要定义前面介绍过的数据引擎、预处理引擎、模型推理引擎和后处理引擎 4 个计算引擎,还要完成 4 个计算引擎之间的串接和节点属性的配置文件定义。

　　现在假设在开发者板上进行网络功能的实现,则可由流程编排器依据计算引擎的配置生成计算引擎流程图,再调用 AI 模型管家的初始化接口对 Inception v3 网络离线模型进行加载。

　　在离线模型加载过程中,首先应用程序通过流程编排器通过 AI 模型管家启动加载,然后离线模型执行器对 Inception v3 网络离线模型进行反序列化操作。完成反序列化后,离线模型执行器接着调用运行管理器接口完成权重向内存中的复制,为执行句柄、执行流以及事件等申请硬件资源,并进行绑定。完成资源配置后,将模型中的算子与执行流进行映射,每个执行流完成相应算子组成的计算子图,对多个执行流之间的同步管理进行事件分配。同时,离线模型执行器调用运行管理器接口,将执行流中的任务与 AI Core 或 AI CPU 上的核函数进行地址对应,并刷新任务中的执行信息,每个核函数将在离线模型执行过程中完成特定的任务。最后,离线模型执行器会调用运行管理器中的任务接口分发模型中的任务给执行硬件。至此,已经将 Inception v3 网络功能分拆成任务并与硬件资源进行了匹配,完成了 Inception v3 网络离线模型的加载,也标志着计算引擎流程图的创建完成。

　　在计算引擎流程图创建完成后,进行计算引擎流程图的执行。数据引擎接收 Inception v3 网络需要分类的图片,然后由流程编排器启动预处理引擎,并由该引擎通过 DVPP 接口调用数字视觉预处理模块完成图片数据的预处理,包含编解码、缩放等处理。处理后的图片数据通过流程编排器进入模型推理引擎,开始推理计算。

　　在推理计算过程中,模型推理引擎调用 AI 模型管家的接口启动推理计算过程。预处理后的图片数据由 AI 模型管家传输进入离线模型执行器中,接着离线模型执行器调用运行管理器中的接口,开始将加载过程中配置好的任务输入数据,下发给任务调度器,任务调度器收到任务后进行对应执行硬件 AI Core 或 AI CPU 的调度,由执行硬件完成任务执行。依次完成所有执行流中的任务,在事件同步控制下,会整合不同执行流的输出结果,生成最终的结果。此时,AI 模型管家会返回分类好的图片结果给流程编排器。最后流程编排器将结果传给后处理引擎,由后处理引擎通过回调函数将分类结果进行显示。

在输出分类结果后，需要通过流程编排器完成 Inception v3 网络的计算引擎流程图的销毁，释放计算资源。到此为止，完成了 Inception v3 网络在昇腾 AI 处理器上的完整功能实现。

以 Inception v3 分类网络为例，本节展示了由原始网络模型进行离线模型生成，到计算引擎流程图的创建，再到计算引擎流程图的执行的过程，而这个执行过程又经历了网络的离线模型的加载和推理计算，最后到计算引擎流程图的销毁。这些无一不是基于昇腾 AI 软件栈提供的众多软件模块配合完成的，神经网络软件流为各类神经网络在昇腾 AI 处理器上的功能实现创造了一个软件支撑的完美世界。

4.3　开发工具链

工欲善其事，必先利其器。昇腾 AI 软件栈在设计时就深刻地践行了这一思想，开发了各式功能齐全的工具，形成了一条多面手般的工具链。从神经网络的构造，到离线模型生成，再到硬件相关的执行，每一个环节都有一些相应的工具供开发人员使用。

在构建网络执行的过程中，如果没有相应的开发工具，就需要在开发过程中投入大量的人力和物力，并且每次开发都需要人为干预，增加了开发的难度和周期。昇腾 AI 软件栈的工具链将大部分开发细节交由工具来处理，使得开发者可以重点进行神经网络的性能挖掘，也从流程开发的速度上促进了昇腾 AI 处理器的高效应用。

4.3.1　功能简介

所有的工具链都集成在 Mind Studio 开发平台上。Mind Studio 是一套华为公司昇腾 AI 处理器的开发工具链平台，提供了基于芯片的算子开发、调试、调优以及第三方算子的开发功能，同时还提供了网络移植、优化和分析功能，为用户开发应用程序带来了极大的便利。Mind Studio 通过网页的方式向开发者提供算子开发、网络模型开发、计算引擎开发以及应用开发等多方面功能：

（1）针对算子开发，Mind Studio 提供了全套的算子开发、调优能力，支持模拟算子在真实芯片运行环境中的运行。通过 Mind Studio 提供的工具链也可以进行第三方算子开发,降低了算子开发的门槛,并提高了算子开发及调试调优的效率,有效提升了产品竞争力。

(2) 针对网络模型的开发,Mind Studio 集成了离线模型转换工具、模型量化工具、模型精度比对工具、模型运行性能分析工具、日志分析工具,提升了网络模型移植、分析和优化的效率。

(3) 针对计算引擎开发,Mind Studio 提供了计算引擎的可视化拖曳式编程技术以及大量的算法代码自动生成技术,降低了开发者的技术门槛,并且预置了丰富的算法引擎,如 ResNet-18 等,提高了开发者对 AI 算法引擎的编写以及移植效率。

(4) 针对应用开发,Mind Studio 内部集成了各种工具,如分析器(Profiler)和编译器(Compiler)等,为开发者提供了图形化的集成开发环境,使开发者通过 Mind Studio 能够进行工程管理、编译、调试、仿真、性能分析等全流程开发,并大幅度提高开发效率。

4.3.2　功能框架

Mind Studio 的功能框架如图 4-23 所示,目前含有的工具链包括: 工程管理工具、编译调测工具、流程编排工具、离线模型工具、比对工具、日志管理工具、自定义算子工具、性能分析工具、黑匣子工具(Black Box)、设备管理工具、设备开发工具包(Device Development Kit,DDK)等多种工具。

Mind Studio 可以安装在普通的 PC 或者工作站上,支持运行在 Ubuntu Linux 系统上,目前支持以浏览器方式访问。如果只是进行普通的工程管理、编写代码、编译、模型转换及仿真环境下运行调试,都可以在安装有 Mind Studio 的机器上完成。如果需要在真实的昇腾 AI 处理器上运行开发的工程,则需要将 Mind Studio 连接到主机,并通过主机和设备上的工具后台服务模块进行配合,完成所开发工程的运行、调试、日志和性能分析等功能。

4.3.3　工具功能

Mind Studio 工具链中提供的工具功能强大,具体工具的应用方法可参见附录 B,下面是工具链提供的主要几个特性功能简介。

(1) 工程管理工具: 为开发人员提供工程创建、打开工程、关闭工程、删除工程、导出工程、新增工程文件目录和属性设置等功能。

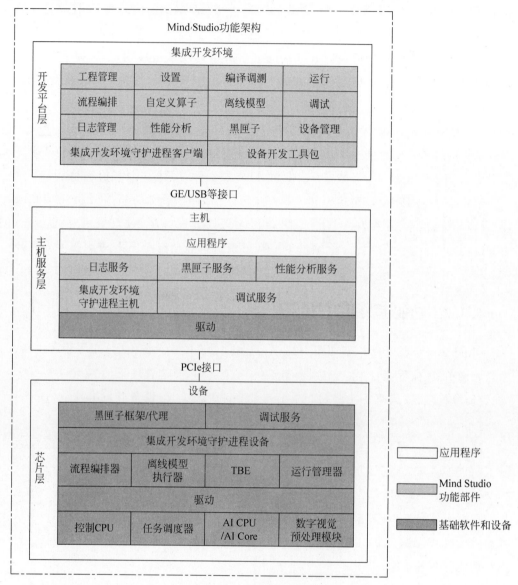

图 4-23　工具链功能架构

（2）编译调测工具：提供算子、计算引擎和应用的开发编译，满足开发者不同场景的开发编译诉求。

（3）运行工具：支持开发的算子、计算引擎在真实芯片环境中运行，并可以统一在界面中查看运行相关的信息。

（4）流程编排工具：针对业务流程开发人员，流程编排工具提供基于业务节点的拖曳式编程方式,在 Mind Studio 上拖曳业务节点并连线,可实现业务编排"零"编码。编排后的编译、运行、结果显示等一站式服务让流程开发更加智能化,整个过程无须编程,完全是通过拖曳和配置完成,非常简单。流程编排工具不仅能让开发者快速上手,从而把更多的精力放在应用性能提升上,而且工具本身并不会带来多少额外的学习成本。

（5）自定义算子工具:提供了业界首个基于 TBE 的算子编程开发、调试的集成开发环境,让不同平台下的算子移植更加迅捷,适配昇腾 AI 处理器速度更快。

（6）离线模型工具:训练好的第三方网络模型可以直接通过离线模型工具导入并转换成离线模型,并可一键式自动生成模型接口,方便开发者基于模型接口进行编程,同时也提供了离线模型的可视化功能。

（7）日志管理工具:Mind Studio 为昇腾 AI 处理器提供了覆盖全系统的日志收集与日志分析解决方案,提升运行时算法问题的定位效率。统一的全系统日志格式以网页化的形式提供跨平台日志可视化分析能力及运行时诊断能力,提升日志分析系统的易用性。

（8）性能分析工具:Mind Studio 以图形界面和命令行两种用户界面呈现方式,实现针对主机和设备上多节点、多模块异构体系的高效、易用、可灵活扩展的系统化性能分析,以及实现针对昇腾 AI 处理器设备的性能和功耗的同步分析,满足算法优化对系统性能分析的需求。

（9）黑匣子工具:设备在软件复位和硬件复位前保存系统必要的关键信息,并提供界面可视化查看方式,简称黑匣子。黑匣子主要用于后续问题的定位。

（10）设备管理:Mind Studio 提供设备管理工具,实现对连接到主机上的开发者板的管理功能。

（11）比对工具:可以用来对比通过 TBE 自定义的算子运算结果与 Caffe 标准算子的运算结果,以便用来确认神经网络运算误差发生的原因。Mind Studio 提供 Lower Bound、Vector 和 User-define 这三种比对方法。其中,Lower Bound 比对是 TBE 自定义算子比对;Vector 比对包含余弦相似度、最大绝对误差、累积相对误差、欧几里得相对距离的算子比对;User-define 比对指用户自定义算子比对。

（12）设备开发工具包:为开发者提供基于昇腾 AI 处理器的相关算法开发工具包,旨在帮助开发者进行快速、高效的人工智能算法开发。开发者可以将设备开发工具包安装到 Mind Studio 上,使用 Mind Studio 开发工具进行算法快速开发,也可以使用独立的设备开发工具包进行算法开发。设备开发工具包内部包含了昇腾 AI 处理器算法开发依赖的头文件和库文件、编译工具链、调试调优工具以及其他工具等。

## 第 5 章

编程方法

随着深度学习的蓬勃发展,从学术界的 Caffe、Torch,到产业界谷歌公司主推的 TensorFlow,脸书公司的 PyTorch＋Caffe2 等,各种各样的深度学习框架相继被提出。层出不穷的深度学习框架为开发者提供了完整、高效、便利的模型开发、训练、管理和部署的平台。同时,深度学习领域对于高性能推理的需求也促使了 TensorFlow XLA、TVM、TensorRT 等推理引擎的出现。这些推理引擎引入了多种优化方法,使得深度学习模型的推理性能相比深度学习框架提升很多,更适合具体的应用部署。

在这种大环境下,华为针对其昇腾 AI 处理器的计算架构专门构建了完整的软件栈,旨在兼容各个深度学习框架并能够高效运行在昇腾 AI 处理器上,让开发者能够快速开发推理应用,为开发者提供便利的解决方案。

本章内容主要以昇腾 AI 处理器编程为主,但是在介绍具体的编程流程和编程实践之前,也非常有必要对深度学习开发的编程思想以及深度学习推理引擎的原理做详细介绍。理解这些内容后,昇腾 AI 处理器的软件栈将不再是无法打开的黑盒,读者也能更好地理解并进行相关编程。

5.1 深度学习开发基础

5.1.1 深度学习编程理论

深度学习开发的编程风格与传统的 Python 开发有很大区别,其中涉及声明式编程、元编程、特定域语言等编程概念。另外,对于昇腾 AI 软件栈而言,其输入往往是主流深度学习框架各自定义的模型文件。了解这些模型文件如何生成以及保存的内容,对于进行昇腾 AI 处理器编程非常重要。

1. 声明式编程和命令式编程

声明式编程(Declarative Programming),又称作符号式编程(Symbolic Programming),与之相对应的便是命令式编程(Imperative Programming)。其中,前者只需要对运算进行定义,在运行的时候再显性或者隐性地进行编译,转换为实际的底层内核函数调用,这样便能将计算图的定义步骤和实际的编译运行步骤分隔开来。相较而言,后者中的每一行代码在被执行时,相应的计算都会立即执行。

代码 5-1 所示的 Python 代码便采用了命令式编程风格,其用 NumPy[①] 库实现了向量乘法和加法。当程序执行到任意一行时,便会立即执行相应的操作。以 c=a*b 为例,程序执行到这一行时,计算机便立即执行对应的向量乘法运算,并得到结果 c。此时,如果使用 print 函数便能够打印出具体的结果。

```
import numpy as np
# Start computing
a = np.ones(10)
b = np.ones(10)
c = a * b
d = c + 1
print(d)
```

代码 5-1　命令式编程风格的 Python 代码(NumPy API)

实现同样的向量乘法和向量加法运算,代码 5-2 所示的 TensorFlow 代码则是声明式编程风格。当应用程序执行到 C = tf.multiply(A, B, 'Mult')这行代码时,计算机并没有进行相应的计算,而是在内存中构建了相应的计算图结构。此时,如果使用 print 函数进行打印,则会得到数据对象信息,而没有实际的计算结果,因为此时还没有进行计算,直到最后 sess.run()这一行代码时,实际的计算才开始执行,得到相应的输出结果。

---

① Numpy 的使用可以参见 https://www.numpy.org/。

```
import numpy as np
import tensorflow as tf
# 定义计算图
A = tf.placeholder(tf.int32, 10, 'A')
B = tf.placeholder(tf.int32, 10, 'B')
C = tf.multiply(A, B, 'Mult')
D = tf.add(C, tf.constant(1, tf.int32), 'Add')
# 运行计算图
with tf.Session() as sess:
    print(sess.run(D, feed_dict = {A: np.ones(10), B: np.ones(10)}))
```

代码 5-2　声明式编程风格的 Python 代码(TensorFlow API)

简而言之,声明式编程就是告诉了计算机要做什么(What),让计算机自己决定怎么做(How);命令式编程则详细地告诉计算机怎么做(How),进一步地去完成什么样的任务(What)。

为什么说声明式编程和命令式编程是深度学习框架中最为重要的概念呢?因为不同的编程风格,对开发者而言带来了不同的编程灵活度和开发效率。总的来说,声明式编程能够提供更好的运行效率,而命令式编程能够提供更好的灵活度。

以代码 5-2 中的 TensorFlow 代码为例,计算图先被定义,因此运行时计算图的所有信息便已经得知,这样的计算图便称作静态图。框架能够对计算图进行足够多的优化,包括算子融合、内存复用、计算划分等,必要时还能引入即时编译(Just in Time,JIT)来对计算图进行进一步的优化,在运行时的调度开销也相对较小,因此更适合应用部署。

但是,计算图的预先定义也导致不能像代码 5-1 中的代码那样进行单步调试,这对于开发者而言是非常痛苦的。另外,符号式程序也不一定支持循环、判断等接口,这会导致实现某些功能非常复杂。

相应的,代码 5-1 中计算实时进行,能够动态生成计算图,同时支持高级语言的各种特性,比如调试、循环等,给开发者带来极大的便利,但是相应地也会带来额外的调度开销,且每次运行都要重新构建计算图,计算图的性能往往没有静态图好。

在目前的深度学习框架中,Caffe 和 TensorFlow 都是声明式编程的典型代表。尽管其编程语言、编程方式以及实现方式不同,但本质而言,这两个框架都采用先定义后运行计算图的设计理念;相反,另一个深度学习框架 PyTorch 便是典型的命令式编程风格,计算图在运行时构建。实际上,即便编程风格不同,不同深度学习框架也在互相借鉴彼此的设计,例如 TensorFlow 就引入了动态图的机制(Eager Execution),而 PyTorch 也引入了即时编译技术,在运行时编译计算图,以此提高计算性能,更有甚者如 MXNet 同时具有动态计算图和静态计算图两种机制。

那么,开发者该如何选择深度学习框架呢? 对于深度学习研究人员而言,如果其更加关心的是开发的灵活度,选择 PyTorch 会是更好的选择; 而对于那些追求性能或者想要部署深度学习应用的开发者来说,基于静态图的 TensorFlow 可能是更好的选择,其提供的 TensorFlow XLA、TensorFlow Lite 能够高效地部署应用。实际上,目前业界也出现了像 TensorRT 这样的推理框架,专注于深度学习推理模型,往往能够提供数倍于深度学习框架中实现推理的速度,更适合于应用部署。

2. Caffe

Caffe 是一种典型的声明式编程的深度学习框架,其使用的 prototxt 文件来自于谷歌的 protobuf 库,用来存储结构数据序列化后的文本文件,能够表示神经网络结构。代码 5-3 展示了 prototxt 文件中一层池化层的具体内容,其中包括了层的名字类型、与上下层的连接关系以及层的相应参数,比如池化类型、步长等。数据结构会在 caffe. proto 文件中定义,经过 protoc 编译器编译后便能生成相应的 C++ 源码,提供不同层的序列化和解析函数。之后,应用则会基于命令行的输入(训练或者推理),解析 prototxt 文件,生成对应的训练计算图或推理计算图。因此,只要 Caffe 支持所需的深度学习模型中的算子,开发者只需要在 prototxt 文件定义好神经网络结构,外加相应的训练或者参数的配置信息,便能够快速实现深度学习模型的训练和推理。开发者不需要了解具体每一层的计算,因为这些都由 Caffe 框架自身来实现。哪怕到现在,Caffe 已经停止更新,但其依旧常常被用于实际深度学习的产品,这与其声明式编程、使用 C++ 库等特性是分不开的。

```
layer {
  name: "pool1"
  type: "Pooling"
  bottom: "conv1"
  top: "pool1"
  pooling_param {
    pool: MAX
    kernel_size: 2
    stride: 2
  }
}
```

代码 5-3　prototxt 中池化层参数的表示

3. TensorFlow

TensorFlow 是另一个非常典型的深度学习框架，主要支持 Python 前端。初学者在第一次接触 TensorFlow 时，通常会被 Session、Graph、Device 等概念弄糊涂，实际上这是由于 TensorFlow 自身的声明式编程与 Python 本身命令式编程风格相结合所造成的。在 Python 中，大多数库只是提供了一组简单的函数和数据结构，但是 TensorFlow 却提供了一整套新的编程系统和运行时环境，这也导致了虽然它只是一个 Python 库，却异乎寻常。

在代码 5-2 展示的 TensorFlow 代码中，即便同样是 Python 代码，但也能够显示出代码前半段和后半段的区别。前半段代码通过使用 TensorFlow 提供的接口构建了一个如图 2-17 所示的计算图，而后半段代码则通过新建 NumPy 数组将数据送进计算图的 A 和 B，进而得到 D 的结果。这样的计算图便被称作静态计算图。一旦被定义，计算图便能够按照固定的计算流程进行计算，而之后的其他 Python 代码则只是完成向其填充数据或者取出数据的业务逻辑。

4. 元编程

TensorFlow 的声明式编程风格导致了一种"延迟计算"的风格。由 TensorFlow 构建的计算图则更像一个程序，只不过其具体的计算由 TensorFlow 来实现和调度。这种"用代码来生成代码"的编程方式便称作元编程。用来生成代码的语言称为元语言，而被操作的程序的语言称为目标语言。元语言和目标语言可以使用同样的语言，例如代码 5-4 展示的 JavaScript 代码便实现了加法的延迟计算。它们也可以完全是两种不同的语言，例如代码 5-5 展示了 Python 使用正则表达式来完成复杂的字符串处理。

```
Function add(a,b) {
    return '${a} + ${b}';
}
x = 1
y = 2
z = add('x', 'y')          // 'x + y'
eval(z)                    // 输出结果：3
x = 4
eval(z)                    // 输出结果：6
```

代码 5-4　使用 JavaScript 完成加法的延迟计算

```
import re
pattern = re.compile(r'hello')
match = pattern.match('hello world!')
if match:
    print(match.group())           # 输出结果: hello
```

代码 5-5　使用正则表达式来完成复杂字符串处理

5．特定域语言

元编程这一特性通常会导致特定域语言（Domain Specific Language，DSL）的出现，即专门设计一种语言来完成某一特定领域程序的开发。这类语言属于声明式编程，其重在目标而非过程，重在描述而非实现，以声明式语句直接描述问题，专注于问题的分析和表达，而非专注于处理逻辑和算法实现过程，其具体的处理逻辑和算法实现是由相应的解析引擎来完成。

但是由于解析引擎的固定处理逻辑以及其本身设计的特性，这类语言往往只能用于解决特定领域的问题。例如代码 5-5 中的正则表达式是专门用于处理字符匹配的语言，其具体的实现逻辑由专门的程序或库实现（比如 Python 中的 re 模块，C++ 的 regex模块），又比如专门用于文本排版的 LaTeX 语言，有专门的 LaTeX 解析程序进行解析。

6．TensorFlow 与特定域语言

TensorFlow 中用于构建计算图的代码本质上可以被看作一种基于张量计算、专用于深度学习的特定域语言。即便 TensorFlow 使用 Python 来实现计算图的定义，但是其中所包括的张量（Tensor）、节点（Node）、变量（Variable）等很多概念都和 Python完全不同。实际上，TensorFlow 完全可以参照 Caffe 那样定义一种全新的语言或者形式。例如，用 prototxt 来表示计算图，而使用 Python 来完成计算图结构解析和前后的数据处理，以完成计算图定义和计算图运行这两种编程风格的 Python 代码的解耦合。然而，目前 TensorFlow 采用了另一种解决方案，通过定义高级编程接口，如 Estimator、Dataset 等，来将业务代码和计算图定义的相关代码分隔开来。

为什么一定要创造一种深度学习的特定域语言？其实原因很简单，深度学习对于

计算性能有极高的要求，需要有完善的数值库；针对深度学习的算子库，要有非常低的解释器开销，同时也要对硬件有很好的支持，这些都是像 Python 这样的通用语言所无法满足的。而对于 TensorFlow 这样针对深度学习的特定域语言而言，反而非常轻松。然而，有一个问题无法忽视——类似于 TensorFlow 的这种深度学习特定域语言能够极大优化深度学习的根本在于对于深度学习计算的某些假设，例如前馈神经网络不会出现判断、递归，整个计算图可以被看作图 5-1 中的有向无环图，使得整个网络的优化变得非常简单而直接。但是一旦打破这些限制，例如出现条件分支、循环、递归，就会给深度学习框架提出极高的挑战。

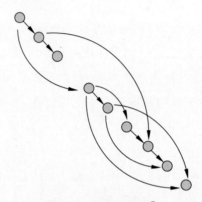

图 5-1　有向无环图①

或许以后会出现一种统一的专用于深度学习的特定域语言，在能够提供足够好的灵活度的同时（比如命令式编程、分支跳转等），还能够提供足够好的性能（支持大规模并行计算等），而各种深度学习框架只是作为这种特定域语言的解释器，这对开发者可以说是非常友好了。但就目前而言，尽管出现了像 ONNX、NNVM 等能够提供计算图的通用表示，并且有相应的 Python 接口能够用于构建，但是也仅仅只支持推理，而训练过程仍然需要各个深度学习框架来完成。因此，这些还并不能算得上是真正的用于深度学习的特定域语言。一切还得看深度学习领域未来的发展与深度学习框架开发人员的努力。

7. 图灵完备性

特定域语言几乎没有通用性，而且一般都是非图灵完备的语言。简单来说，一切

---

① 图片参考链接：https://www.chainfor.com/news/show/1164.html。

可计算的问题都能计算,那么这样的编程语言便是图灵完备的。目前大多数编程语言都是图灵完备的,例如 C++、C++模板、C++的 constexpr 和 Python 等,这类语言为了支持通用计算,都支持分支、跳转、递归等高级特性。相反,特定域语言更专注解决特定业务方向和业务领域的问题,基本上不会有递归这样的特性。SQL、LaTeX、正则表达式都不是图灵完备的。

8. TensorFlow 中的分支跳转

TensorFlow 的特定域语言是图灵完备的,这归功于 TensorFlow 能够提供诸如 tf.cond 和 tf.while_loop 这样的函数,前者可以判断语句,后者可以处理循环语句。但要注意的是,在实际定义计算图时,一定要将 TensorFlow 和 Python 的循环、判断语句区分开来。前者中的判断本身也是计算图中的一个节点,因此判断条件的输入也是计算图中的张量,这个张量的值在定义网络时不可知,因此无法用 Python 的判断语句进行判断;后者中的判断条件在定义计算图时便已得知,因此最终计算图中只会沿着固定的分支进行计算。

代码 5-6 展示了一个错误使用 Python 判断语句的样例,其中 x 和 y 在定义计算图时并不是实际的数字,因此在定义时无法进行判断。代码 5-7 则展示了一个正确使用 TensorFlow 判断语句的样例,判断节点被加入到了计算图中。尽管 TensorFlow 的判断语句看上去比较复杂,但幸运的是,TensorFlow 提供了 AutoGraph 的机制能够快速地实现图的简易控制流程。

```python
import tensorflow as tf
a = tf.constant(2)
b = tf.constant(3)
x = tf.placeholder(tf.int32)
y = tf.placeholder(tf.int32)
# 错误代码
if x < y:
    result = tf.multiply(a, b)
else:
    result = tf.add(a,b)
```

代码 5-6   错误地使用 Python 判断语句

```
import tensorflow as tf
a = tf.constant(2)
b = tf.constant(3)
x = tf.placeholder(tf.int32)
y = tf.placeholder(tf.int32)
result = tf.cond(x < y, lambda: tf.multiply(a, b), lambda:tf.add(a, b))
with tf.Session() as sess:
    print(sess.run(result, feed_dict = {x: 1, y: 2}))      # 输出结果: 6
    print(sess.run(result, feed_dict = {x: 2, y: 1}))      # 输出结果: 5
```

代码 5-7　使用 tf.cond 完成分支判断

9. TensorFlow 与 Python 协同

除了判断节点和循环节点外，TensorFlow 还有一些其他比较有意思的接口，比如读写文件、编解码，而这些接口都会在计算图中添加对应的计算节点，也就意味着 TensorFlow 可以仅仅通过定义计算图便能够完成读文件、循环训练、写文件这一整套流程，也就意味着 TensorFlow 计算图能够像程序一样运行。

实际情况中，并不是所有的操作都会定义在计算图中，往往也可以使用到 Python 本身的特性以及丰富的第三方库对读写的数据进行特定的处理。比如，开发者可以通过 Python 实现图像数据的读取，使用 NumPy 库进行处理后便送进计算图，同时也可以通过 Python 的循环控制来实现训练的循环。开发者也可以将文件读取方式嵌入计算图中，相应的训练循环通过 TensorFlow 的接口实现，因此只需要将文件路径当作数据输入提供给计算图，计算图便能够自己开始整个训练过程。具体使用哪种方式，这取决于开发者对于灵活度和计算效率的取舍。

10. PyTorch 的命令式编程和动态图机制

尽管 TensorFlow 的静态图机制能够提供非常高效的实现，且能够在一定程度上支持分支、循环，但是声明式编程和静态图的机制也导致 TensorFlow 不是那么容易的实现某些深度学习算法，比如 word2vec 以及递归神经网络。相反，PyTorch 和 Python 更为贴近，可以直接使用 Python 自带的判断和循环语句，能够非常方便地支持 word2vec、递归神经网络的实现。

代码 5-8 和代码 5-9 分别展示了使用 PyTorch 和 TensorFlow 实现一个带有判断和循环的计算。可以看出 PyTorch 更像是一个 Python 库，为 Python 提供数据结构和函数，整个计算过程就相当在 Python 完成计算，对于传统 Python 程序员而言，没有任何的学习成本。相较而言，TensorFlow 则显得比较臃肿，不仅无法使用 Python 的判断和循环语句，而且需要使用自带的 tf.while_loop 接口，同时需要定义对应的判断子图（Cond）和循环子图（Body）。造成这些的根本原因是 TensorFlow 的静态图特性需要计算图能够在构建完后支持任意的输入、分支和循环情况。这样的写法使得 TensorFlow 的计算图一旦构建完成后，就表现得像一个自身带有分支循环、编译好的程序，完成与代码 5-8 PyTorch 实现带有判断和循环的计算中代码一样的功能。

```
import torch
first_counter = torch.Tensor([0])
second_counter = torch.Tensor([10])
# 使用 Python 的循环语句
while (first_counter < second_counter)[0]:
    first_counter += 2
    second_counter += 1
```

代码 5-8　PyTorch 实现带有判断和循环的计算

```
import tensorflow as tf
first_counter = tf.constant(0)
second_counter = tf.constant(10)


# 判断函数
def cond(first_counter, second_counter):
    return first_counter < second_counters


# 循环体函数
def body(first_counter, second_counter):
    first_counter = tf.add(first_counter, 2)
    second_counter = tf.add(second_counter, 1)
    return first_counter, second_counter


# 使用 TensorFlow 提供的循环接口
c1, c2 = tf.while_loop(cond, body, [first_counter, second_counter])
with tf.Session() as sess:
    counter_1_res, counter_2_res = sess.run([c1, c2])
```

代码 5-9　TensorFlow 实现带有判断和循环的计算

11. 区分训练计算图和推理计算图

尽管深度学习模型的训练过程和推理过程使用了相同的神经网络结构，但实际上，训练计算图和推理计算图存在很大的差异。

首先，推理流程只包括前向传播，而训练过程既包含前向传播又包括反向传播。因此，相较于推理，训练还会读取输入数据标签，将输入数据标签和前向传播的输出经过损失函数（Loss Function）计算后得到网络误差，之后再通过梯度传播算法将网络误差逐层传播回去，更新每一层需要训练的参数。因此，即便使用同样的语言定义计算图，比如使用 TensorFlow 的 tf. nn. conv2d 定义一层卷积层，但在推理过程中，卷积层内的权重、偏置也仅仅被当作常量读取，而在训练过程中，由于优化器的引入，这些值也会参与计算进而被更新。

其次，某些功能层在训练过程和推理过程的计算特性会明显不同。比如，dropout 层只会在训练过程中使用，在推理过程中不会被加入或者不做任何操作。批量标准化（Batch Normalization，BN）则在训练过程中对输入数据进行统计特性计算，同时会训练额外的参数，而在推理过程中，则表现为固定的线性运算。

最后，计算图中会引入很多其他计算节点。在训练计算图中，除了神经网络的计算子图，还会有相应的训练计算节点，除此之外，计算图还可能会有数据读取、预处理等其他计算节点。

因此，在进行深度学习开发时，开发者一定要对计算图中的节点和运算有清晰的认知，这对于不管是深度学习开发，还是本章稍后的昇腾 AI 处理器使用以及编程都是至关重要的。在深度学习开发中尽量保证以下几个准则：

1）将模型定义和业务逻辑隔离

单独使用一个函数或者类对模型进行定义，以保证相应的输入输出是模型本身的输入输出格式。比如 LeNet5 可以专门用一个函数定义，函数输入参数是一个形状为 $[N,28,28,1]$ 的张量，返回值是一个形状为 $[N,10]$ 的张量，其中 N 表示一次性处理样本的数目，在具体计算时需要固定，这样就定义了模型的计算子图。

这样的设计使得模型定义文件能够在不同工程中复用，因此各大深度学习框架都会有相应的模型库，专门用于保存比较流行的模型。

2）设置标志区分训练和推理环境

由于像 dropout 这样的功能层在训练和推理阶段有着不同的计算特性，而且有时也需要在训练阶段做一些额外的操作，因此在定义模型时需要一个额外的标志来确定当前是训练还是推理环境。比如 Caffe 在 prototxt 中添加 Phase 字段来表示当前是训练还是推理阶段,从而决定是否排除某些功能层。而在 TensorFlow 中,则会通过函数参数指明当前阶段,通过 Python 的判断语句来决定是否要将 dropout 层加入计算图。

另外,由于当 dropout 的比率为 0 时等同于没有进行任何操作,因此在 TensorFlow 中,可以把 dropout 的比率定义成一个占位符,这样既可以在训练过程中控制 dropout 层的比率,又可以在推理过程中使 dropout 层不做任何操作。

这样的设计使得模型定义文件能够通过简单的标志构建对应的计算图。

3) 分别编写训练代码和测试代码

尽管开发者可以将训练逻辑和推理逻辑写在一起,通过输入参数决定当前阶段,但是由于训练和推理的业务逻辑与计算图的差别较大,因此通常把训练和推理代码分开来写,而通过模型权重文件来进行权重的传递。一般而言,最后的工程会包含以下文件:

model. py:使用框架提供的接口定义神经网络结构。

train. py:在 model. py 基础上构建训练计算图,可选加载预训练模型参数,按照业务逻辑对模型进行训练,保存模型参数。

test. py:在 model. py 基础上构建推理计算图,加载模型参数,按照推理业务逻辑进行推理预测,保存推理计算图。

应用代码:加载推理计算图和模型参数,完成应用相关操作。

12. 模型保存和加载

为了模型的持久化,每一种深度学习框架都会提供相应的模型保存以及加载机制,用专门的文件分别表示计算图结构和模型参数,比如 Caffe 的 prototxt、caffemodel 和 TensorFlow 的 meta、ckpt、pb 文件等。但总体而言,一般有以下几种文件,分别保存不同的内容:

计算图结构文件:专门保存计算图的结构,由计算图序列化而成,例如 TensorFlow 的 meta 文件。

模型参数文件:专门保存模型参数,即模型中可训练的参数,包括权重、偏置等,数据按照 key-value 的形式保存,例如 TensorFlow 的 ckpt 文件,PyTorch 的 pth 文件也可能只保存模型参数。

模型文件：同时保存计算图结构和模型参数，不同框架有不同的实现方式，例如 TensorFlow 的 pb 文件。

因此，在保存模型时，一定要知道需要保存什么，而在加载模型时，要知道其中保存了什么内容。代码 5-10 展示了如何使用 PyTorch 进行模型或者模型参数的保存与加载。

```
# 保存和加载整个模型
torch.save(model, 'model.pth')
new_model = torch.load('model.pth')

# 仅保存和加载模型参数
torch.save(model.state_dict(), 'params.pth')
model.load_state_dict(torch.load('params.pth'))
```

代码 5-10　PyTorch 模型保存与加载机制

13. 模型转换

越来越多的深度学习框架（TensorFlow、Caffe2、MXNet、PyTorch 等）和越来越多的硬件加速平台（CPU、GPU、FPGA、ASIC 等）为深度学习提供更多的选择，也给深度学习模型的迁移带来了麻烦。例如，如果想在亚马逊的集群上进行深度学习开发，就必须将其他框架的模型转换成 MXNet 的格式，并在 MXNet 框架上进行重训练，大多数情况下还会因为不同框架对于某种常用算子的定义不同而导致训练结果与预期不一致。

ONNX（开发网络交换格式）的出现使得这种情况得到一定程度的解决。如图 5-2 所示，ONNX 为不同模型转换提供了一种中间表示，只要深度学习框架统一支持 ONNX，那么就可以实现与其他框架之间的转换。另外，相同的工具还有微软公司提出的深度学习模型转换工具 MMdnn，如图 5-3 所示。MMdnn 旨在提供一种模型转换工具，而不需要其他深度学习框架像支持 ONNX 一样支持 MMdnn，因为 MMdnn 已经将这部分工作完成，给每个深度学习框架提供了适应框架本身的模型格式。

需要注意的是，尽管 ONNX、MMdnn 使得深度学习模型在不同深度学习框架之间的迁移变得容易，但是其本身并不提供计算图的运行环境，也意味着包括模型的训练、推理、应用部署仍然由各个深度学习框架完成。

144

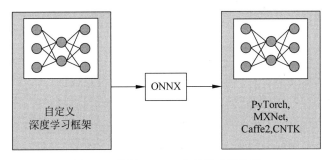

图 5-2　使用 ONNX 进行模型转换①

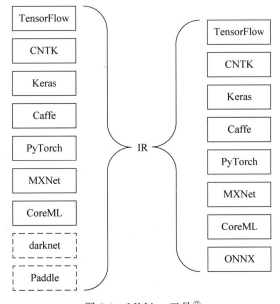

图 5-3　MMdnn 工具②

14．深度学习推理引擎与计算图

本书前文已经稍有提及，随着深度学习框架的发展，深度学习领域对于深度学习模型在不同框架之间迁移的需求促使了 ONNX、MMdnn 的出现。对于深度学习模型能够高效地在不同硬件平台上进行推理的需求促使了深度学习推理引擎的出现。

区别于深度学习框架，深度学习推理引擎并不支持训练，旨在从其他深度学习框

---

① 图片参考：https://onnx.ai/。

② 图片参考：https://github.com/microsoft/MMdnn。

架接受已经训练好的计算图,并对计算图进行足够优化后,将计算图高效地运行在不同的硬件平台上。因为深度学习推理引擎完成了从深度学习框架模型文件到不同加速硬件平台的端到端任务,类似于编译器用于完成不同编译器到不同处理器的任务一样,因此往往也称深度学习推理引擎为深度学习编译器堆栈(Compiler Stack)。

对于深度学习推理引擎而言,其输入便是来自于各个深度学习框架的模型文件,即由各个深度学习框架定义的计算图的表示方式。需要注意的是,ONNX 也是其中一种表示方式,只不过 ONNX 的出现使得这些深度学习推理引擎能够更加方便地支持不同框架,而不用重复地造轮子以支持各种框架模型。对于深度学习推理引擎的开发者而言,需要注意的是:

(1) 模型文件中需要同时包含计算图结构和模型参数。

对于 TensorFlow 而言,往往只需要 pb 文件,而对于 PyTorch 而言,由于模型参数和模型可能用同一个扩展名的文件表示,因此尤其需要注意模型文件是否同时包含了计算图的结构和模型参数。

(2) 计算图中应该只包含推理计算图。

正如前文所强调的,由于训练计算图和推理计算图包含很多不同的计算节点,即便是推理计算图,也有可能将文件的读取、预处理作为计算节点加入计算图,而推理引擎不一定支持这些操作。因此,一般而言,最终的推理计算图最好只包含神经网络推理的子计算图,即计算图的输入为神经网络的输入,例如形状为[32,1,28,28]的输入图像数据,计算图的输出为神经网络的输出,例如形状为[32,10]的输出概率数据。

根据实际需求,例如图像像素的格式能够转换成基本的向量运算,这种情况也可以有选择性地加入推理计算图,这需要模型文件定义和推理引擎的支持。

(3) 最好使用统一的模型文件格式。

ONNX 为深度学习提供了统一的计算图的中间表示,相应的也定义了一套专门用于深度学习推理的算子集,同时也提供了统一的模型保存格式(扩展名为 onnx 的文件),包含了计算图结构和模型参数。另外,各种深度学习推理引擎,例如 TensorRT、TVM 等都会很好地支持 ONNX 格式。

因此,将其他框架统一转换成 ONNX 再输入到深度学习推理引擎,能够很快地发现并解决前文所述的问题,同时能够很好地被推理引擎所支持。

5.1.2　深度学习推理优化原理

相比于训练阶段,深度学习模型推理阶段的计算流程相对固定,因此往往有更多的优化空间。为了提高深度学习应用的推理性能,层出不穷的优化方法被相继提出,有些从算法实现的角度优化,比如 FFT、Winograd 卷积能够降低算法复杂度;有些则从计算调度的角度优化,比如内核融合能够减少调度开销;而有些则从硬件架构角度优化,比如 TPU 引入脉动阵列来加速卷积计算。

结合各种优化方法,往往能够取得很大的性能提高。例如,某机器翻译团队介绍了他们如何优化机器翻译应用的推理性能,提到一个非常经典的案例。该团队通过内核融合、专用内核等优化方法,使得最后生成的 BatchMul 内核的性能比英伟达公司专业优化的 cuBLAS 函数库提升了 13 倍;通过进一步融合批量矩阵相乘内核的前后处理使得性能能够进一步提高 1.7 倍。实际上,各大公司采用的优化策略大致相同,其中最为经典的优化方法便是融合二维卷积、批量标准化、线性整流激活函数这三个算子,成为融合后的单内核 Fused-Conv2d-Bn-ReLU。这一招被各大公司屡试不爽,甚至能够取得比英伟达公司的深度学习加速库 cuDNN 中人工优化后的内核更高的性能。

总体而言,深度学习推理优化大致分为两个层次的优化:一是计算图优化,该优化向上抽象了深度学习的常用计算,包括内存分配、内核融合、计算调度等和硬件无关的优化;二是内核优化,该优化向下抽象了底层硬件的计算特性,包括数据排布、循环展开等和硬件强相关的优化。

1. 传统深度学习框架下的推理流程

在传统深度学习框架中,不管采用何种编程风格(声明式编程或命令式编程),以及计算图在什么时候构建(静态图或者动态图),一旦开始进行深度学习模型的推理计算,输入的数据总是会按照固定的计算流程进行,这样的计算流程可以被看作一个固定的程序。

如果把每一个算子在推理阶段的计算当作一个带有参数的函数,比如卷积算子根据输入参数配置完成不同的卷积运算,那么整个深度学习模型的推理计算等同于如代码 5-11 所示的函数定义。其中,计算流程由多个算子对应的函数按照类似于 TensorFlow 静态图的方式构建起来,其中还会带有简单的控制流。

在代码 5-11 中,conv、pooling、fc 分别表示卷积、池化以及全连接算子的实现函数,它们可以根据不同的参数配置(params1、params2、params3)对数据(A、B、C)完成不同的运算,整个计算过程在参数配置(params)下完成输入数据(A)到输出数据(B)的计算。

```
void inference(A, D, params)          // 模型推理过程
{
    if (condition) {                  // 分支跳转
        conv(A, B, params1);          // 卷积内核函数
    }
    else {
        conv(A, B, params2);          // 卷积内核函数
    }
    pooling(B, C, params3);           // 池化内核函数
    fc(C, D, params4);                // 全连接内核函数
}
```

代码 5-11　推理计算图的抽象

　　Caffe 正是一种以非常直接的方式完成代码 5-11 中的推理计算图抽象实现的深度学习框架。Caffe 中定义了常见的算子集,每种算子都有相应的 CPU 或者 GPU 实现,同时算子实现都考虑了不同参数配置的情况。算子以层(Layer)的形式出现在 prototxt 中,算子与算子之间的连接关系通过 LayerParameter 中的 bottom 和 top 字段定义。在实际推理过程中,Caffe 解析出模型所需要的算子和算子间的连接,在算子库中找到对应的算子实现,并按照一定的顺序执行这些算子实现函数,由此便能够完成对于输入数据的处理。

　　在以上流程中,具体硬件平台上实现算子计算的函数称为内核函数(Kernel Function),而代码 5-11 中实际内核函数调用的过程称为执行图(Execution Graph)。当然,在实际的系统中,内核调用的实现比这个更复杂,还会包括内存管理、数据同步等复杂操作。以 CPU+GPU 组成的异构计算系统为例,通常情况下,GPU 运行具体的内核函数,执行相应计算,而 CPU 则负责内存管理、数据搬移、计算调度等复杂管理。

　　不管是基于静态图的 TensorFlow,还是基于动态图的 PyTorch,在推理过程中都要完成推理计算图的解析,执行图的构建,进而实现多种内核函数的调用。而如今大多数的深度学习框架在 CPU 或者 GPU 上进行加速时,都会调用 cuBLAS、cuDNN、OpenBLAS 等加速库中的内核函数。因此,从编译器的角度而言,目前的深度学习框架完成的工作更像是编译器的前端,但区别在于不同框架提供了不同的特定域语言和开发者灵活度。

　　理解代码 5-11 中对于推理计算图的抽象以及不同框架的实现方式对于理解推理

优化方法和推理引擎的原理至关重要。

2. 计算图优化

计算图优化不涉及具体的硬件平台,主要从内存管理、内核调用、数据同步等角度对计算图进行优化。

1) 优化内存分配方式

在进行深度学习模型的推理计算时,模型参数、输入输出数据、中间表示都需要大量的存储空间。为了避免每次推理之前重新分配存储空间,一般的深度学习框架的做法是,在推理任务开始之前为每个节点的输入和输出,以及模型参数的形状开辟存储空间,多次推理过程复用同一片存储空间。Caffe 就是这种做法,因此 Caffe 要求在prototxt 文件中明确指出输入数据的形状。

随着深度学习模型的发展和迭代,不仅输入数据的形状可能发生改变,就连模型本身也会发生改变,因此按照固定形状一次性开辟显存的方法就不能满足需求了。目前的深度学习框架一般采用动态分配的方式,以代码 5-12 中 TensorFlow 代码为例,用于数据输入的占位符能够接收不同形状的数据[None, 224, 224, 3],其中 None 表示该维度信息需要在运行时才能确定,而之后的所有相关张量形状都需要在运行时根据这个维度信息计算得到。

```python
import numpy as np
import tensorflow as tf

# 定义占位符
input_tensor = tf.placeholder(tf.float32, shape = (None, 224, 224, 3))

with tf.Session() as sess:
    input_data_0 = np.random.rand(16, 224, 224, 3)
    input_data_1 = np.random.rand(32, 224, 224, 3)
    print(sess.run(input_tensor, feed_dict = {data_input:
input_data_0}).shape)              # (16, 224, 224, 3)
    print(sess.run(input_tensor, feed_dict = {data_input:
input_data_1}).shape)              # (32, 224, 224, 3)
```

代码 5-12   TensorFlow 中占位符的形状可变

这种方法虽然能够提供开发者足够的灵活度,使得计算图能够得到复用,但是同样也带来了很严重的开销。一方面,需要在运行时计算所有相关张量的形状;另一方面,所有相关张量的存储空间都需要动态分配。为了解决以上开销,TensorFlow 直接在运行前开辟一大片存储空间,同时采用专门的存储空间管理器管理不同张量的存储空间的分配,然而这种管理器同样也有开销,且不一定能够达到最优化的存储空间管理。

实际深度学习应用的推理过程的输入往往是固定的,因此完全可以采用类似 Caffe 的做法,即在推理任务开始前统一分配所需存储空间,能够避免存储空间动态分配的开销。目前的深度学习推理引擎,例如 TVM、TensorRT,都会要求指定输入数据的形状,即便是专用于推理的模型文件,例如 ONNX、TFLite,也会要求在模型转换之前指定输入数据形状,这些做法都是出于减少存储空间分配开销的目的。

2) 指定合适的批量大小

批量大小的选择能够极大地影响模型的推理性能,往往体现为:随着批量大小的增长,模型的推理性能逐渐提高并趋于峰值。造成这种现象的原因是,较小的批量大小不一定能够充分发挥硬件的计算资源。以本书前面介绍的昇腾 AI 处理器中 AI Core 的计算主力矩阵计算单元为例,如果用于计算的矩阵小于 16×16,那么为了能够进行正常的计算,往往会采用补零的策略,这样就浪费了计算资源。随着批量大小的增长,这种计算资源浪费的比例会逐渐变小,最后整体推理性能趋向峰值。

目前,有很多加速器架构的研究都热衷于拿 GPU 作为对比对象,但往往会因为批量大小选择不合适,使得 GPU 的内存带宽以及计算资源都没有用满,计算性能远远没有发挥到峰值,因此这种情况下的对比不能想当然地认为就是公平的。

当然,在实际深度学习推理任务中,并不是批量越大越好。一方面,深度学习模型在特定硬件平台上的推理性能有相应的理论计算性能峰值,这种峰值往往会受限于内存带宽或者计算资源,通常这种峰值可以通过 Roofline Model[①] 分析得到;另一方面,增加批量大小的同时会增加系统的处理延迟,在无人驾驶等场景下,系统的实时性要求往往有更高的优先级,过高的延迟是不能容忍的。而在视频领域,尽管系统的处理带宽更为重要,但是也需要在达到计算性能峰值的情况下,尽可能地降低延迟。因此,在实际场景中,往往需要根据系统时延和性能之间的取舍决定最为合适的批量大小。

---

① 参见 https://en.wikipedia.org/wiki/Roofline_model。

3）通过精细的内存管理实现内存复用

随着深度学习的发展,神经网络也逐渐出现了各种各样的特殊结构,比如图 5-4 中的残差结构,图 5-5 中的 Inception 结构。尽管这些网络结构增加了计算图的复杂性,但是在实际推理过程中,可以通过精细的内存管理来消除某些操作。

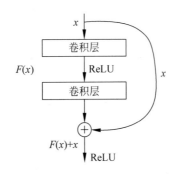

图 5-4　ResNet 中的残差结构[①]

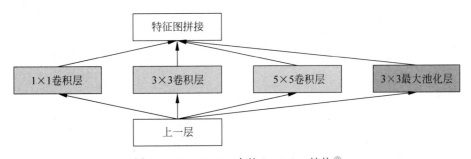

图 5-5　GoogLeNet 中的 Inception 结构[②]

以图 5-4 中的残差结构为例,输入数据 x 需要一直保留在内存中直到两层卷积层全部计算完后再和最后一层卷积层的输出 $F(x)$ 累加得到最后的输出 $F(x)+x$。以图 5-5 中 Inception 结构为例,上一层输出数据需要同时作为 conv 1×1, conv 3×3, conv 5×5 以及 maxpooling 3×3 这 4 个算子的输入,之后这 4 个算子的输出需要按照特征图通道维度合并。因此,可以只针对上一层的输出 A 和最后合并的数据 B 分配内存。一方面,这 4 个算子的输入可以共用 A 的内存;另一方面,相应的输出则可以通过准确的内存计算分别指向 B 中的不同位置。这种情况下,等这 4 个算子都完成计算后,那么相应的输出数据已经按照需要的格式拼接好,而不需要额外的内存搬移。

---

①　参考论文 *Deep Residual Learning for Image Recognition*。

②　参考论文 *Going deeper with convolutions*。

4）尽可能消除模型中的控制逻辑

从代码 5-11 中的代码可以看到，在实际的推理计算图中会存在 if 或者 while 等控制逻辑，尽管这些控制操作往往由逻辑控制能力强大的 CPU 来完成，但是同样会带来调度开销。比如，if 语句的存在使得系统需要同时维护两条不同分支的内存和内核函数调度信息，while 语句则会引入更为复杂的内核调度和内存管理。另外，如果这些控制逻辑需要根据实际的数据而得，那么还可能涉及不同存储空间之间的数据搬移，从而引入新的开销。

这些控制逻辑的存在是由很多原因造成的，有些是出于能够在训练和推理测试时控制计算流的目的，比如通过控制标志来有选择性地绕过某些计算；有些则是模型本身需要引入这些控制逻辑，比如为了能够支持自然语言理解中的解析树等。像 TensorFlow Fold 会将需要动态图才能支持的计算通过带有逻辑控制的静态图来实现。对于前者，由于实际应用场景中计算流程的固定，这些控制信息往往预先可知，可以完全消除这些控制逻辑以减少调度开销。而对于后者，由于无法消除这些控制逻辑，则需要妥善地管控控制流和数据流，尽可能减少开销。

5）合理使用模型中的并行计算

在传统的诸如 LeNet-5、VGG 等卷积神经网络中，由于整个网络由多个算子依次排列组成，因此整个计算过程可以被看作多个内核函数的串行执行，这种串行执行的流程称为计算流（Computing Stream）。但在图 5-5 所示的 Inception 结构中，由于中间的 4 个算子共用输入，彼此之间不存在数据依赖，因此这 4 个算子的计算可以被看作 4 个独立的计算流，这就带来了并行计算的可能性。

以 GPU 为例，不同的计算流可以在同一块 GPU 上并行运行，也可以在多块的 GPU 上分布式地运行，最后再通过一个同步机制同步数据，这样的机制能够提升整体计算性能，降低延迟。

在实际的应用场景中，不一定需要模型本身具有特殊结构才能分离出相互独立的计算流，而是可以将内核函数或者一个计算流进行拆分得到相互独立的计算流，但是相应地也会带来大量的数据同步，因此只要能够妥善地完成并行计算的划分和数据同步，就能提升深度学习模型的推理性能。当然，实际的分布式系统会更为复杂，会涉及不同设备之间的通信和所有设备的统一管理，但本质上是为了通过并行计算的方式提升整体性能。

6）优化神器——内核融合

为了提供足够的灵活度，大多数深度学习框架都会提供代数运算粒度的算子，比如向量的加、减、乘、除,矩阵相乘等。这些算子通常通过调用专门的线性代数库(如cuBLAS、OpenBLAS 等)中的内核函数来高效实现。尽管这些细粒度的算子提供了足够的灵活度,但是由于抽象层次较低,因此在实际推理计算图中,往往会包含数百个这样的算子,进而转换成数百次内核调用。频繁的内核调用会极大地增加系统的调度开销以及内核启动开销,这些开销中就包括极为昂贵的内存读写,进而影响推理性能。以批量标准化运算为例,其运算可以由一系列的 Broadcast、Reduce、Element_wise 等操作组合而成。这种情况下,一个算子往往就包含多次内核调度,中间数据会频繁地在寄存器与内存之间来回读写,相应的开销是非常大的。

　　将多个内核函数的计算融合成一个内核函数的计算就是所谓的内核融合,内核融合能够减少内核调用的开销,从而提升整体推理性能。英伟达的 cuDNN 库便是将深度学习领域常用的算子高效实现,比如卷积、池化等算子。其本质就是通过手工来融合内核,但这样往往需要投入大量的人力。同时,即便提供了常用的融合内核,实际的推理计算图中仍然有许多细粒度的内核没有融合,因此为每一个计算图的内核函数进行手工融合并不是一种很容易扩展的方法。

　　内核融合一般包括以下几种类型:

　　如图 5-6 所示,常量值与常量运算可以在优化过程中直接计算,而不用在运行时再进行计算,这种方式和 C++ 中的 constexpr 语法非常相似。同时,凡是可以直接用常量替代的都使用常量替代。

　　如图 5-7 所示,简单的细粒度的线性运算可以直接融合,用一个内核函数完成所有运算,必要情况下还需要对相应的计算进行表达式层面的优化,比如公共子表达式消除等。

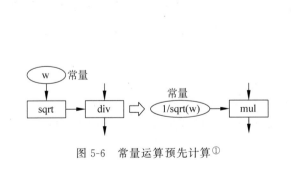

图 5-6　常量运算预先计算[①]

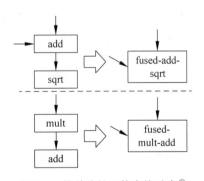

图 5-7　简单线性运算直接融合[①]

[①]　图片参考 TVM 社区。

如图 5-8 中 GoogLeNet 网络中典型的 Inception 结构所示，Conv、BN、ReLU 这 3 个算子多次一起出现，可以将这 3 个算子融合成一个算子 Fused-Conv-BN-ReLU (CBR)。经过融合后，计算图的结构会变成图 5-9 所示的结构，之前 6 组{Conv，BN，ReLU}算子对，一共 18 次内核函数调用，最后被转换成 6 个 CBR 融合算子，只需要 6 次内核函数调用。

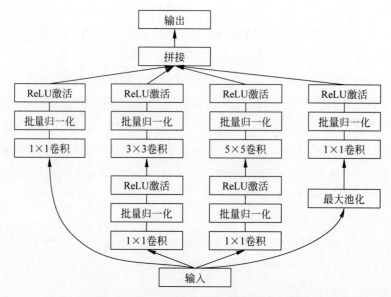

图 5-8 GoogLeNet 中典型的 Inception 结构①

如果同一类型、同样参数的算子的输入相同，那么这些算子也可以进行融合。如图 5-9 所示，由于自左向右前 3 个分支的 3 个 1×1 的 CBR 融合算子都是同一种算子，具有相同的参数配置（如卷积核大小、步长等），并且还共用同样的输入数据，那么这 3 个 CBR 融合算子可以进一步融合成一个 CBR 算子。如图 5-10 所示，可以将这 3 个 1×1 的 CBR 算子融合成一个 1×1 的 CBR 算子，只进行一次计算即可，进一步提高了计算性能。

内核融合一般都会包含以下步骤：

（1）对计算图进行一些基本的优化，包括常量值计算，表达式优化等。

（2）检测出计算图中可以融合的节点，这些节点应该是一段连续的子图。

---

① 图片参考链接：https://devblogs.nvidia.com/deploying-deep-learning-nvidia-tensorrt。

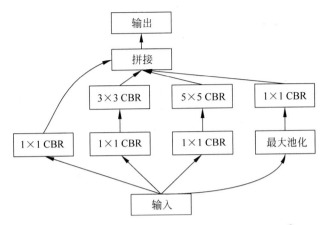

图 5-9　对卷积、批量归一化、ReLU 激活进行融合[①]

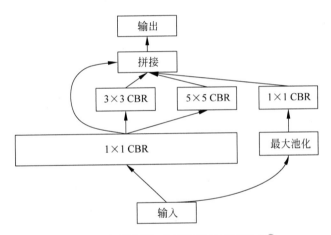

图 5-10　相同配置、相同类型的算子融合[①]

（3）为给定的融合子图生成相应的内核函数代码，这些代码可以是与硬件直接相关的代码，也可以是统一的中间表示，最后再由相应的编译器编译成特定硬件上的指令，生成融合内核。

（4）用融合内核直接替换原计算图中的子图，在实际运行过程中，直接调用融合内核。

7）用可以更高效实现的计算节点来替换现有节点

这一类优化包括模型量化、使用高效实现的 FFT 和 Winograd 卷积等。前者利用

---

①　图片参考链接：https://devblogs.nvidia.com/deploying-deep-learning-nvidia-tensorrt。

神经网络的鲁棒性,将原本昂贵的高精度浮点运算转换成低精度整型数运算,使得在算法精度损失不大的情况下,提高了计算性能;后者则将原本复杂的计算通过空间变换转换成相对简单的、高度硬件优化的计算,从而提高了计算性能。

实际上,这一类优化应该属于算法层面的优化,应该在计算图中明确指出,但是由于这些优化往往涉及硬件架构,因而在软硬件协同设计的潮流下,这部分优化往往由推理引擎来完成。比较有趣的是,英伟达公司深度学习加速库 cuDNN 对于卷积实现同时提供了正常通用矩阵计算版本和 Winograd 版本,能够基于输入数据的形状动态选择,而开发者和框架都察觉不到这种优化。

值得一提的是,算法上的优化,也会影响硬件架构设计,比如模型量化的普及导致了 GPU 中加入了专门以 FP16、INT8 等为基本计算单元的张量核,而 Winograd 卷积的提出也导致专门针对 Winograd 卷积设计的加速器硬件架构的出现。因此,如何在算法层面感知不到的情况下充分利用硬件架构上的优势也给深度学习推理引擎带来了挑战。

3. 内核函数优化

内核函数优化的目标是提高内核函数的性能,这会涉及具体的硬件架构,存储层次结构以及不同的并行方式。内核函数优化一般采用数据排布优化、循环展开、数据变化等方式优化。

1) 循环展开和矩阵分块

一个算子的内核函数通常由循环和计算表达式组成,比如前文中提到的用 CPU 实现卷积运算便是由层数高达 6 层的循环和乘、加运算组成。从算法的角度而言,GPU、TPU 能够加速深度学习应用计算的原因在于它们把在 CPU 上原本需要一个循环才能完成的运算通过并行计算的方式用一次向量或者张量运算就能完成,这也正是前文中提到的各种卷积核运算或二维矩阵运算的优化方式,这些优化方式都在某种程度上利用了硬件中计算资源的并行度。

如代码 5-13 所示,以矩阵相乘为例,如果使用标量运算,那么需要在 M、N、K 这 3 个维度循环才能完成矩阵相乘运算,时间复杂度为 $O(N^3)$。如果使用向量运算(假设向量组足够宽),则可以把 K 维度的循环转换成两个向量的乘、加运算(MAC),那么只需要两个循环就能完成计算,时间复杂度为 $O(N^2)$。如果进一步使用矩阵运算(假设张量组足够大),则可以把整个矩阵运算转换成一次二阶张量运算,时间复杂度为 $O(1)$。

```
int A[M][K], B[K][N], C[M][N];
// 标量运算 3 层循环
for (int i = 0; i < M; i++) {
    for (int j = 0; j < N; j++) {
        for (int k = 0; k < K; k++) {
            C[i][j] += A[i][k] * B[k][j];
        }
    }
}
// 向量运算两层循环
for (int i = 0; i < M; i++) {
    for (int j = 0; j < N; j++) {
        C[i][j] = mac(A[i][ * ], B[ * ][j]);
    }
}
// 矩阵运算没有循环
C = gemm(A, B);
```

代码 5-13　矩阵算法的复杂度

由此可见,硬件平台可以通过支持特定的、有大量并行计算的运算资源来降低算法的时间复杂度,这些并行计算有些直接体现在硬件电路里(比如 TPU 的脉动阵列),有些则需要指令集的配合(比如向量运算指令),而有些则体现在一个内核函数中,即指令集的组合(比如 cuBLAS 库中的通用矩阵相乘)。但无论怎样,从内核计算的角度而言,这些并行计算都会在整体上被当作一次高度优化的运算,比如 Winograd、FFT 运算等,而不涉及实际的硬件实现。

当然,实际的内核函数的运算不会像代码 5-13 中展示的那么简单,因为硬件支持的并行程度往往有限,比如昇腾 AI 处理器中矩阵计算单元最大支持两个 16×16 大小的矩阵乘法操作,而实际矩阵的维度可能大于 16×16。这种情况下则需要对矩阵进行拆分以适配实际硬件的运算能力,因此就需要对代码 5-13 中的循环进行合理展开。

如代码 5-14 所示,通过矩阵分块的方式,可以将任意大小矩阵相乘转换成最终矩阵计算单元能够支持的 16×16 的矩阵运算。代码 5-14 中展示的这种将分块与运算结合的方式就是循环变换的一种。除此之外,还有类似循环融合、循环重排序等方式,其目的都是希望根据硬件运算的特点对循环体进行转换,比如代码 5-15 中的循环合并,能够将两个循环的计算合并成一个循环,减少循环本身带来的开销。

```
int M_dim = (M + 15) / 16;
int N_dim = (N + 15) / 16;
int K_dim = (K + 15) / 16;
int A_split[M_dim][K_dim][16][16];
int B_split[K_dim][N_dim][16][16];
int C_split[M_dim][N_dim][16][16];
for (int i = 0; i < M_dim; i++) {
    for (int j = 0; j < N_dim; j++) {
        for (int k = 0; k < K_dim; k++) {
            C_split[i][j] += gemm(A[i][k], B[k][j]);
        }
    }
}
C_split --> C
```

代码 5-14　根据矩阵计算单元的运算展开矩阵运算(伪代码)

```
int A[N], B[N];
// 转换之前
for (int i = 0; i < N; i++) {
    B[N] = A[N] * 2;
}
for (int i = 0; i < N; i++) {
    B[N] = B[N] + 1;
}
// 转换之后
for (int i = 0; i < N; i++) {
    B[N] = A[N] * 2 + 1;
}
```

代码 5-15　循环合并

2) 优化数据的存储顺序

在深度学习框架中,多维数据通过多维数组存储,比如卷积神经网络的特征图用四维数组保存,4 个维度分别为批量大小(Batch,N)、特征图高度(Height,H)、特征图宽度(Width,W)以及特征图通道(Channels,C)。但是由于数据只能线性存储,因此这4 个维度有对应的顺序。麻烦的是,不同深度学习框架会按照不同的顺序存储特征图数据,比如在 Caffe 中,排列顺序为 [Batch,Channels,Height,Width],即所谓的

NCHW。而在 TensorFlow 中，排列顺序则为[Batch, Height, Width, Channels]，即所谓的 NHWC。如图 5-11 所示，以一张格式为 RGB 的图片为例，NCHW 实际存储的是"RRRGGGBBB"，同一个通道的所有像素值顺序存储在一起，而 NHWC 实际存储的则是"RGBRGBRGB"，多个通道的同一位置的像素值顺序存储在一起。

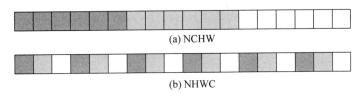

(a) NCHW

(b) NHWC

图 5-11　NCHW 和 NHWC[①]

尽管存储的数据相同，但是不同的存储顺序会导致数据的访问特性不一致，因此即便进行同样的运算，相应的计算性能也会不同。以 RGB 转灰度值的任务为例，图 5-12 和图 5-13 分别展示了两种存储方式的对应计算方式。

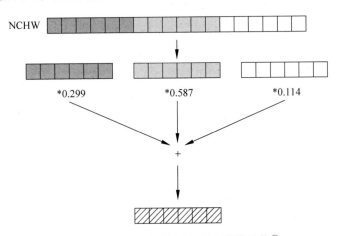

图 5-12　NCHW 实现 RGB 转灰度值计算[①]

在图 5-12 中，由于 NCHW 中同一通道的所有像素值顺序存储，因此只有等到每个通道的所有像素值都和其对应的因子相乘后，才能进行累加，但一次累加就能同时得出所有像素的结果，计算规律性强，控制简单。但因为只有等到所有通道的输入数据准备好才能开始计算最终的输出结果，因此这种存储方式一方面对内存带宽的需求很大，另一方面需要占用较大的临时空间。

---

① 图片参考链接：https://mp. weixin. qq. com/s/I4Q1Bv7yecqYXUra49o7tw。

在图 5-13 中,由于 NHWC 中不同通道的同一位置像素值顺序存储,输入数据由多组 RGB 像素组构成,因此多个像素组可以通过组内计算直接获得输出像素值,拼接多个像素组计算之后的值便能够最终输出结果。由于每一组只需要获得 3 个输入数据便能够完成计算,所以计算出第一个像素值的延迟较低,且只需要较小的临时空间。实现上整个计算过程往往是采用边读边算的方式来异步进行,尽量掩盖内存读取的时间,对于内存带宽的要求相对较小。但是由于每个像素组的计算启动时间都不相同,所以整个计算过程控制起来比较复杂。

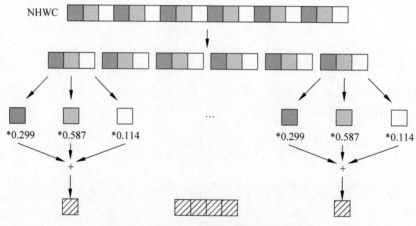

图 5-13　NHWC 实现 RGB 转灰度值计算①

造成这种现象的原因在于:一方面,数据必须按照一定的顺序线性地存储在存储器中;另一方面,同样只有线性地访问存储器中的数据才能最大化利用存储器的读写带宽。因此,对于 NCHW 和 NHWC 的选择不能一概而论,而需要根据实际应用的具体要求来看。比如 NCHW 更适合那些需要对每个通道单独做运算的操作,如神经网络中的池化层;而 NHWC 则更适合需要对不同通道的同一像素做某种运算的操作,如 1×1 卷积。一般而言,NCHW 更适合 GPU 运算,因为正好可以利用 GPU 的大内存带宽,重规则性计算的特点。而 NHWC 更适合多核 CPU 运算,因为 CPU 的内存带宽相对偏小,但计算控制复杂灵活。因此,深度学习加速库 cuDNN 就使用 NCHW 作为默认格式,而 TensorFlow 之所以采用 NHWC,是因为 TensorFlow 早期主要是利用 CPU 进行加速。

除了通道维度 C 的顺序外,基于同样原因,图像的高度 H 和宽度 W 的顺序也会影响计算性能,这也是为什么很多运算会关注数据是行优先(Row-Major)还是列优先

---

① 图片参考链接:https://mp.weixin.qq.com/s/I4Q1Bv7yecqYXUra49o7tw。

(Column-Major)的主要原因。

当然,很多时候数据并不一定按照其本身的实际意义排布,往往会根据具体的运算需求而改变其存储格式和顺序,比如代码 5-14 中的矩阵 A[M][K] 就被切分成 A[M_dim][N_dim][16][16]。这是因为昇腾 AI 处理器中的 AI Core 只能支持大小为 16×16 的矩阵运算,同时输入的左矩阵和右矩阵之间也有相应的顺序,因为两个相乘的矩阵中的一个需要按照行优先访问,另一个则需要按照列优先访问。因此往往在进入矩阵计算引擎之前,会通过软件或者专用硬件对需要的数据进行重新排列以达到最优的计算效率,这也正是深度学习引擎所关注的。

因此,在进行深度学习模型推理之前,可以根据实际的硬件结构和计算资源,对模型参数的存储顺序进行转换,对于输入数据和中间数据而言,则需要在运算过程中进行转换。在实际变换过程中,往往需要考虑具体的配置和优化策略,这就涉及下文的专用内核的概念。

3)专用内核

目前深度学习框架调用的内核都是预编译的,比如 Caffe 中每一层的计算都有专门的 C++ 和 CUDA 版本实现。一旦编译过后,相应的内核就只能完成固定的计算逻辑。因此,为了满足不同配置的计算,相应的内核函数必须设计得比较通用,需要有对应的参数,比如卷积的内核函数需要有输入数据形状、卷积核大小、卷积步长等多个参数。在代码 5-11 的推理计算图的抽象中,不同的卷积函数调用的是同样的内核,只不过相应的参数不一样,因此能够对数据做不同的处理。

这种内核虽然能够提供足够的灵活度,但是往往不能达到最优的性能,其原因在于:一方面,不同的参数配置势必会带来大量的在线计算和在线控制逻辑,这都会影响推理性能;另一方面,想要充分优化内核计算,往往需要精心的数据排布和循环优化等,然而不同的参数配置使得这种优化变得异常的困难。尽管可以通过一些合理的规则来自动划分计算,但是相对于手工精心优化的代码仍然有很大的差距。

英伟达公司的深度学习加速库 cuDNN 和线性计算库 cuBLAS 在某种程度上想通过专用内核来解决此类问题,即为某些特定的参数配置手工优化内核版本。cuDNN 提供了多种精心优化过的卷积实现,这其中包括不同的精度实现(FP32、FP16)、不同的实现方法(通用矩阵相乘、Winograd 卷积),并且 cuDNN 会根据输入参数配置自动选择最优的卷积算法。然而这类库本身是预编译的,因此只能在实际运行过程中尽可能选择最优的内核版本;其次,即便采用了专用的内核,也只能在某些参数配置上专用,比如卷积核大小固定为 3×3。

这种定制内核产生的问题体现在表 5-1 中。其中,cuBLAS 库中批量矩阵相乘内核实现了一定程度上的专用优化,但是为了满足不同矩阵形状的适配,系统会通过补零将矩阵统一填充到特定的形状来计算,因此,不管输入形状是多少,其计算量恒定,这对于小矩阵而言就会浪费很多的计算资源。最后,类似于 cuDNN 和 cuBLAS 这样的库往往需要大量的工程师投入大量的时间来优化,并且这项工作本身就需要极为丰富的实践经验,所以想要针对每一种情况和每一个案例都达到极致优化是不可能实现的。

表 5-1 cuBLAS 中批量矩阵相乘的问题[①]

输入形状 [批次, M, N, K]	核 心	理论计算量 /FLOP	实际计算量 /FLOP	理论计算量 实际计算量 /%
[512, 17, 17, 128]	maxwell_sgemmBatched_128×128_raggedMn_tn	18939904	2155872256	0.87
[512, 1, 17, 128]	maxwell_sgemmBatched_128×128_raggedMn_tn	1114112	2155872256	0.052
[512, 17, 1, 128]	maxwell_sgemmBatched_128×128_raggedMn_tn	1114112	2155872256	0.052
[512, 30, 30, 128]	maxwell_sgemmBatched_128×128_raggedMn_tn	58982400	2155872256	2.74

为了解决上述问题,目前业界的一种流行方法就是为深度学习应用的计算开发专门的内核。因为深度学习应用中常见的计算逻辑已经比较固定,包括数据形状,各类计算节点的配置,完全可以根据这些信息统计耗时最多的操作设计专门的内核。对这些内核进行足够多的优化,在实际运行过程中调用这些专用内核,则可以极大地提高推理性能。这种方法本质上是抛弃了预编译的内核,引入了新的编译过程,而这个编译过程能够拥有更多的参数信息,从而能够更好地指导优化。

目前,许多深度学习推理引擎希望把这个过程自动化,即在拥有足够信息的情况下通过编译自动地生成高效的专用内核,从而代替手工优化的过程。目前随着深度学习推理引擎的发展,这些自动生成的内核能够达到手工优化内核性能的 70%~80%。因此,通过深度学习推理引擎的编译器,整个深度学习模型都有望能够用专用内核来实现,从而提高整体的推理性能。另外,如果能适当配合手工优化,这些自动生成内核的性能有可能赶上甚至超过纯手工优化内核的性能。

5.1.3　深度学习推理引擎

深度学习推理引擎只关注深度学习模型的推理阶段,这种工具的出现有两个目

---

① 数据参考云栖社区:https://yq.aliyun.com/articles/569539。

的：一方面，推理引擎解析来自各个深度学习框架的模型文件描述的计算图结构和模型参数，并将其转换成统一的计算图级别的中间表示，并可以进一步转换成其所支持硬件平台的执行图，即具体硬件平台的内核调用，以提供从各种框架模型到各种硬件平台的部署能力；另一方面，基于计算图中间表示，推理引擎综合采用各种优化方法，以提高深度学习模型在实际硬件执行过程中的推理性能。

目前，深度学习推理引擎大有百花齐放的趋势。各大公司和团队都在利用各自独家支持的底层硬件不辞辛劳地"造轮子"，比如 DMLC 提出的 TVM，英特尔公司提出的 nGraph，英伟达公司专为其 GPU 打造的 TensorRT，脸书公司提出的 Tensor Comprehensions，谷歌公司的 TensorFlow XLA，百度公司的 Anakin，阿里公司的 MNN 等。尽管整个行业看上去欣欣向荣，但实际上大家完成的都是基本类似的工作，即各自定义一套专用于深度学习的中间表示，打通一条 DSL→Deep Learning IR→LLVM IR→Target 的过程，并在中间加入各种优化。这种开发方式也确实可以称为深度学习编译器。

由于不同深度学习推理引擎的侧重点不一样，且采用了不同的抽象层次和优化策略，因此往往也存在着较大的差距。比如 TensorRT 只关注如何提高深度学习模型在 GPU 架构上的推理性能，因此不论是计算图的优化还是底层内核的优化都会考虑其 GPU 的架构，这与其他推理引擎迥然不同。又比如，TensorFlow XLA 使用 LLVM 中间表示来描述各个算子，能够复用 LLVM 的一系列前端优化手段。而相比之下，Tensor Comprehensions 则更为激进，使用 Halide 中间表示来描述底层计算，通过采用各种编译器理论中的优化方法，针对特定硬件架构对底层的计算循环进行变换和优化。

本小节的重点是介绍业界最为出名的 Tensor Virtual Machine(TVM)，详细介绍 TVM 的抽象层次和优化方法。相比于其他的深度学习推理引擎，TVM 不仅有计算图级别的中间表示 NNVM 和 Relay，还加入了 Halide 中间表示作为下层的计算支撑。这种良好的抽象层次一方面提供了扩展到其他硬件架构的能力，另一方面使得开发者能够直接使用定义清晰的特定域语言来描述所有算法，能够使用功能完善的 TVM 原语来完成底层计算的定义和调度。同时，TVM 还有 AutoTVM 机制提供了搜索算法使得开发者能够快速地针对特定硬件架构找到最好的优化方案。另外，TVM 完善的代码生成机制能够快速地基于计算定义和计算调度生成指定硬件平台的代码。总而言之，TVM 使得深度学习推理引擎不再是一个黑盒，方便开发者能够快速知晓并参与模型的优化，同时，了解 TVM 更有助于理解后续昇腾 AI 处理器上相关的编程知识。

1. TVM 的第一代计算图中间表示——NNVM

NNVM 是 TVM 最早的计算图中间表示,实际上 NNVM 这个概念早于 TVM。早在 2016 年,陈天奇等发现想要让深度学习框架对所有硬件都做良好的支持是不可持续的。然而幸运的是,一样的问题也曾经出现在编译器领域,当时的编程语言层出不穷,CPU 架构也在不断翻新,想要一个编译器能够很好地支持所有后端非常困难。LLVM 的出现有效地解决了这个问题,其通过很好的模块划分将编译器的前后端隔离。因此,凡是出现新的编程语言,只要开发相应的前端将编程语言转换成 LLVM 中间表示;而凡是出现一个新的硬件架构,只需开发对应的后端对接 LLVM 中间表示即可。受 LLVM 的思想启发,陈天奇等提出了 NNVM 的概念。

NNVM 相当于深度学习领域的 LLVM,是一个神经网络中比较高级的中间表示模块,通常称为计算图。前端框架只需要将其计算表达成 NNVM 中间表示,之后 NNVM 则统一地对图做必要的与具体硬件和框架无关的操作和优化,包括内存分配,数据类型和形状的推导,算子融合等,之后再使用各种编译后端生成后端硬件代码。通过模块化各个部件,NNVM 使得深度学习框架能够同时适应前端编程环境和后端硬件的快速发展。与 NNVM 同一时代的计算图中间表示还有英特尔公司的 Nervana Graph(nGraph 的前身),都是完成同样的工作。

但是 NNVM 的抽象层次注定其不能做更底层的优化,因此,在 NNVM 的基础上,陈天奇又在 2017 年提出了 NNVM 编译器,引入了张量级优化的 TVM。其中,NNVM 用于计算图,目标是将来自不同深度学习框架的计算图转换为统一的计算图中间表示,对其进行计算图的优化后,进而转换为执行图。TVM 则用于张量运算,其提供了一种独立于硬件的底层计算中间表示,采取各种方式(分块、缓存等),对相应的计算进行优化。这样的组合 TVM-NNVM 编译器堆栈也被描述为"深度学习到各种硬件的完整优化工具链"。

2. TVM 的第二代计算图中间表示——Relay

在目前的 TVM 版本中,NNVM 已经被其继任者 Relay 所替代。Relay 是第二代 NNVM,于 2018 年引入 TVM 编译器堆栈,Relay 的出现有其相应的动机。

传统的深度学习框架都采用计算图来表示深度学习应用,同时将计算图作为其输入、中间表示以及执行时的数据结构,NNVM 的出现也正是沿着这条思路提出了统一的计算图表示方式。

典型的基于计算图的深度学习框架便是 TensorFlow。TensorFlow 通过采用计算图先定义后运行的编程模型，这种方式能够支持绝大多数最先进的深度学习模型，使得 TensorFlow 被广泛使用在深度学习领域。正如前文所说，TensorFlow 本质上定义了一种高层次的特定域语言，使得其用于定义计算图的代码和其他 Python 代码相差很大，不能直接使用 Python 的各种高级语言特性。再加上计算图先定义后运行的特点，使得 TensorFlow 存在以下缺陷：

（1）不能很好地支持控制流，即分支跳转、循环等。

（2）不能支持那些计算输入形状取决于输入的模型，例如 word2vec 等。

尽管 TensorFlow 有诸如 tf. cond 和 tf. while_loop 的控制接口能够在某种程度上解决第一个问题，而另外的工具诸如 TensorFlow Fold 能够解决第二个问题，但是这些方式对于刚刚接触深度学习框架的程序员来说都不是特别的友好。

以 PyTorch 等为代表的基于动态图的框架解决了以上问题。这些框架摒弃了 TensorFlow 中计算图先定义后运行的模式，而是采用了计算图在运行时定义的模式，这种计算图就被称为动态图，相应的编程方式也成为命令式编程。PyTorch 将基本的原语嵌入 Python 中，可以用到 Python 的各种高级特性，因此，计算图的控制流由 Python 解释器定义，数据流的具体计算由 PyTorch 的基于 Python 的框架代码执行。

然而，PyTorch 这种动态图机制仍然存在着一些问题：

（1）计算图的控制流由 Python 解释器控制，使得框架不能像 TensorFlow Fold 那样很好地优化这些控制流。

（2）动态图需要在运行时才能定义，因此，只要计算图的拓扑结构发生改变，那么相应地就需要重新优化并产生数据搬移的开销。

尽管以上问题可以通过转换 Python 代码解决，但是这样就和那些静态框架没有多少区别了。

Relay 的出现解决了以上问题，准确地说，Relay 并不仅仅只是一种计算图的中间表示形式，更是一种专用于自动微分编程领域的特定域语言，而目前的 TVM 则是针对 Relay 的编译器。想要了解 Relay 的技术细节，可以参考 Jared Roesch 的论文 *Relay：A New IR for Machine Learning Framework*。

Relay 提供 Python 接口，支持将各种框架的模型转换成统一的计算图中间表示，具体的接口在 tvm. frontend. relay 中定义，一般情况需要先使用对应的框架加载模型，再调用 Relay 中对应的接口进行转换。代码 5-16 中的代码展示了如何加载 ONNX 模型并转换成 Relay 中间表示，有些无关代码已经省去，最后的 mod、params

分别表示 Relay 模块以及参数字典。

```
import onnx
import numpy as numpy
import tvm
import tvm.relay as relay

onnx_model = onnx.load(model_path)                      # 导入 ONNX 模型
x = np.array(img_y)[np.newaxis, np.newaxis, :, :]       # 指定输入数据形状
input_name = '1'
shape_dict = {input_name: x.shape}
mod, params = relay.frontend.from_onnx(onnx_model, shape_dict)
```

代码 5-16   导入 ONNX 模型转换成 Relay

另外，Relay 还支持直接通过 Python 接口构建一个计算图。图 5-14 展示了一个 TVM 官方的案例。其中，Relay 既可以像传统深度学习框架一样定义计算图，也可以像高级语言一样定义函数，声明变量，使其成为真正的微分语言。

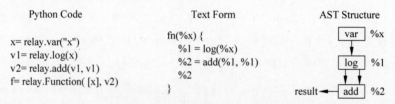

图 5-14   通过 Relay 构建一个计算图①

在 TVM 代码中，通过显性地调用编译接口对 Relay 计算图中间表示进行即时编译，便能够运行在 TVM 运行时环境下，代码 5-17 在代码 5-16 的基础上进一步做了编译和运行的操作。

```
with relay.build_config(opt_level = 1):
  # 编译
  intrp = relay.build_module.create_executor('graph', mod, tvm.cpu(0), target)
  dtype = 'float32'
  # 运行
  tvm_output = intrp.evaluate()(tvm.nd.array(x.astype(dtype)), * * params).asnumpy()
```

代码 5-17   编译并运行计算图

---

① 图片参考 TVM 官网：https://docs.tvm.ai/dev/relay_intro.html。

3. TVM 中的图优化

一般情况下,深度学习推理引擎对开发者而言是无法操纵的黑盒,往往只需要如代码 5-16 所示将导入的指定深度学习模型转换成统一的中间表示,然后如代码 5-17 所示对统一的中间表示进行编译,便可以运行在具体的硬件平台上,这也是绝大多数深度学习推理引擎的流程。因此,开发者往往察觉不到推理引擎做了哪些优化,只能通过打印中间表示才能看到有一些计算上的改变。

TVM 的 Relay 不仅提供了自动的图优化机制,还让开发者通过添加编译器传递(Compiler Pass)的方式来扩展 Relay 本身的特征。

TVM 的 Relay 中关于图优化的部分在 tvm.relay.transform 中定义,代码 5-18 展示了 TVM Relay 目前定义的优化层次,这些优化在前文中都有所提及。

```
OPT_PASS_LEVEL = {
    "SimplifyInference": 0,
    "OpFusion": 1,
    "FoldConstant": 2,
    "CombineParallelConv2D": 3,
    "FoldScaleAxis": 3,
    "AlterOpLayout": 3,
    "CanonicalizeOps": 3,
    "EliminateCommonSubexpr": 3,
}
```

代码 5-18　TVM Relay 提供的图优化方法

SimplifyInference:简单推理,不做任何优化。

OpFusion:算子融合。

FoldConstant:常量折叠。

CombineParallelConv2D:结合并行的卷积与运算。

FoldScaleAxis:折叠缩放轴。

AlterOpLayout:改变算子排布。

CanonicalizeOps:规范化算子。

EliminateCommonSubexpr:消除公共子表达式。

4. TVM 的低层次中间表示

TVM 这个名词本身的含义就是用来定义低层次的张量计算的中间表示,在 2017 年作为 NNVM 编译器的一部分提出时,其与 NNVM 是不同的层次。但是随着 TVM 的发展,目前 TVM 的含义扩展到为 CPU、GPU 以及专用加速器的深度学习编译器堆栈,其目前的意义包含:

(1) 将来自各个框架的模型编译到不同硬件后端上最少的可调用的内核。

(2) 自动化生成并优化不同硬件后端上的高效内核。

TVM 的张量级抽象出现的目的是完成以前 NNVM 无法完成的优化问题。通过 NNVM 引入的图优化方法,确实能够进行非常有效的优化,比如通过内存优化,NNVM 允许开发者在单个 GPU 上训练 1000 层 ImageNet ResNet 模型。但是单独使用计算图级中间表示是不足以高效支持不同的硬件后端的。比如一个卷积算子或者一个矩阵乘法算子在不同硬件后端上会有不同的优化方法,这其中涉及内存排布、并行方式、缓存方式、硬件原语选择,但是这种硬件特定的优化无法通过计算图级别的优化完成。TVM 的出现正是提供了这样一种低层次的中间表示,用于完成具体的算子在特定硬件上的优化。

5. TVM 的低层次中间表示的基础——Halide

TVM 的低层次中间表示的设计在很大程度上借鉴了 Halide 的思想。Halide 是使用 C++ 作为宿主语言的一个图像处理相关的特定域语言。在传统的数字图像处理中,以局部拉普拉斯变换为例,如果直接使用 C++ 语言来写,则速度会很慢。经过专门的手工调优后,能够得到 10 倍的加速性能,但是这样往往需要非常有经验的工程师花大量的时间才能完成。如果使用 Halide,仅仅只需要几行代码就能够得到比直接实现算法快 20 倍的 C++ 代码,这大大节省了开发者手动优化底层算法的时间,而只用关心算法的设计。

Halide 最大的特点在于将算法的计算(Compute)和调度(Schedule)分离开来,即将算法描述和性能优化解耦。简单来说,前者就是算法,后者则是算法在具体硬件上执行时的方法,比如存储分配、并行方式、计算顺序等。代码 5-19 展示了高斯模糊算法的 Halide 代码实现。tmp 和 blurred 分别是两个函数,表示了高斯模糊的具体计算过程,可以看出,高斯模块计算了以 1 像素点为中心,包括周围及其自己一共 9 像素的像素值的均值。之后的两行代码,分别进行了这两个函数的调度。其中分块(Tile)、向量化(Vectorize)、并行(Parallel)都是 Halide 引入的优化手段,用来进行算法中循环的优化,另外还有接口,例如 inline、root、chunk 以及 reuse 用来定义数据如何进行缓存。在 4 核 x86 架构的 CPU 上,通过代码 5-19 的 Halide 生成的 C++ 代码能够达到 0.9ms/megapixel 的速度,而最直接实现的 C++ 代码仅仅只能达到 9.96ms/megapixel,两者性能相差近十倍。

```
Func halide_blur(Func in) {
    Func tmp, blurred;
    Var x, y, xi, yi;
    // 算法实现
    tmp(x, y) = (in(x - 1, y) + in(x, y) + in(x + 1, y)) / 3;
    blurred(x, y) = (tmp(x, y - 1) + tmp(x, y) + tmp(x, y + 1)) / 3;
    // 算法调度
    blurred.tile(x, y, xi, yi, 256, 32).vectorize(xi, 8).parallel(y);
    tmp.compute_at(blurred, x).vectorize(x, 8);
    return blurred;
}
```

代码 5-19　Halide 代码

除了将算法计算与调度分离开来,Halide 还有几个其他比较亮眼的特点,比如前文所提到的元编程使用 Halide 来生成高效 C++ 代码。Halide 还能够在搜索空间中自动搜索最好的优化因子(比如循环展开因子等)来实现自动优化。

6. TVM 低层次中间表示的特点

TVM 不仅吸取了 Halide 的诸多精髓,还引入了循环变换工具以及其他深度学习框架的理念。汇百川而成一脉,TVM 主要具有以下几个特点:

(1) 为了简化算术表示,使用 HalideIR 作为其数据结构。

(2) 采取 Halide 将算法实现和算法调度分开的策略,将算子实现和算子调度分离。

(3) 采用 Halide 自动优化的策略,引入自动调节(Auto-Tuning)的机制。开发者通过自定义搜索空间便能够利用 TVM 自带的搜索算法寻找最优解。

(4) 低层次优化策略上采取了如 loopy 循环变换工具以及基于多面体模型分析的

思想，并且采用了 loopy 部分用于循环变换的原语。

（5）提出针对深度学习领域的底层特定域语言，采用 Python 作为其宿主语言，分别为算法实现和算法调度提供多种原语。

（6）编程风格上采用了传统深度学习框架基于计算图的编程方法，例如 TensorFlow 的张量、占位符等概念。

（7）针对不同硬件后端，可以采用同样的算子实现和不同的算子调度，进而针对不同硬件生成对应的代码。

7. TVM 的算子实现

在这里举一个深度学习模型中常用的 Reduction 算子作为例子，其作用是通过求和、求平均值等方式将多维数据降维。代码 5-20 所示实现了二维数组 A 通过求和降维到一维数组 B；代码 5-21 所示通过调用 TVM 原语实现了相同的功能。

```cpp
for (int i = 0; i < n; ++i) {
    B[i] = 0;
    for (int k = 0; k < m; ++k) {
        B[i] = B[i] + A[i][k];
    }
}
```

代码 5-20　实现 Reduction 算子求和的 C++代码

```python
import tvm
import numpy as np
n = tvm.var("n")
m = tvm.var("m")
A = tvm.placeholder((n, m), name = 'A')
k = tvm.reduce_axis((0, m), "k")
B = tvm.compute((n,), lambda i: tvm.sum(A[i, k], axis = k), name = "B")
```

代码 5-21　实现 Reduction 算子求和的计算代码（Compute）

如代码 5-21 所示，可以看出 TVM 代码的编程风格和 TensorFlow 非常相似，采用声明式和静态图编程风格。整个计算流程通过调用 TVM 提供的计算原语构建而成，代码 5-21 中包含以下原语：

tvm. var：定义一个指定名字和类型的变量，默认类型是 int。

tvm. placeholder：和 TensorFlow 一样，定义输入数据占位符，数据为空的张量对象。

tvm. reduce_axis：轴用来定义指定范围的迭代变量，专用于循环。

tvm. compute：构建一个张量，这个张量通过一个 lamda 表达式计算而得。

tvm. sum：构建一个指定轴的求和表达式。

在计算流程中，数据通过占位符输入，经过各种原语定义的计算后，开发者便能够通过输出张量 B 得到输出数据。

如代码 5-22 所示，通过调用 tvm. create_schedule 接口，便能够得到代码 5-21 中计算流程的默认调度，这种默认调度方式一般都采用行优先的串行计算方式。通过打印可得如代码 5-23 所示的 TVM 的低层次中间表示代码。可以看出，相应的中间表示的风格非常像 C 语言，其实现方式就是最为直接的 Reduction 算子的实现方式，可以通过适当的调度来进行优化。

```
s = tvm.create_schedule(B.op)
print(tvm.lower(s, [A, B], simple_mode = True))
```

代码 5-22　打印默认计算调度

```
produce B {
    for (i, 0, n) {
        B[i] = 0.000000f
        for (k, 0, m) {
            B[i] = (B[i] + A[((i * m) + k)])
        }
    }
}
```

代码 5-23　默认计算调度

8. TVM 的算子调度

在 TVM 的低层次中间表示中，主要通过循环进行合理的变换实现。类似于 Halide，TVM 提供了多种专用于算子调度的接口，这些调度接口主要针对计算中的循环进行各种变换：

split（分裂）：将指定轴分裂为两个轴。

tile（分块）：通过平铺两个轴来执行计算图块。

fuse（融合）：融合一个计算的两个轴。

reorder（重排序）：按照指定顺序重新排列轴。

bind（绑定）：将指定轴绑定到线程组上，通常在 GPU 编程中用到。

compute_at：对于包含多个算子的调度，TVM 默认从 root 开始遍历计算张量，compute_at 能够决定将某个计算阶段移动到另一个计算阶段的指定轴。

compute_inline（计算内联）：可以将一个计算阶段标记为内联，然后将计算体扩展并插入到对应计算阶段中。

compute_root：将一个计算阶段的计算图移动到 root，可认为是 compute_at 的逆过程。

对于代码 5-21 中的计算可以采用如代码 5-24 所示的调度，该调度使用了不同的因子分裂了 B 的行轴和列轴。相应的中间表示代码比较复杂，此处不再展示，结果将是一个 4 层嵌套的循环。

```
ko, ki = s[B].split(B.op.reduce_axis[0], factor = 16)
xo, xi = s[B].split(B.op.axis[0], factor = 32)
print(tvm.lower(s, [A, B], simple_mode = True))
```

代码 5-24　实现 Reduction 算子求和的调度代码（Schedule）

如果开发者想要构建一个 GPU 的内核，可以将 B 的行绑定到 GPU 的线程组。具体代码如代码 5-25 所示，对应的中间表示代码此处不再展示。

```
s[B].bind(xo, tvm.thread_axis("blockIdx.x"))
s[B].bind(xi, tvm.thread_axis("threadIdx.x"))
print(tvm.lower(s, [A, B], simple_mode = True))
```

代码 5-25　绑定 GPU 线程

完整实现 Reducion 求和的代码如代码 5-26 所示。更多的算子调度实例以及具体调度接口文档可以参考 TVM 官网。

```
import tvm
import numpy as np

# 定义计算
n = tvm.var("n")
m = tvm.var("m")
A = tvm.placeholder((n, m), name = 'A')
k = tvm.reduce_axis((0, m), "k")
B = tvm.compute((n,), lambda i: tvm.sum(A[i, k], axis = k), name = "B")

# 定义调度
s = tvm.create_schedule(B.op)
ko, ki = s[B].split(B.op.reduce_axis[0], factor = 16)
xo, xi = s[B].split(B.op.axis[0], factor = 32)
s[B].bind(xo, tvm.thread_axis("blockIdx.x"))
s[B].bind(xi, tvm.thread_axis("threadIdx.x"))
```

代码 5-26　完整代码

9. TVM 低层次中间表示优化方法

正如前文所述,在传统的深度学习框架中,各种算子的内核都是预先编译的,可能需要引入大量的分支跳转以及内存的动态分配,因此不能完全发挥算子的计算性能。尽管像 TensorFlow XLA 这样的工具引入了即时编译机制,但是其本质上并没有利用针对特定算子配置、特定硬件的专用内核。受益于低层次的抽象以及专门的编译过程,TVM 能够很好地解决以上问题。

在代码 5-21 中,输入数据通过占位符定义,尽管占位符的形状是用变量表达,但是在实际编译的过程,其具体形状可以根据输入数据确定。相应的,对应一个卷积算子而言,其算子配置有输入数据形状、卷积核大小、步长等信息。在编译过程中,这些参数都是确定的,因此对于 TVM 而言,针对每一种参数配置的卷积可以专门编译内核进行加速。因此,对于每一个专用卷积内核而言,只接受特定形状的输入,执行固定的计算流程,得到特定形状的输出,没有分支跳转和动态内存分配,因此 TVM 能够针对每一种内核的计算进行足够的优化。

那么现在的问题是编译器需要采用怎样的优化策略才能保证每一种内核都是高效实现的呢? 在 TVM 中,对于具体算子计算的优化是通过对循环进行合理的转换而实现的,在代码 5-24 中,循环展开的因子 16 和 32 是预先定义的。这种展开因子或许适合某种输入配置或者某种硬件架构,但并不一定适合所有情况。一种较为简单的解决方法就是,由于算子的参数以及具体的硬件框架在编译时可知,可以参照 C++ 的预编译器或者模板编程一样,通过编写模板函数在编译过程中针对特定算子配置和特定硬件计算得到最优的展开因子,甚至于可以编写专门的算子调度。这种方式能够保证所有内核都能够高效运行。实际上,这也正是 TVM 提供给开发者手工调优的途径,但是 TVM 提供了一个更为有趣的机制——自动调节。

在寻找最优展开算子的时候,实际上开发者想要实现的是能够在编译过程中从一个搜索空间中找到最优解,TVM 的自动调节机制提供了这样的方法。代码 5-27 展示了自动调节的用法。

```python
@autotvm.template
def matmul(N, L, M, dtype):
    # 定义输入
    A = tvm.placeholder((N, L), name = 'A', dtype = dtype)
    B = tvm.placeholder((L, M), name = 'B', dtype = dtype)
    # 定义计算
    k = tvm.reduce_axis((0, L), name = 'k')
    C = tvm.compute((N, M), lambda i, j: tvm.sum(A[i, k] * B[k, j], axis = k), name = 'C')
    # 定义调度
    s = tvm.create_schedule(C.op)
    y, x = s[C].op.axis
    k = s[C].op.reduce_axis[0]
    # 定义搜索空间
    cfg = autotvm.get_config()
    cfg.define_split("tile_y", y, num_outputs = 2)
    cfg.define_split("tile_x", x, num_outputs = 2)
    # 根据搜索结果进行调度
    yo, yi = cfg["tile_y"].apply(s, C, y)
    xo, xi = cfg["tile_x"].apply(s, C, x)
    s[C].reorder(yo, xo, k, yi, xi)

    return s, [A, B, C]
```

代码 5-27　使用 TVM 的自动调节机制

代码 5-27 实现了两个形状分别为 [N,L] 和 [L,M] 的矩阵相乘的计算和调度。在调度中,分别对输出矩阵 C 的两个维度进行划分,划分的因子分别为(yo,yi)以及(xo,xi),现在就是要寻找最优的因子组合使得整个算子的性能最大化。

自动调节机制可以通过代码 5-28 中的伪代码表示。

```
ct = 0
while ct < max_number_of_trials:
    propose a batch of configs
    measure this batch of configs on real hardware and get results
    ct += batch_size
```

代码 5-28　TVM 自动调节机制伪代码

使用代码 5-29 所示的代码就能够开始自动调节,会在实际硬件上串行运行而找到最优的展开因子。

```
N, L, M = 512, 512, 512
task = autotvm.task.create(matmul, args = (N, L, M, 'float32'), target = 'llvm')

# 包含两个步骤:构建和运行
measure_option = autotvm.measure_option(
builder = 'local',
runner = autotvm.LocalRunner(number = 5))

# 开始自动调节
tuner = autotvm.tuner.RandomTuner(task)
tuner.tune(n_trial = 10,
measure_option = measure_option,
callbacks = [autotvm.callback.log_to_file('matmul.log')])
```

代码 5-29　启动 TVM 的自动调节机制

使用代码 5-30 所示代码便能够编译出一个针对特定算子配置、特定硬件的专用内核,其性能能够最优化。

```
# 从日志文件中选择性能最好的展开因子,并借此编译相应内核
with autotvm.apply_history_best('matmul.log'):
```

代码 5-30　使用最优展开因子编译对应内核并检查正确性

```
with tvm.target.create("llvm"):
    s, arg_bufs = matmul(N, L, M, 'float32')
    func = tvm.build(s, arg_bufs)
# 检查计算正确性
a_np = np.random.uniform(size = (N, L)).astype(np.float32)
b_np = np.random.uniform(size = (L, M)).astype(np.float32)
c_np = a_np.dot(b_np)
c_tvm = tvm.nd.empty(c_np.shape)
func(tvm.nd.array(a_np), tvm.nd.array(b_np), c_tvm)
tvm.testing.assert_allclose(c_np, c_tvm.asnumpy(), rtol = 1e-2)
```

代码 5-30　（续）

实际上，TVM 的自动调节机制往往需要结合人为的专门设计才能在搜索的过程中找到最优解，但是通过预定义的搜索空间，TVM 能够自动生成接近手工优化内核性能的专用内核，再配合手工优化，往往能够实现更高的性能。也正是因为 TVM 能够快速地自动或者半自动生成高效的专用内核，使其目前被广泛使用。

10. TOPI 机制

从前文的 TVM 代码中可以发现，尽管 TVM 提供了非常完善的机制使得开发者可以精细地对计算进行调度，但是往往需要对硬件架构非常熟悉才能完成相应的调度编程。此外，即便开发者非常清楚 TVM 的各种调度机制以及对应硬件的架构，但是想要事无巨细地去调度每一处计算，也是非常困难的，而且有时一些调度代码会反复出现，开发者会进行大量的重复工作，用专用术语来讲，这些代码就称作样板代码（Boilerplate Code）。

样板代码是指那些必须包含在许多地方，几乎没有或完全没有改变的代码，这些代码必不可少但又没那么重要，完成的往往是次要功能。在 TVM 的调度代码中，为了完成如卷积的调度，往往需要几千行代码，其中有很多代码完全可以复用，因此要求开发者编写这些的样板代码是非常痛苦的。

为了避免开发者重复编写样板代码，TVM 推出了 TOPI（TVM Operator Inventory，TVM 算子库）机制。作为一个 Python 模块，TOPI 为开发者提供了类似于 NumPy 风格的一般性操作和调度，这些操作和调度都是在 TVM 之上抽象而得。

在此，以二维数组指定维度求和为例来介绍 TOPI，这个操作将一个二维数组通过对第 2 个轴进行求和的方式转换成一维数组,代码 5-31 展示了通过 TVM 原语的方式实现运算的代码。

```
n = tvm.var("n")
m = tvm.var("m")
A = tvm.placeholder((n, m), name = 'A')
k = tvm.reduce_axis((0, m), "k")
B = tvm.compute((n,), lambdai: tvm.sum(A[i, k], axis = k), name = "B")
s = tvm.create_schedule(B.op)
```

代码 5-31　用 TVM 实现二维数组指定维度求和

想要实现代码 5-31,需要显示地使用诸如 tvm. compute 的计算原语和诸如 tvm. create_schedule 的调度原理,面对更为复杂的计算,开发者可以想象编写相应的代码会有多复杂了。如代码 5-32 所示,类似于 numpy. sum,TOPI 提供了 topi. sum 接口,已经由 TVM 完成了相应的调度。

```
C = topi.sum(A, axis = 1)
ts = tvm.create_schedule(C.op)
```

代码 5-32　使用 TOPI 接口完成求和运算

另外,如代码 5-33 所示,TOPI 还会根据指定的硬件平台优化调度,同时也会如代码 5-34 所示对常见的神经网络算子提供优化后的调度。

```
x, y = 100, 10
a = tvm.placeholder((x, y, y), name = "a")
b = tvm.placeholder((y, y), name = "b")
c = a + b
d = a * b
e = topi.elemwise_sum([c, d])
f = e / 2.0
g = topi.sum(f)
with tvm.target.cuda():
    sg = topi.generic.schedule_reduce(g)
```

代码 5-33　TVM 指定硬件平台进行调度

```
tarray = tvm.placeholder((512, 512), name = "tarray")
softmax_topi = topi.nn.softmax(tarray)
with tvm.target.create("cuda"):
    sst = topi.generic.schedule_softmax(softmax_topi)
    print(tvm.lower(sst, [tarray], simple_mode = True))
```

代码 5-34　针对 GPU 的 softmax 的自动调度

11. TVM 的代码生成

当完成所有层次的优化后，剩下的任务就是生成能够在指定硬件平台上部署的代码。TVM 不会涉及任何硬件平台的编译器开发，其任务是完成从 TVM 原语定义的低层次中间表示到指定硬件平台的编程语言的转换过程，这个转换过程需要涉及很多编译器知识和具体的硬件架构，不适合在此处展开，读者可以自行去研究专门的转换过程。最终，TVM 会根据指定硬件平台将由多个循环组成的低层次中间表示转换成对应的 LLVM、CUDA、Metal、OpenCL 等代码。

值得一提的是，TVM 良好的抽象层次使其能够轻易地扩展到其他的硬件平台，包括那些自定义的深度学习加速器架构。现如今，越来越多的公司都正在或已经开发了各自的深度学习加速芯片，同时也有各自的指令集以及相应的编程语言和编译器。如果芯片公司想要利用 TVM 来为自己的芯片开发高效的内核，那么芯片公司只需要完成从 TVM 的低层次中间表示到各自芯片的代码即可使用整个软件栈。

5.2　昇腾 AI 软件栈中的技术

典型的深度学习推理引擎 TVM、nGraph 都旨在从现有的深度学习框架到现有的硬件平台之间打通一条通路，并在这条通路上针对不同硬件平台的特性尽可能地做出相应的优化。而昇腾 AI 软件栈则是华为公司为其昇腾 AI 处理器量身打造的针对深度学习领域应用开发的推理引擎，和英伟达公司的 TensorRT 对标。因此，不管从优化策略还是软件设计，昇腾 AI 软件栈的架构设计和优化方法都与昇腾 AI 处理器的架构和硬件平台紧耦合。

一般情况下,在昇腾 AI 软件栈的帮助下,基于昇腾 AI 处理器开发深度学习应用非常简单,包括下述流程,其中所涉及的工具在第 4 章已经详细介绍。

1. 模型生成阶段

基于其他深度学习框架模型,由离线模型生成器转换得到针对特定昇腾 AI 处理器的离线模型文件。这个过程涉及模型解析、计算图优化以及任务调度等过程。开发者只需使用 Mind Studio 中的模型转换工具或者 DDK 套件中的离线模型生成器来完成这个步骤。

2. 应用编译阶段

针对指定昇腾 AI 硬件平台快速开发深度学习应用。这个过程涉及计算引擎间的串联以及整体应用的编译。开发者可以在 Mind Studio 中新建 Mind 工程或者在命令行下修改样例工程来完成这个步骤。

3. 应用部署阶段

将应用部署到具体的昇腾 AI 硬件平台上。这个过程涉及应用在不同昇腾 AI 硬件平台的具体实现方式,由专门的通用业务流程执行引擎来实现。开发者只需要通过 Mind Studio 来运行应用,或者在对应的设备侧运行应用程序即可。

绝大多数情况下,以上流程不需要开发者进行具体的编程。如果昇腾 AI 软件栈不足以支持模型中的算子,或者开发者需要进行自定义的应用开发,这些情况下就需要开发者进行自定义算子开发和自定义应用开发。这些内容在 5.3 节会详细介绍。

5.2.1　模型生成阶段

1. 模型解析

和大多数深度学习推理引擎一样,昇腾 AI 软件栈需要从其他框架模型文件中解析出网络结构和模型参数。这部分工作由离线模型生成器完成。这部分操作对于开发者而言是黑盒操作。

尽管是黑盒操作,但是不难得知,离线模型生成器的解析逻辑需要借鉴深度学习框架的解析代码。以 Caffe 框架为例,用于描述神经网路结构的 prototxt 的解析规则在 caffe. proto 中已经定义,相应的解析接口会通过 proto 编译器编译得到,离线模型生成器则基于这些接口来解析网络结构和模型参数。解析出网络结构和模型参数后，离线模型生成器会根据算子名称找到昇腾 AI 软件栈预先提供的算子实现，从而进一步构建计算图的中间表示。

如代码 5-35 所示，目前离线模型生成器只支持 Caffe 和 TensorFlow 框架，在转换模型的时候需要在命令行中明确指出。同时如代码 5-36 所示，通过查看 DDK 自带的头文件可以发现目前离线模型生成器还在持续开发以支持其他深度学习框架。因此，就目前而言，想要支持其他深度学习框架的模型文件，可以通过转换工具将模型文件统一转换成 Caffe 框架的 prototxt/caffemodel 文件或者 TensorFlow 的 pb 文件来实现。

```
-- framework          Framework type(0:Caffe; 3:Tensorflow)
```

代码 5-35   离线模型生成器帮助文档

```
enum FrameworkType
{
    CAFFE = 0,
    TENSORFLOW = 3,
    ANDROID_NN,
    FRAMEWORK_RESERVED,
};
```

代码 5-36   离线模型生成器支持框架的枚举类型

2. 计算图中间表示

和大多数深度学习推理引擎一样，完成模型解析后，昇腾 AI 软件栈要将模型转换成自定义的计算图中间表示。这部分工作也由离线模型生成器来完成，同样是黑盒操作。

离线模型生成器中有一套中间表示的数据结构，称为图引擎（Graph Engine，GE），相应的说明可以参考附录 B 中的参考资料，其中包括 Operator（算子节点）、TensorDesc（张量描述）、TensorPtr（张量数据）等数据结构。这些数据结构在进行自定义算子的插件开发时需要开发者进行相应的处理。

在自定义算子开发中，还会涉及运行时的张量表示，在 5.3 节会详细介绍。

3. 内存分配

昇腾 AI 软件栈要求在进行离线模型生成器转换模型时必须指定输入数据的形状

大小。因此,在转换模型的时候就可以确认每一个张量的形状,包括数据张量和权重张量,那么在运行过程中可以直接为所有张量静态分配内存以避免动态分配带来的开销。

每一个算子在转换过程中都会涉及两个函数 ParseParamsFn 和 InferShapeAndTypeFn。如代码 5-37 所示,ParseParamsFn 用来解析函数参数,其中 Message 为 prototxt 解析出的消息结构体,可以从其中获取参数,进一步将参数保存在内部定义的 Operator 节点中。如代码 5-38 所示,InferShapeAndTypeFn 用来推断输出形状,根据 Operator 节点中的信息,可以获得输入数据形状、算子参数,借此可以计算出输出数据的形状。

```
Status ReductionParseParams(const Message * op_origin, ge::Operator& op_des)
```

代码 5-37　解析参数函数示例

```
Status ReductionInferShapeAndType(const ge::Operator& op, vector<ge::TensorDesc>& v_
output_desc)
```

代码 5-38　推断形状函数示例

除了静态分配内存外,昇腾 AI 软件栈同样可以对内存进行复用,以降低分配的内存量。

4. 内存排布

如前文所述,常见的深度学习框架中,张量数据一般采用 NHWC 或者 NCHW 格式来保存,但是昇腾 AI 软件栈中,为了提高数据的访问效率,所有的张量数据统一采用 NC_1HWC_0 的五维格式。其中 C_0 与微架构强相关,等于 AI Core 中矩阵计算单元的大小,对于 FP16 类型为 16,对于 INT8 类型则为 32,这部分数据需要连续存储;C_1 是将 C 维度按照 C_0 进行拆分后的数目,即 $C_1 = C/C_0$。如果结果不整除,最后一份数据需要补零以对齐 C_0。

整个 $NHWC \rightarrow NC_1HWC_0$ 的转换过程如下。

(1) 将 $NHWC$ 数据在 C 维度进行分割,变成 C_1 份 $NHWC_0$。

(2) 将 C_1 份 $NHWC_0$ 在内存中连续排列,由此变成 $NC1HWC_0$。

输入、输出数据的转换需要在线进行,而权重参数的转换则可以在离线模型生成器转换模型时运行,主要涉及 TransWeightFn 函数。如代码 5-39 所示,两个 TensorPtr

分别表示转换前后的权重数据,会根据需求进行格式的转换。

```
Status ReductionTransWeight(int index, const ge::TensorPtr input, ge::TensorPtr output)
```

代码 5-39　模型权重转换函数

除此之外,在进行矩阵相乘时,矩阵的数据排布格式须尤其注意。如图 5-16 矩阵乘法切块所示,经过存储转换单元的 Img2Col 转换,卷积计算会被转换成矩阵运算。图中示例的运算是两个大小分别为 17×58 和 58×30 的矩阵相乘得到大小为 17×30 的矩阵输出。为了适配矩阵计算单元容量为 16×16 的计算大小,因此把本次矩阵相乘转换成了 8 个大小为 16×16 的矩阵相乘和累加的过程。由于数据需要在存储器里线性存储,这些矩阵在存储器上的存储顺序不尽相同,如图 5-15 所示。

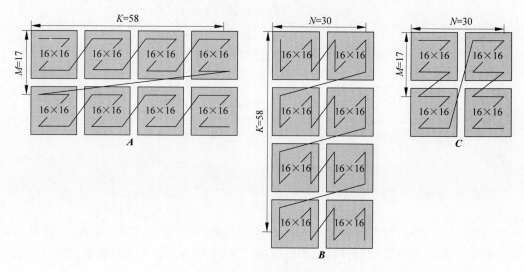

图 5-15　矩阵乘法切块

图 5-16 中,采用不同的存储顺序能够符合矩阵计算的数据读取顺序。比如在矩阵 **A** 中分块矩阵的行和矩阵 **B** 中分块矩阵的列可以顺序读取来计算,这样的设计能够极大地提高读取效率和计算性能。

5. 内核融合

和大多数深度学习框架一样,昇腾 AI 软件栈的内核融合也是黑盒操作,完全由离线模型生成器自行融合,因此开发者往往察觉不到这部分操作,无法得知这里面做了何种内核融合的优化。

值得一提的是,除了减少内核调度开销外,内核融合对于昇腾 AI 处理器有更重要的意义,即能够充分利用其架构设计上的优势。以 Conv、BN、ReLU 这 3 个算子为例,基于在第 3 章中介绍的昇腾 AI 处理器硬件架构中,一个典型内核函数的计算过程包括:数据从内存读入 AI Core,经过多级缓存、数据格式转换以及多种运算单元,再会被写回内存。如果将这 3 个算子分别使用一个内核函数实现,那么每一个内核往往只能使用到部分计算单元。比如,Conv 只会使用矩阵计算单元,BN、ReLU 则只会使用向量计算单元,并且整个过程要包含大量的内存搬移,引入较高的开销,这样的调度就显得不合理。因此,内核融合能够将 Conv 的矩阵运算以及 BN、ReLU 的向量运算放在一次数据传输过程中完成,这样就能够节省内存的读写和搬移,从而提高推理性能。

6. 算子支持

和英伟达公司的 cuDNN 加速库类似,昇腾 AI 软件栈已经实现了大多数的常见算子。通过组合这些算子就可以支持大多数的深度学习模型。在转换模型时,离线模型生成器会遍历计算图中的算子,找到对应的算子实现,并保存对应内核函数的调用。在执行离线模型时,由离线模型执行器直接调用运行库中的内核函数完成相应的功能。

昇腾 AI 软件栈目前支持的算子可以参考附录 B 中的参考资料。这些算子有些属于计算密集型算子,能够通过矩阵和向量计算单元进行加速,比如卷积、全连接层等,这类算子就通过 AI Core 来实现;而另外有些算子的计算逻辑比较复杂,无法很好地通过并行计算加速,这些算子则通过 AI CPU 来实现。

7. 离线模型文件

离线模型文件是离线模型生成器转换后的模型文件,可以直接被 AI 模型管家加载执行。早期的离线模型文件中只会保存计算图结构、算子对应的内核函数名称以及模型参数,具体的调度由控制 CPU 在线完成,这样会带来额外的调度开销。目前在离线模型生成器转换过程中,会根据指定的硬件平台,预先完成计算的调度,具体包括内存分配、内核调用等信息,因此目前的离线模型文件在原先基础上还会包括任务调度信息,具体包括:

(1) 模型整体定义,包括模型占用空间大小、计算流数目、事件数目、算子列表目标平台等信息。这个结构由转换的 davinci.proto 定义。

（2）任务列表，在每个任务列表中都会标识当前任务 ID、类型、计算流 ID、事件 ID 以及相应的内核函数名称、函数参数等信息。

将模型的具体调度信息在离线情况下确定，能够节省在线调度的开销。另外，由于离线模型的调度针对特定的硬件平台和特定的芯片，同时在转换模型中的各种优化策略都和指定的架构强相关，因此离线模型生成器转换得到的模型只能专用于特定的硬件平台和特定的芯片。

5.2.2　应用编译与部署阶段

1. 计算引擎划分

昇腾 AI 软件栈将深度学习应用划分成多个计算引擎分别实现。如图 5-16 所示，基于昇腾 AI 处理器的应用程序可以表示为由多个计算引擎构成的流程图。一个典型的应用程序一般包括 4 个计算引擎。

流程图

图 5-16　流程图与计算引擎的关系

数据引擎：用来从摄像头、文件等数据源获取数据。

预处理引擎：直接调用 DVPP 提供的接口来实现媒体预处理能力，包括视频、图像数据的解码，图像裁剪、缩放等功能。

模型推理引擎：调用 AI 模型管家提供的接口加载离线模型文件，完成模型的推理计算。

后处理引擎：用来完成模型推理的输出数据的后处理。

这样的划分能够将应用程序中不同任务的计算解耦合，使得每个计算引擎能够相对独立地完成各自的功能。比如，预处理引擎专门负责使用 DVPP 模块完成预处理功能；模型推理引擎专门负责加载并执行离线模型。计算引擎能够由开发者自定义开发，控制计算引擎的主函数也可以由用户开发，这些内容在 5.3 节详细介绍。

另外，第 4 章提到，同样的昇腾 AI 处理器会以不同的硬件平台出现，比如加速卡和 Atlas 开发板形态，在这两种硬件平台上，同样的应用程序在不同的硬件平台上会有不同的计算流程，如第 4 章的图 4-5 加速器场景计算流程所示，数据引擎和后处理引擎运行在主机侧,而在图 4-7 开发者板场景计算流程中,所有计算引擎都运行在设备侧。因此,将应用程序按照不同计算任务来划分计算引擎能够有助于屏蔽底层硬件平台的细节,同时将因为不同运行端侧所带来的编译工具链的不同交给昇腾 AI 软件栈来管理。

2. 基于多设备与多芯片的应用开发

以昇腾 AI 处理器的加速卡形态为例,在实际应用场景中,可能会有以下场景:

(1) 服务器同时挂载多块加速卡,这些加速卡需要同时完成一个推理任务或者各自完成一个推理任务。

(2) 需要在一块加速卡上同时完成多个推理任务。

(3) 每块加速卡上有多片昇腾 AI 处理器,这些昇腾 AI 处理器需要同时完成一个推理任务或者各自完成一个推理任务。

(4) 需要在一片昇腾 AI 处理器上同时完成多个推理任务。

对于昇腾 Atlas 开发者板来说,尽管只有一片昇腾 AI 处理器,且不存在多个开发者板之间的协同计算,但仍然存在同时执行多个离线模型的计算的场景。

因此,考虑以上所有情况,在进行应用开发时,需要考虑到以下几种变量:

单应用与多应用:是否需要在硬件平台上同时运行多个应用,分别完成各自的推理任务。

单线程与多线程:每个应用程序是否需要启动多个线程,每个线程单独完成各自的推理任务。

单芯片与多芯片:是否需要多块芯片同时完成同一个推理任务。

可以参考附录 B 中的相关资料。

3. 算子调度

前文已经提到,在昇腾 AI 处理器上,算子可能由 AI Core 或者 AI CPU 来完成计算,在执行离线模型计算过程中,由控制 CPU 完成多个的 AI Core 和 AI CPU 的管理,同时将从离线模型解析出的算子内核交给任务调度器,进一步由任务调度器下发到具体的 AI Core 和 AI CPU 上计算。

控制 CPU 主要完成以下工作:

(1) 内存管理。管理内存分配,一旦模型转换完成后,所有的内存都可以静态分配,因此主要作用是负责管理已经分配好的内存地址。

(2) 设备管理。管理所有计算设备的状态(AI CPU、AI Core)。

（3）计算流管理。负责将多个算子实现的内核调用整合成一个计算流。在一个计算流中，可以使用多个 AI CPU 和 AI Core 共同完成任务。

（4）事件管理。负责数据同步等消息管理。

前文已经提到，通过合理利用模型中的并行结构和数据同步能够极大地提高推理性能。比如，Inception 结构的多条分支能够同时计算，因此可以体现成多个计算流，最后再进行数据同步。因此，上述的几种管理中，计算流和事件管理是决定能否合理利用计算资源，提高推理性能的关键所在。这种数据流的划分工作由离线模型生成器在转换模型时就已经依据特定芯片和硬件平台决定了。

另外，不管一块芯片上同时执行多少推理任务，控制 CPU 只需要按照模型管理器下发的要求管理相应的内存、设备、计算流和事件，同时任务调度器只需要按照控制 CPU 将算子内核下发到具体的 AI Core 和 AI CPU 上，这样的设计向上层应用屏蔽了具体的调度过程，使得开发者能够在同一块芯片上同时进行多个推理任务。

4. 异构计算系统

在昇腾 AI 软件栈中，整个计算过程是在控制 CPU 的调度下，分别将 AI CPU 和 AI Core 作为异构设备来完成计算，这个计算流程和现在流行的 CPU＋GPU 的异构计算系统很类似。对于一个算子内核而言，通常需要在主机端启动这个内核，指定使用的计算设备，并将其放入一个计算流中，将多个这样的内核函数放入一个计算流后，便能够开启一个计算流的计算。

代码 5-40 和代码 5-41 分别展示了控制 CPU 端的调用函数和 AI CPU 端的内核函数声明。前者通过特殊的机制在控制 CPU 端指定计算流调用了 AI CPU 端的内核函数，同时内核函数声明会指定对应的计算设备，这种写法和 CUDA 的写法非常相似。

```
void opHost( … )
{
  opKernel <<< 1, NULL, stream >>>( … );
}
```

代码 5-40　控制 CPU 端的调用函数

```
__global__ __aicpu__ void opKernel( … );
```

代码 5-41　AI CPU 端的内核函数

5. 算子实现——通用内核和专用内核

昇腾 AI 软件栈目前提供开发者使用的算子实现都是预先编译的,是华为内部工程师使用达芬奇架构专用编程语言高度优化而得到的内核函数,开发者目前还无法接触到这一层次的编程。

由于这些算子是预先编译的,因此为了支持通用性,这些算子都是通用内核,不一定能够被优化到极致。因此,昇腾 AI 软件栈受 TVM 设计理念的启发,在离线模型生成器进行模型转换时针对特定的输入数据形状以及参数配置提供了专用内核来提高推理性能。

昇腾 AI 软件栈在 TVM 现有的基础上,添加了后端代码生成能力。也就是说,在现有的 TVM 的计算代码上,通过添加针对达芬奇架构特性的计算调度,就能够快速生成后端代码,因此通过 TVM 的机制就能够快速编译出在昇腾 AI 处理器上的专用内核。

同样,类似于 TVM 的 TOPI 机制,昇腾 AI 软件栈将针对达芬奇架构的调度代码封装起来,提供了常见的运算接口,这类运算接口是专用于昇腾 AI 处理器的特定域语言。通过组合这些特定域语言就能够完成算子的开发,这类算子通常叫作 TBE 算子。如代码 5-42 所示,类似于 TVM 的算子开发,调用由昇腾 AI 软件栈定义的特定域语言,就能够快速编译生成针对达芬奇架构的专用内核。

```
data = tvm.placeholder(shape1, name = "data_input", dtype = inp_dtype)
# 对应平台为昇腾 AI 处理器
with tvm.target.cce():
    # 求绝对值
    res = te.lang.cce.vabs(data)
    sch = generic.auto_schedule(res)
config = { … }
te.lang.cce.cce_build_code(sch, config)
```

代码 5-42　TBE 算子示例

基于这些 TBE 算子,在转换模型时,离线模型生成器会直接根据算子和现有的函数参数快速编译一个专用内核,替换掉昇腾 AI 软件栈原本用通用内核实现的算子,从而提高整体推理性能。

5.3   自定义算子开发

在昇腾 AI 软件栈中可以直接使用内部已经开发好的算子,这些算子都是经过大量华为内部工程师手工优化的,能够较好地适配底层的硬件架构,具有较高的性能。

同时,昇腾 AI 软件栈也允许开发者根据自己的需求开发自定义算子,这些算子可以运行在 AI CPU 上,也可以运行在 AI Core 上,同时开发者可以通过 C++ 或者 TVM 的机制开发算子。

5.3.1   开发步骤

1. 开发动机

自定义算子开发只会涉及离线模型文件的生成和运行。绝大多数情况下,由于昇腾 AI 软件栈支持绝大多数算子,开发者不需要进行自定义算子开发,只需要提供深度学习模型文件,通过离线模型生成器转换就能够得到离线模型文件,并可以进一步利用流程编排器生成具体的应用程序。但在以下情况,开发者则需要进行自定义算子开发:

- 昇腾 AI 软件栈不支持模型中的算子。
- 开发者想要修改现有算子中的计算逻辑。
- 开发者想要自己开发算子来提高计算性能。

2. 开发流程

自定义算子的开发流程主要包括以下步骤:

(1)创建自定义算子开发工程。这个步骤可以直接通过集成开发环境快速新建工程,也可以在 DDK 自带的样例工程的基础上修改。

(2)自定义算子开发。根据算子类型的不同,进行不同方式的开发。

(3)自定义插件开发。被离线模型生成器调用,提供了参数解析、形状推断以及内核编译等函数。

(4)加载插件进行模型转换。离线模型生成器转换模型时调用插件,用来解析参数,推断张量形状,将步骤(2)提供的算子编译成内核,插入离线模型中。

其中需要开发者自己进行编程的是自定义算子逻辑开发和自定义算子插件开发。

3. 自定义算子逻辑开发

算子能够运行在 AI CPU 和 AI Core 上,则相应的也有 AI CPU 算子开发和 AI Core 算子开发,这两种算子开发的方式有很大不同。

基于 AI CPU 的开发本身就和 C++ 开发一样,只用遵守既定数据格式即可。代码 5-43 展示了 AI CPU 自定义算子开发的函数声明,其中:

(1)__global__:类似于 CUDA 的函数前缀,表明该函数是一个内核函数,由控制 CPU 调用,运行在 AI CPU 或者 AI Core 上。

(2)__aicpu__:类似于 CUDA 的函数前缀,表明这个内核函数运行在 AI CPU 上。

(3)inputDesc 和 outputDesc:opTensor_t 结构体类型,用来描述输入、输出张量的各种信息,包括张量类型、维度信息等。

(4)inputArray 和 outputArray:void ** 指针类型,用来指向存储实际的张量数据的地址。

(5)opAttrHandle:指针类型,用来指向存储内核函数的各种参数配置的结构体的地址。

```
__global__ __aicpu__ void operator(opTensor_t * inputDesc, const void ** inputArray,
opTensor_t * outputDesc, void ** outputArray, void * opAttrHandle)
```

代码 5-43　AI CPU 算子开发核心函数

尽管包含这个函数定义的源文件是华为内部格式的后缀,但是实际上不会包含任何和达芬奇架构相关的特性。

相比之下,AI Core 的算子开发就相对较为复杂,大致包含以下两种方式。

(1)TVM 原语开发:由于昇腾 AI 软件栈在 TVM 的基础上添加了后端代码生成,因此这种开发途径本质上和 TVM 没有区别,可以参考代码 5-26。但是由于计算的具体调度需要涉及达芬奇的具体架构,只有掌握如何使用调度原语完成数据的切块才能获得比较好的性能。因此,这种方法只推荐对于 TVM 编程以及达芬奇架构都非常理解的开发者使用。

(2)特定域语言开发:为了方便开发者进行自定义算子开发,昇腾 AI 软件栈借鉴了 TVM 中的 TOPI 机制,预先提供一些常用运算的调度,封装成一个个运算接口,称为专用于 AI Core 运算的特定域语言。如代码 5-42 所示的 TBE 算子示例，只需要利用这些特定域语言声明计算的流程，再使用自动调度（auto_schedule）机制，指定目标生成代码，即可进一步被编译成专用内核。

整个计算过程可以表现为多个输入张量经过一个计算节点得到多个张量的过程。其实，TVM 原语和特定域语言的开发流程本质上是相同的，只不过是开发的抽象层次不一样而已。通过这两种方法开发的算子都称为 TBE 算子，在转换模型时通过离线模型生成器的机制生成专用内核。

4. 自定义算子插件开发

插件开发代码通过 C++ 开发，编译成动态链接库被离线模型生成器使用，其中最关键的是定义参数解析、形状类别推断等函数，并通过离线模型生成器提供的注册机制完成自定义算子的注册。

代码 5-44 和代码 5-45 分别展示了 AI CPU 自定义算子和 AI Core 自定义算子的注册代码。

```
REGISTER_CUSTOM_OP("test_layer")
    .FrameworkType(CAFFE)
    .OriginOpType("Test")
    .ParseParamsFn(ParseParams)
    .InferShapeAndTypeFn(InferShapeAndType)
    .UpdateOpDescFn(UpdateOpDesc)
    .ImplyType(ImplyType::AI_CPU);
```

代码 5-44　AI CPU 自定义算子注册代码

```
REGISTER_CUSTOM_OP("test_layer")
    .FrameworkType(CAFFE)
    .OriginOpType("Test")
    .ParseParamsFn(ParseParams)
    .InferShapeAndTypeFn(InferShapeAndType)
    .TEBinBuildFn(BuildTeBin)
    .ImplyType(ImplyType::TVM);
```

代码 5-45　AI Core 自定义算子注册代码

此处只挑选其中最为重要的几个函数介绍。需要注意的是，此处的 Operator、TensorDesc 等数据结构表示的是离线模型生成器在转换模型的过程中计算图的中间节点,而代码 5-43 中实际内核函数参数中的 opTensor_t 是实际运行时的张量类型。

(1) REGISTER_CUSTOM_OP:该函数用于注册自定义算子,"test_layer"作为离线模型文件中的算子命名,可以任意命名但不能和已有的算子命名冲突。

(2) FrameworkType:由于不同框架的解析逻辑不一样,因此对于不同框架模型需要有不同的插件。在插件的注册代码需要表明对应的框架,目前只支持 Caffe 和 TensorFlow。

(3) OriginOpType:该函数要求,对于算子名称,一定要和 Caffe Prototxt 中或者 TensorFlow 定义的算子名称一致,否则无法正常解析。

(4) ParseParamsFn:该函数用来注册解析模型参数的函数,这个步骤只在针对 Caffe 框架开发插件时需要,TensorFlow 的参数解析由框架完成。

函数定义如代码 5-46 所示,其中 Message 是 Caffe 使用的 protobuf 的消息结构体,存储算子参数。由于自定义算子的参数由开发者自己定义,因此这部分需要开发者根据自己在 caffe. proto 中定义的格式完成参数解析。op_origin 为昇腾 AI 软件栈内部的计算节点的定义,整个函数完成参数的解析,并将参数存进 op_dest 计算节点。

```
Status ParseParams(const Message * op_origin, ge::Operator& op_dest)
```

代码 5-46　参数解析函数

(5) InferShapeAndTypeFn:该函数用来注册形状和类别推断函数。

函数定义如代码 5-47 所示。其中,op 为计算节点定义,存储输入张量描述以及各种算子参数;v_output_desc 存储该计算节点的所有输出张量描述。该函数根据输入张量描述、算子逻辑以及算子参数决定输出张量描述,包括张量形状、类型、数据排布格式等。

```
Status ReductionInferShapeAndType(const ge::Operator& op,
vector < ge::TensorDesc > & v_output_desc)
```

代码 5-47　形状和类别推断函数

(6) UpdateOpDescFn:该函数用来注册自定义算子描述更新函数,只在 AI CPU 算子开发中使用。

函数定义如代码 5-48 所示,该函数获得 op 中的参数信息,保存在开发者自定义的参数结构体 OpAttr,算子实现通过这个结构体来获取参数。

```
Status ReductionUpdateOpDesc(ge::Operator& op)
```

代码 5-48　更新算子描述函数

(7) TEBinBuildFn:用来注册 TBE 算子编译函数,只在 AI Core 算子开发中使用。用 C++语言调用 Python 来使用 TVM 后端代码生成机制,编译出指定内核。

函数参数定义如代码 5-49 所示。其中,op 保存算子的各种信息;tb_bin_info 保存编译后的内核路径和 json 文件路径。

```
Status BuildTeBin(const ge::Operator& op, TEBinInfo& te_bin_info)
```

代码 5-49　算子编译函数

(8) ImplyType:该函数用来指定算子实现的方式。其中,ImplyType::AI_CPU 表示该算子是实现在 AI CPU 上;ImplyType::TVM 表示该算子是实现在 AI Core 上。

5. 加载插件进行模型转换

在离线模型生成器加载插件进行模型转换的过程中,AI CPU 算子和 AI Core 算子的流程稍有不同。核心差异在离线模型生成时,是否需要加载自定义算子编译成的二进制文件。

如图 5-17 所示,对于自定义 AI CPU 算子,需要将自定义算子的插件代码和实现代码都编译成二进制文件。离线模型生成器在转换模型时加载自定义算子插件的二进制文件,用来注册算子,完成相应的参数解析、形状和类型推断等操作,之后再加载自定义算子的二进制文件,将其放入离线模型文件,在执行模型推理时调用。

如图 5-18 所示,对于自定义 AI Core 算子时,只有自定义算子的插件代码被编译成二进制文件。因此,离线模型生成器在转换模型时加载定义算子插件的二进制文件,用来注册算子,完成相应的参数解析、形状和类型推断等操作,之后将自定义算子转换成统一的中间表示后,根据解析出的信息编译自定义算子,编译出的内核为专用内核,被放进离线模型文件中,在执行模型推理时调用。

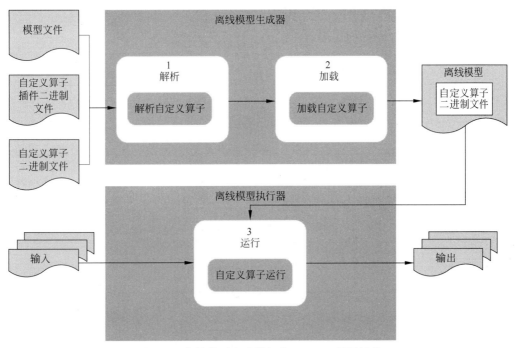

图 5-17　离线模型生成器加载 AI CPU 算子插件

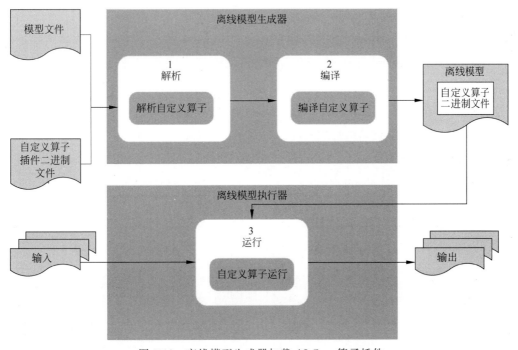

图 5-18　离线模型生成器加载 AI Core 算子插件

5.3.2　AI CPU 算子开发

1. Reduction 算子特性

Reduction 是 Caffe 中的一个算子,将多维数组的指定轴及之后的轴的数据做 reduce 操作。本节以 Reduction 算子为例,详细介绍在 AI CPU 上的算子开发过程。

1) 解析参数

Reduction 包含以下需要解析的参数。

(1) ReductionOp:算子支持的操作类型,包含 4 种类型,见表 5-2。

表 5-2　Reduction 算子操作类型

算 子 类 型	说　　明
SUM	对被 reduce 的所有轴求和
ASUM	对被 reduce 的所有轴求绝对值后再求和
SUMSQ	对被 reduce 的所有轴求二次方后再求和
MEAN	对被 reduce 的所有轴求均值

(2) axis:Reduction 需要指定一个轴,会对此轴及之后的轴进行 reduce 操作。比如输入的张量形状为[5,6,7,8]。

- 如果指定的轴是 3,则输出张量的形状为[5,6,7];
- 如果指定的轴是 2,则输出张量的形状为[5,6];
- 如果指定的轴是 1,则输出张量的形状为[5];
- 如果指定的轴是 0,则输出张量的形状为[1]。

(3) coeff:标量,对结果进行缩放。

2) 输入输出参数

(1) 输入参数:见表 5-3。

表 5-3　Reduction 算子的所有输入参数

输 入 参 数	说　　明
x	输入数据,形状由另一参数 shape 确定
shape	张量,维度为 N
dtype	输入的数据类型,支持如下几种常见类型:float16、float32
axis	指定 reduce 的轴,取值范围为[$-N$, $N-1$]
op	reduce 操作的类型,支持 SUM、ASUM、SUMSQ、MEAN
coeff	标量,对结果进行缩放。如果值为 1,则不进行缩放

（2）输出参数：输出参数 y 与输入参数 x 是数据类型相同的张量，其形状由输入张量形状和指定轴决定。

2. 创建自定义算子工程

根据流程，可以创建一个 AI CPU 自定义算子工程，核心源码如表 5-4 所示。其中：

（1）Reduction. cce、Reduction. h、operator. cce 以及 op_attr. h 负责算子计算逻辑，其中 Reduction. cce 以及 op_attr. h 需要开发者编程修改。

（2）Reduction_parser. cpp 负责算子插件逻辑，需要开发者编程修改。

表 5-4　AI CPU 算子中核心源码

目　　录	文　　件	说　　明
operator （自定义算子代码目录）	Reduction. cce	算子代码实现文件
	Reduction. h	算子实现头文件
	operator. cce	算子共用代码文件
	Makefile	算子编译规则文件
Reduction_plugin （自定义算子插件代码目录）	Reduction_parser. cpp	算子参数解析代码文件
	Makefile	算子插件编译规则文件
common （单算子运行参数配置文件目录）	custom_op. cfg	算子输入输出描述定义文件
	op_attr. cpp	算子参数赋值代码文件
	op_attr. h	算子参数结构体定义头文件

3. 算子逻辑开发

如图 5-19 所示的流程图展示了自定义算子在具体运行时的逻辑。

1）operator. cce

该文件中有 3 个函数：算子构造函数、算子析构函数以及算子主机端调用函数的定义。

算子构造函数如代码 5-50 所示。首先定义了该自定义算子的名字"reduction_layer"，这个名字必须和之后用于插件注册的名字匹配；其次，使用 RegisterAicpuRunFunc 函数来注册算子，其中 opetype 为算子名字，reductionHost 是算子主机端调用函数，RegisterAicpuRunFunc 函数声明如代码 5-51 所示，该函数的实现由模型管理器完成。

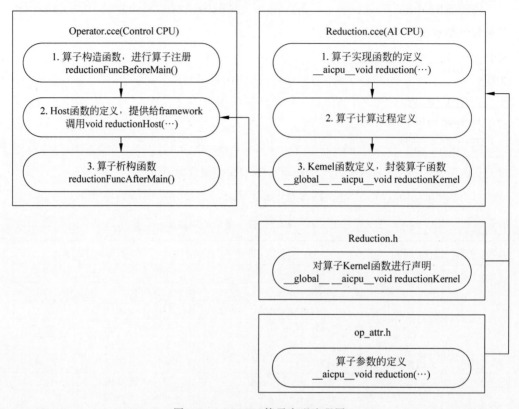

图 5-19　AI CPU 算子实现流程图

```
void __attribute__((constructor)) reductionFuncBeforeMain()
{
    char opetype[50] = "reduction_layer";
    RegisterAicpuRunFunc(opetype, reductionHost);
}
```

代码 5-50　算子构造函数

```
extern "C"
{
    extern void RegisterAicpuRunFunc(const char * om_optype, aicpu_run_func op_runner_func);
}
```

代码 5-51　算子注册函数

代码 5-51 中 aicpu_run_func 为算子主机端调用函数的类型,如代码 5-52 所示,这个函数类型有统一的参数列表格式,分别表示输入张量描述、输入张量数据、输入数据大小、输出张量描述、输出张量数据、输出数据大小、算子参数以及计算流。opTensor_t以及 rtStream_t 结构体定义可以参考附录 B 中的相关资料。

```
typedef void ( * aicpu_run_func)(opTensor_t **, void **, int32_t, opTensor_t **,
void **, int32_t, void *, rtStream_t);
```

代码 5-52　算子 HOST 端调用函数类型

Reduction 算子主机端调用函数如代码 5-53 所示,函数参数此处省略,和代码 5-53中的参数一样。其中,最为重要的是,reductionKernel 为实际运行在 AI CPU 的内核函数,控制 CPU 通过类似于 CUDA 启动内核的机制调用该内核函数,<<<>>>中 1 表示启动的 AI CPU 个数,stream 指定当前内核所在的计算流。

```
void reductionHost( … )
{
    reductionKernel <<< 1, NULL, stream >>>( … );
}
```

代码 5-53　Reduction 算子主机端调用函数

此处算子析构函数不做任何操作,开发者可以根据需求添加任意操作。

2) op_attr.h

如代码 5-54 所示,该头文件只用来定义算子参数结构体。该结构体同时被算子开发代码和算子插件代码使用。

```
typedef struct {
    char operation[ATRPARAMNAMESIZE];
    int64_t axis;
    float coeff;
} OpAttr;
```

代码 5-54　参数结构体定义

3) Reduction.h

如代码 5-55 所示,该头文件声明了内核函数。在该函数声明中:

__global__：类似 CUDA 函数前缀的写法，表明这是一个内核函数。

__aicpu__：类似 CUDA 函数前缀的写法，表明该内核函数运行在 AICPU 上。

inputDesc：输入描述。

inputArray：输入数据数组。

outputDesc：输出数据描述。

outputArray：输出数据数组。

opattr_handle：算子参数结构体指针，相应的结构体定义在 op_attr.h 文件中。

```
__global__ __aicpu__ void reductionKernel(opTensor_t ** inputDesc, constvoid
** inputArray, opTensor_t ** outputDesc, void ** outputArray, void *
opattr_handle);
```

代码 5-55　算子内核函数声明

4）Reduction.cce

该源码需要开发者参与编程，其中包含两个函数，即算子内核函数和算子函数，两函数的参数没有区别，算子内核函数用来封装算子函数。

在本案例中，只实现了 Reduction 算子的求和操作，其他操作可以在此基础上修改，此处只挑选其中最为重要的几部分讲解。

通过代码 5-56 可以获取算子参数。

```
int64_t axis = ((OpAttr * ) opAttrHandle) -> axis;
```

代码 5-56　获取算子参数

通过代码 5-57 可以获取第一个输入张量和第一个输出张量的数据，可以通过指定 inputArray 和 outputArray 的索引来获取其他张量的数据。

```
constvoid * x = inputArray[0];
void * y = outputArray[0];
```

代码 5-57　获取输入和输出数据地址

如代码 5-58 所示，通过 inputDesc 和 outputDesc 可以获取各种输入和输出张量的维度、形状、类型等信息。

```
int in_dim_cnt = inputDesc[0]->dim_cnt;
int out_dim_cnt = outputDesc[0]->dim_cnt;
```

代码 5-58 获取输入和输出张量信息

代码 5-59 实现了 Reduction 算子的求和功能，只需要按照指定轴对数组进行求和即可，此处不再赘述。

```
int dimAxisInner = 1;
int dimAxisOuter = 1;
T sum = 0;
T * pDst = (T *) y;
const T * pSrc = (const T *) x;

// 计算求和后的数据数目
for (int i = 0; i < axis; i++) {
    dimAxisInner = dimAxisInner * inputDesc->dim[i];
}
// 计算需要累加的数据数目
for (int i = axis + 1; i < inputDesc->dim_cnt; i++) {
    dimAxisOuter = dimAxisOuter * inputDesc->dim[i];
}
// 累加
for (int idxDimOuter = 0; idxDimOuter < dimAxisOuter; idxDimOuter++) {
    const T * pSrcOuter = (const T *) x + idxDimOuter * dimAxisInner * inputDesc->
dim[axis];
    for (int idxAxisInner = 0; idxAxisInner < dimAxisInner; idxAxisInner++) {
        sum = 0;
        pSrc = pSrcOuter + idxAxisInner;
        for (int j = 0; j < inputDesc->dim[axis]; j++) {
            T value = * (pSrc + j * dimAxisInner);
            sum = sum + value;
        }
        * pDst = sum;
        pDst++;
    }
}
```

代码 5-59 Reduction 算子求和功能实现

4. 算子插件开发

算子插件开发主要涉及 Reduction_parser.cpp，其中最为重要的是算子注册、算子参数解析函数、获取算子输出描述函数以及更新算子描述函数。

1）算子注册

如代码 5-60 所示，reduction_layer 为自定义算子名，需要和 operator.cce 中声明的算子名一致，框架为 Caffe，相应的原算子名为 Reduction，实现在 AI CPU 上。

```
REGISTER_CUSTOM_OP("reduction_layer")
    .FrameworkType(CAFFE)
    .OriginOpType("Reduction")
    .ParseParamsFn(ReductionParseParams)
    .InferShapeAndTypeFn(ReductionInferShapeAndType)
    .UpdateOpDescFn(ReductionUpdateOpDesc)
    .ImplyType(ImplyType::AI_CPU);
```

代码 5-60　Reduction 算子注册（AI CPU 算子）

2）ReductionParseParams

该函数用于解析算子参数。函数声明和代码 5-46 中一致，核心代码如代码 5-61 所示，将 Message 类转换成 LayerParameter 子类，该子类 Caffe 中用来存储层参数，之后通过调用 reduction_param 函数便能够获得函数参数。ReductionParameter 是开发者在 caffe.proto 中定义后获得的参数，之后，根据获取的参数，往昇腾 AI 软件栈内部定义的计算节点赋值参数即可。

```
const caffe::LayerParameter * layer =
            dynamic_cast < constcaffe::LayerParameter * >(op_origin);
const caffe::ReductionParameter& param = layer->reduction_param();
op_dest.SetAttr("axis", AttrValue::CreateFrom < AttrValue::INT >(param.axis()));
```

代码 5-61　参数解析函数核心代码

3）InferShapeAndTypeFn

该函数用于推断输出形状和类型。函数声明和代码 5-47 中一致，核心代码如代码 5-62 所示，首先通过 op 获取输入张量描述，获取函数参数，根据函数参数修改输出张量描述，保存到 v_output_desc 输出张量描述数组。

```
auto tensorDesc = op.GetInputDesc(0);
auto shape = tensorDesc.GetShape();
ge::AttrValue axisAttrValue;
op.GetAttr("axis", axisAttrValue);
axisAttrValue.GetValue<AttrValue::INT>(axis);
// 基于函数参数修改 tensorDesc
tensorDesc.SetShape(shape);
v_output_desc.push_back(tensorDesc);
```

代码 5-62　形状和类型推断核心代码

4）UpdateOpDescFn

该函数用于更新算子描述。函数声明和代码 5-48 中一致，核心代码如代码 5-63 所示。该函数的主要目的是从计算节点中获取各种参数，然后通过 op_attr.h 定义的结构体的方式将数据写入 op 节点，以便算子能够直接从函数参数 opAttrHandle 中获取算子参数。

```
OpAttr op_attr;

int64_t axis = 0;
ge::AttrValue axisAttrValue;
op.GetAttr("axis", axisAttrValue)
axisAttrValue.GetValue<AttrValue::INT>(axis)
op_attr.axis = axis;

std::string key = "opattr";
Buffer bytes = Buffer::CopyFrom((uint8_t *)&op_attr, sizeof(OpAttr));
op.SetAttr(key, AttrValue::CreateFrom<AttrValue::BYTES>(bytes));
```

代码 5-63　更新算子描述核心代码

本小节所涉及工程可以参考本书代码参考网址[①]，具体的开发流程可以直接参考附录 B 中的《C++ 自定义算子开发指导》。

5.3.3　AI Core 算子开发

1. Reduction 算子特性

Reduction 算子的特性和 5.3.2 节所述一致。

---

① 本书代码参考网址：https://github.com/Ascend/AscendAIChipArchitectureAndProgramming 或 https://obs-book.obs.cn-east-2.myhuaweicloud.com/AscendAIChipArchitectureAndProgramming.zip。

2．创建算子工程

根据流程，可以创建出一个 AI Core 算子工程，核心源码如表 5-5 所示。和 AI CPU 算子工程相比，AI Core 算子工程非常简单，其中最为重要的就是以下两个文件。

表 5-5　AI Core 算子核心代码

目　　录	文　　件	说　　明
operator	reduction. py	算子实现代码文件
plugin	caffe_reduction_layer. cpp	算子插件代码文件
	Makefile	算子编译规则文件

reduction. py：基于特定域语言开发的 Python 程序，实现算子计算逻辑，需要开发者编程实现。

caffe_reduction_layer. cpp：实现算子插件逻辑，需要开发者编码实现。

3．算子逻辑开发

基于特定域语言的 AI Core 算子开发的大致流程和 TVM 开发一致，由以下几部分组成。

1）导入 Python 模块

如代码 5-64 所示，分别导入昇腾 AI 软件栈提供的 Python 模块，其中 te. lang. cce 引入了目前支持的特定域语言接口，包括常见的运算 vmuls、vadds、matmul 等；te. tvm 引入了 TVM 后端代码生成机制；topi. generic 提供了自动算子调度的接口；topi. cce. util 则提供了数据形状、类别相关校验等工具。

```
import te. lang. cce
from te import tvm
from topi import generic
from topi.cce import util
```

代码 5-64　导入 Python 模块

2）算子实现函数定义

如代码 5-65 所示，一个算子的实现函数中包含了输入张量的形状、类别、算子参数、算子内核名，以及相应的编译、打印等配置。该函数会被插件代码通过 C++ 的 Python 调用接口调用，在离线模型生成器进行模型转换时运行。

```
def reduction(shape, dtype, axis, op, coeff, kernel_name = "Reduction", need_build =
True, need_print = False)
```

代码 5-65　算子实现函数定义

3）算子实现逻辑

一个典型的 Reduction 求和的计算逻辑如代码 5-66 所示。可以看出，这种写法和 TVM 开发一致，只需要定义好输入数据的张量占位符，然后调用 te. lang. cce 中的各种特定域语言接口即可。整个计算过程中，data 为输入张量，res 为输出张量，使用 vmuls（向量乘），sum（求和）以及 cast（类型转换）来组成中间的计算逻辑。

```
data = tvm. placeholder(shape1, name = "data_input", dtype = inp_dtype)
with tvm. target. cce():
    cof = coeff
    data_tmp_input = te. lang. cce. vmuls(data, cof)
    tmp = data_tmp_input
    res_tmp = te. lang. cce. sum(tmp, axis = axis)
    res = te. lang. cce. cast_to(res_tmp, inp_dtype, f1628IntegerFlag = True)
```

代码 5-66　算子计算逻辑实现

4）算子调度与编译

如代码 5-67 所示，当定义完计算逻辑后，使用 auto_schedule 机制，便可以自动生成相应的调度，此处通过 TVM 的打印机制可以看到相应计算的中间表示。配置信息包括是否需要打印、编译以及算子内核名以及输入、输出张量。

```
sch = generic. auto_schedule(res)
config = {
    "print_ir": need_print,
    "need_build": need_build,
    "name": kernel_name,
    "tensor_list": [data, res]
}
te. lang. cce. cce_build_code(sch, config)
```

代码 5-67　算子编译

需要注意的是，张量列表中保存输入、输出张量，这个顺序需要严格按照算子本身的输入、输出数据顺序排列。

最后，根据调度和配置便能够使用 te.lang.cce 提供的 cce_build_code 接口来进行算子编译。算子编译过程会根据输入的数据形状、类别、算子参数等编译出专用内核，这个过程在离线模型生成器转换模型时发生。

4. 算子插件开发

算子插件开发流程和 5.3.2 节中的开发流程基本一致，但略微有些不同。AI Core 算子插件开发中最为重要的是算子注册、算子参数解析函数、推断算子输出描述函数以及 TBE 算子编译函数。

其中 AI Core 算子的参数解析函数和推断算子输出描述函数与 AI CPU 算子插件开发一致，此处不再介绍。AI Core 算子不需要更新算子描述函数，但是必须有 TBE 编译函数。

1) 算子注册

Reduction 算子注册代码如代码 5-68 所示，其中 custom_reduction 可以任意指定，但不能和离线模型文件中的算子名冲突。该插件代码针对 Caffe 框架，相应算子通过 TVM 实现，运行在 AI Core 上。

```
REGISTER_CUSTOM_OP("custom_reduction")
    .FrameworkType(CAFFE)
    .OriginOpType("Reduction")
    .ParseParamsFn(CaffeReductionParseParams)
    .InferShapeAndTypeFn(CaffeReductionInferShapeAndType)
    .TEBinBuildFn(CaffeReductionBuildTeBin)
    .ImplyType(ImplyType::TVM);
```

代码 5-68　Reduction 算子注册（AI Core 算子）

2) TEBinBuildFn

该函数用于编译算子。函数声明和代码 5-49 中一致。该函数在离线模型生成器进行模型转换时调用，主要完成以下流程：

（1）获取所有张量信息，包括形状、类别等，以及各种算子参数。在转换模型时，这些信息都已经确定。

（2）指定算子实现文件、算子实现函数和内核名。

（3）指定编译生成的内核路径以及内核信息的 json 文件路径。

（4）调用 te::BuildCustomop 函数来调用算子实现文件的 Python 函数编译算子。

BuildCustomop 函数调用如代码 5-69 所示,其函数声明可以参考 DDK 安装路径下的 include/inc/custom/custom_op.h。其中,前面省略的参数是其本身配置参数,包括 DDK 的版本信息配置等,"(i,i,i,i), s, i, s, f, s"和代码 5-65 中的算子实现函数的定义一致,i 表示整型数据,s 表示字符串类型,f 表示单精度浮点数类型;后面省略的参数表示对应的参数值,BuildCustomop 会根据这些参数调用算子实现函数,再通过 TVM 机制生成内核,保存在指定的路径下。

```
te::BuildTeCustomOp(..., "(i,i,i,i), s, i, s, f, s", ...);
```

代码 5-69　编译自定义 TBE 算子函数

本小节所涉及工程可以参考本书代码参考网址[①],具体的开发流程可以直接参考附录 B 中的《TE 自定义算子开发指导》。

5.4　自定义应用开发

昇腾 AI 软件栈能够让开发者根据自己的需求开发计算引擎,同时根据实际应用场景和设备情况,配置计算引擎之间的串联和并行计算方式,编译之后生成应用并运行。

1. 开发动机

昇腾 AI 软件栈自带了很多预先定义的计算引擎,可以实现将图像缩放到固定大小,或者用来加载离线模型文件进行推理计算等功能。但是由于开发者的实际应用需求不同,往往需要根据需求自己开发计算引擎,一般存在以下几种情况:

(1) 需要按照自己的应用需求读取数据,比如从摄像头获取数据,或者从本地文件读取数据,又或者是从网络流获取数据。这种情况下,需要根据自己的需求开发数据引擎。

(2) 需要对数据进行特定的预处理,比如将视频解码,或者将图片解码,或者需要对图片进行指定的裁剪和缩放操作。这种情况下,需要根据自己的预处理需求来开发预处理引擎。

---

① 本书代码参考网址: https://github.com/Ascend/AscendAIChipArchitectureAndProgramming 或 https://obs-book.obs.cn-east-2.myhuaweicloud.com/AscendAIChipArchitectureAndProgramming.zip。

（3）需要修改模型输入的数据格式，比如图像数据不再是 224×224 大小，或者数据不是 RGB 而是 YUV。这种情况下，需要根据自己的需求来开发模型推理引擎。

（4）需要对数据进行特定的后处理，比如将模型推理结果保存在文件中，或者根据数据在图像上标注的类别、概率等信息。这种情况下，需要根据自己的需求来开发后处理引擎。

（5）有时还会根据需求添加额外的处理流程，这时候就需要重新定义一个新的计算引擎来完成相应的工作。

2. 开发流程

基于昇腾 AI 处理器的应用开发流程一般包括以下步骤。

（1）新建应用开发工程。在工程中，单独为每一个计算引擎新建一个源文件和一个头文件，为每一个计算引擎完成开发相应功能。

（2）新建流程图的配置文件，配置计算引擎的配置信息和计算引擎之间的连接信息。

（3）新建主函数源文件，控制整个应用的逻辑，包括流程图的构建、运行及销毁等操作。

（4）根据计算引擎的配置选用相应的编译器工具链来编译应用。

3. 计算引擎的串联配置

在应用开发工程中，应用程序的流程图通过专门的 prototxt 文件保存，其中保存了计算引擎的配置和相互之间的连接。和 Caffe 的 prototxt 文件一样，通过 protobuf 库来保存相关配置信息，其参数格式由专门的 proto 文件定义。具体的 prototxt 文件可以参考 DDK 安装路径下的 ./sample/hiaiengine/test_data/config/sample. prototxt 文件，对应的 proto 文件可以参考 DDK 安装路径下的 include/inc/proto/graph_config. proto 文件

一个典型的应用流程图的配置文件中主要包含以下 3 种消息。

（1）graphs：流程图消息。如代码 5-70 所示，一个流程图消息包含流程图的 ID、优先级、设备 ID 以及多个计算引擎（engines）和连接（connects）消息，此处有 3 个计算引擎和 2 条连接。

需要注意的是，一个流程图可以运行在一个或多个芯片上，同时也可能运行在多块 PCIe 卡上，因此，如果需要运行在不同芯片上，就需要在此处指定设备 ID，默认情况

下，只使用设备 ID 为 0 的芯片。

```
graphs {
    graph_id: 100
    priority: 1
    device_id: 0
    engines {...}
    engines {...}
    engines {...}
    connects {...}
    connects {...}
}
```

代码 5-70　流程图消息

（2）engines：计算引擎消息。如代码 5-71 所示，一个计算引擎消息包含 ID、引擎名、运行端以及线程数等消息，此处包含其中一部分。

```
engines {
    id: 1000
    engine_name: "SrcEngine"
    side: HOST
    thread_num: 1
}
```

代码 5-71　计算引擎消息

需要注意的是，运行端（side）决定了该引擎在主机端还是设备端运行，数字视觉预处理引擎和推理引擎一定在设备端运行，也就是在昇腾 AI 处理器上运行。而数据准备引擎和数据后处理引擎需要根据硬件平台决定，比如 Atlas 200 开发板上运行有 Ubuntu 系统，数据准备引擎和数据后处理引擎都运行在设备端。而在 PCIe 加速卡上，数据准备引擎和数据后处理引擎一般都运行在主机端。

（3）connects：引擎连接消息。如代码 5-72 所示，包含两个引擎的 ID 以及引擎端口的 ID。

```
connects {
    src_engine_id: 1000
    src_port_id: 0
    target_engine_id: 1001
    target_port_id: 0
}
```

代码 5-72　引擎连接消息

4. 计算引擎开发

代码 5-73 展示了一个自定义引擎的声明模板。所有和计算引擎相关的头文件都定义在 DDK 下的 include/inc/hiaiengine。在代码 5-73 中：

（1）整个计算引擎类继承 Engine 父类，计算引擎子类名可以任意指定。

（2）Init 函数为初始化函数，一般只有模型推理引擎中使用，根据输入参数来启动 AI 模型管家，进一步加载离线模型文件。其他引擎中可以不用重载该函数。

（3）开发者可以根据计算引擎需求自行修改子类的构造和析构函数。

（4）通过 HIAI_DEFINE_PROCESS 声明该计算引擎有 1 个输入端口和 1 个输出端口。

```
#include "hiaiengine/api.h"
#define ENGINE_INPUT_SIZE    1
#define ENGINE_OUTPUT_SIZE   1
using hiai::Engine;

class CustomEngine : public Engine {
public:
    // 只在模型推理引擎使用
    HIAI _ StatusT Init (consthiai:: AIConfig& config, const std:: vector < hiai::
AIModelDescription > & model_desc) {};
    CustomEngine() {};
    ~CustomEngine() {};
    HIAI_DEFINE_PROCESS(ENGINE_INPUT_SIZE, ENGINE_OUTPUT_SIZE)
};
```

代码 5-73　计算引擎声明模板

代码 5-74 展示了一个自定义引擎的定义模板。其中：

（1）通过 HIAI_IMPL_ENGINE_PROCESS 来注册计算引擎，需要指明引擎名（需要和流程图配置文件中的引擎名对应），对应类以及引擎的输入端口数目。

（2）数据通过 void 类型的指针 arg0、arg1、arg2 等来获取，计算引擎有多少个输入端口，就有多少个这样的指针。

（3）由于 arg0 是 void 类型，因此需要将该指针转换成所需类型的指针，其中 custom_type 为自定义类型，需要开发者自己定义需要传递数据的类型。

（4）基于输入数据做相应的操作，之后就需要将数据重新转换成 void 指针类型，通过 SendData 传输过去。其中，0 表示输出端口号；custom_type 表示数据类型；input_arg 为实际的数据。

```
# include < memory >
# include "custom_engine.h"

HIAI_IMPL_ENGINE_PROCESS("CustomEngine", CustomEngine, ENGINE_INPUT_SIZE)
{
    // 接收数据
    std::shared_ptr < custom_type > input_arg =
        std::static_pointer_cast < custom_type >(arg0);
    // 做些事情
    func(input_arg)
    // 发送数据
    SendData(0, "custom_type", std::static_pointer_cast < void >(input_arg));
    return HIAI_OK;
}
```

代码 5-74 计算引擎定义模板

5. 计算引擎串联

通过主函数的控制，所有计算引擎将会被初始化，并开始接收、处理和传递数据，一个典型的实现过程如图 5-20 所示。其中：

步骤 1 主函数调用 HIAI_Init，初始化整个 HiAi 环境。

步骤 2 主函数调用 CreateGraph，获取前文提到的流程图配置文件，创建流程图对象。在这个过程中，会以此创建计算引擎对象，并调用相应的 init 函数。一个进程中可以同时创建多个流程图对象，不同流程图可以独立运行在不同的设备（芯片）上。

步骤 3 主函数调用 GetInstance，获取流程图对象。

步骤 4 主函数调用 HIAI_Dmalloc 分配内存。

步骤 5 主函数调用 SetDataRecvFunctor，设置回调函数用来接收数据。

步骤 6 主函数读取数据，通过调用 SendData 将数据发送给数据准备引擎。

步骤 7～8 源引擎接收数据，做相应的处理，将数据传送给数字视觉预处理引擎。

步骤 9～14 数字视觉预处理引擎接收数据，通过调用 DVPP 提供的接口，对数据进行相应的处理，比如图像缩放、裁剪等，将数据传递给推理引擎。

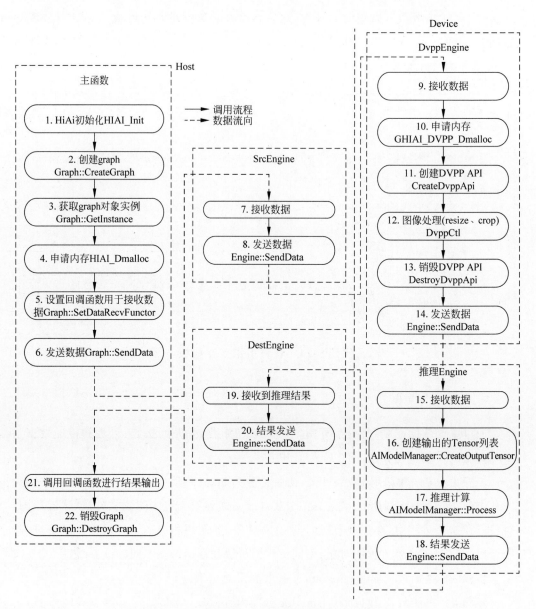

图 5-20　计算流程实现

步骤 15～18　在计算引擎对象创建时,推理引擎已经通过 AI 模型管家加载了离线模型文件,在接收到 DVPP 传来的数据后,通过调用 AI 模型管家的 Process 函数来进行具体的模型推理,将结果传递给数据后处理引擎。

步骤 19～20　数据后处理引擎接收到数据后,做一定的处理,并将数据传回主函数。

步骤 21　主函数通过回调函数获取数据，并将结果输出。

步骤 22　主函数调用 DestroyGraph 销毁流程图对象。

本小节所涉及工程可以参考本书代码参考网址[①]，具体的开发流程可以直接参考附录 B 中的《应用开发指导》。

[①]　本书代码参考网址：https://github. com/Ascend/AscendAIChipArchitectureAndProgramming 或 https://obs-book. obs. cn-east-2. myhuaweicloud. com/AscendAIChipArchitectureAndProgramming. zip。

实战案例

　　人工智能从理论研究到工业实践的应用爆发需要具备三个条件，即算法、算力、数据。在昇腾 AI 处理器提供的算力基础上，本章将为读者介绍人工智能的另外两个支点：数据和算法。本章分为两节：第一节介绍图像分类算法和视频目标检测算法的常用评价标准，以及推理侧硬件的常用评价标准；第二节以图像识别和视频检测为案例，拉通数据集和典型算法，讲解昇腾 AI 处理器上的自定义算子开发和端到端的应用实践[①]。

　　如果将机器学习看作一本故事书，那么里面分了训练和推理两个不同的主线，其中的主角略有不同，前者在算法科学家身上倾注了更多笔墨，而站在后者舞台中央的角色则是算法工程师。如图 6-1 所示，更多的用户产生了更多的数据，为了对它们进行更好的表征，算法科学家们更加努力，模型变得更大、更准确，结构也变得更复杂，对训练硬件的要求也更强；于是，更多的工程师在更丰富的场景完成部署，也由此吸引了更多的用户，产生了更多的数据。这一系列的"更"字，形成了业务上的闭环，环环相扣，推动了人工智能领域的发展。

　　人工智能领域的开发者，或者说算法科学家们，往往对训练的过程更为了解，"炼金术师"们精巧地设置各个网络的参数，设计各种或复杂或简洁的算子，然后在给定的数据集上验证自己设计的算法的性能。就卷积算子而言，前文中已经对基本卷积的实现进行了介绍，然而科学家们不满足于其对数据的表征，提出了一系列卷积的扩展方法。例如，空洞卷积[②]能够在相同计算资源的条件下，感知更大的范围；而可变卷积[③]则能够用同等数目的权重更好地描述目标物体。

　　而人工智能领域的实践者，则更关心推理的过程，他们常常需要的是对每秒数十

---

　　① 案例篇中涉及的代码可参考 https://github.com/Ascend/AscendAIChipArchitectureAndProgramming 或 https://obs-book.obs.cn-east-2.myhuaweicloud.com/AscendAIChipArchitectureAndProgramming.zip。

　　② 参见 https://www.kdd.org/kdd2018/accepted-papers/view/smoothed-dilated-convolutions-for-improved-dense-prediction。

　　③ 参见 https://arxiv.org/pdf/1703.06211.pdf。

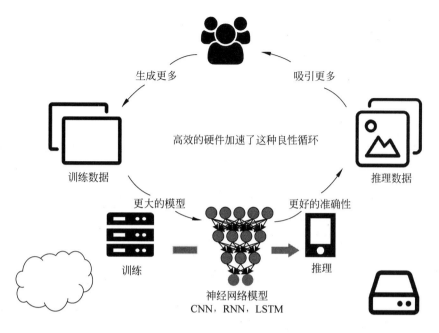

图 6-1　深度学习业务流：从学术研究到工业实践

帧乃至数百帧高清图像进行实时处理。例如,一家针对无人机的视频检测进行研发的公司,几乎没可能接受动辄数百层的网络。对重量受限的低成本无人机来说,高达几百兆的模型和几十瓦的耗电量无疑是巨大的考验。基于此,在算法层面有效压缩存储和计算量的研究近年来受到了越来越多的关注。从 MobileNet[①] 到 ShuffleNet[②],借助于组卷积(Group Convolution)和深度可分离卷积,这些压缩版的网络采用少得多的权重、高得多的效率,取得了和原有的大型卷积网络(如 GoogLeNet、VGG16)一样好的表现。

　　基于此,华为推出了从端侧(见图 6-2)到云侧(见图 6-3)的全栈、全场景智能解决方案。全栈指的是从技术视角看,华为拥有包括 IP 和芯片、芯片使能、训练和推理框架以及应用使能在内的全栈方案;而全场景则是指从业务视角看,华为能够服务包括公有云、私有云、各种边缘计算、物联网行业终端以及消费类终端等在内的全场景部署环境。

　　作为人工智能的算力基座,昇腾 AI 处理器发展了包括 Max、Mini、Lite、Tiny 和 Nano 五个系列在内的适合不同场景的计算芯片;在其上提供了芯片算子开发接口

---

① 　参见 https://arxiv.org/pdf/1704.04861.pdf。

② 　参见 https://arxiv.org/pdf/1707.01083.pdf。

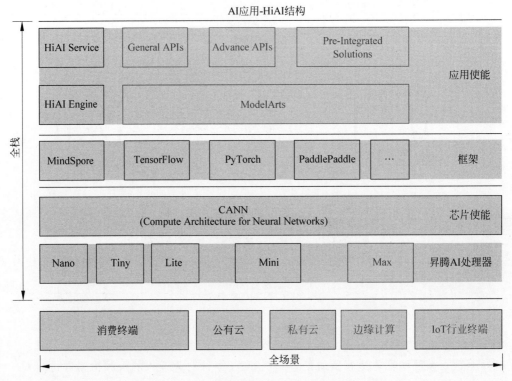

图 6-2　华为端侧解决方案 HiAI 概览图

CANN(Compute Architecture for Neural Networks)，CANN 的具体功能由软件栈中 L1 芯片使能层负责实现，同时 L1 芯片使能层对外开放 TBE 和数字视觉预处理模块，主要完成 TBE 算子开发和数字视觉预处理功能实现。因此研发人员通过 CANN 可以丰富昇腾 AI 处理器算子库和增强数字视觉预处理能力，帮助研发人员更好地发挥昇腾 AI 处理器的算力。与此同时，作为支持端、边、云独立的和协同的统一训练和推理框架，华为自有的 MindSpore 对算法研究人员十分友好，使得模型的表现得到进一步提升；在应用层，能够提供全流程服务的 ModelArts 为不同需求的用户提供了分层 API 和预集成方案。

作为一款典型的推理芯片，昇腾 310 以其低功耗、高性能的优势，定位于深度神经网络设备侧的高效推理，致力于通过简单完备的工具链，从自动量化到流程编排，帮助用户实现网络的高效实现和迁移。由于篇幅所限，本书不会对神经网络的设计和结构细节进行深入讨论，而会将更多注意力放到昇腾 AI 处理器对各种网络的支持上，展示如何将合适的网络迁移到昇腾系列芯片开发平台。

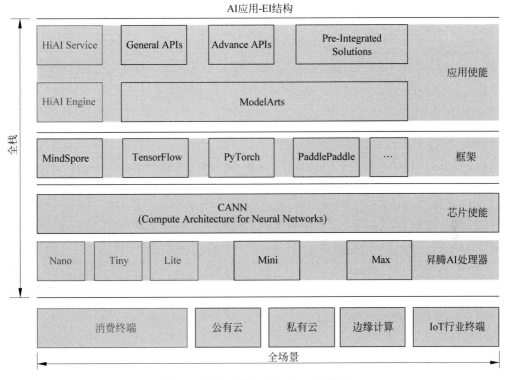

图 6-3 华为云侧解决方案 EI 概览图

6.1 评价标准

这一节将简单介绍图像分类算法和视频目标检测算法的常用评价标准(精度、精准度、召回率、F1 分数、交并比、均值平均精度等),以及推理侧硬件的常用评价标准(吞吐量、时延、能效比等)。

6.1.1 精度

对于分类问题来说,精度(Accuracy)可能是较为直观的评价方法,它指的是正确分类的样本占总样本的百分比。

$$精度 = 分类正确的样本数目 / 总样本数目$$

不妨从下面这个例子开始：

> **数据集 1：苹果和梨**
>
> 仓库里有 100 个苹果，100 个梨，都是圆形的。苹果中有 90 个黄色的，10 个绿色的；梨中有 95 个绿色的，5 个黄色的。
>
> 请设计一个能够分类苹果和梨的分类器。

显然，分类器设置的一种可行方案是{"黄色＝苹果"，"绿色＝梨"}，也就是说认为所有黄色的水果都是苹果，绿色的水果都是梨。至于形状，因为苹果和梨的形状都是圆形的，没有什么区别，可以暂时忽略这个特征。

这个分类器的精度是：

$$精度＝\frac{分类正确的样本数目}{总样本数目}\times100\%＝\frac{90＋95}{100＋100}\times100\%＝92.5\%$$

看起来还不错，是吗？

下面，稍微修改一下数据集：

> **数据集 2：苹果和梨**
>
> 仓库里有 10 000 个苹果，100 个梨，都是圆形的。苹果中有 9000 个黄色的，1000 个绿色的；梨中有 95 个绿色的，5 个黄色的。
>
> 请设计一个能够分类苹果和梨的分类器。

直观上，这个例子和上面的例子没有什么区别，还是有 90% 的苹果是黄色的，95% 的梨是绿色的，只是水果的数目变了一下。可以继续使用上文中提到的分类器，{"黄色＝苹果"，"绿色＝梨"}：

$$精度＝\frac{分类正确的样本数目}{总样本数目}\times100\%＝\frac{9000＋95}{10\ 000＋100}\times100\%＝90.05\%$$

看似结果也没什么问题，不过若是根据形状来创造一个分类器，比如说{"圆形"＝苹果，"方形＝梨"}呢？数据中并没有出现"方形"这个属性，可以用任何一个不是圆形的属性来代替，比如"三角形"也是可以的。那么所有圆形的水果都会被认为是苹果，也就是所有的梨也会被认为是苹果。来看看这个分类器的表现：

$$精度＝\frac{分类正确的样本数目}{总样本数目}\times100\%＝\frac{10\ 000}{10\ 000＋100}\times100\%＝99.01\%$$

虽然拿形状分类非常不合理，因为所有的水果都被分到了一类里面，这个分类器严格意义上来说是没有任何价值的,但是它却比上面按照颜色来分类的分类器在精度上的数字要好得多,这其中的原因值得思考。在某些应用场景下,单纯拿精度作为模型的评价标准甚至会带来严重后果。极端一点,将地震预测的场景作为例子,如果每秒采样一次,那么在一天内将会有 86 400 个数据点,一个月下来近 260 万个数据点中也不见得会有一个正样本。如果以精度为衡量标准,模型毫无疑问会选择对每一个测试用例都将类别划分为 0,以达到超过 99.9999% 的精度,也就导致地震来临时,模型会选择无视,从而带来巨大损失。也因此,科研人员会选择"宁可误报,也不放过"。对于一些发生概率比较小的疾病来说,医生的选择也是如此。宁可选择让疑似患者多做几次检查,也不会放过看起来很低概率的患病可能。

对于这种数据集中不同类别数据的数量相差巨大的分类问题,一般叫作不平衡数据的分类问题。为了更好地评价这一类问题,需要引入一些新的概念。

如表 6-1 所示,若预测结果是梨(阳性),且真实标签也是梨,则这次预测属于真阳性(TP);如果预测值是梨,但是真实值是苹果,则这次预测属于假阳性(FP);如果预测值是苹果(阴性),且真实值也是苹果,则这次预测属于真阴性(TN);如果预测值是苹果,但是真实值是梨,则这次预测属于假阴性(FN)。

表 6-1　分类结果示意表

预 测 类 别	真 实 类 别	
	梨(阳性)	苹果(阴性)
梨(阳性)	真阳性(True Positive,TP)	假阳性(False Positive,FP)
苹果(阴性)	假阴性(False Negative,FN)	真阴性(True Negative,TN)

基于此,可以定义:

$$精准度(Precision) = \frac{真阳性样本数目}{所有预测类别为阳性的样本数目} = \frac{TP}{TP + FP}$$

$$召回率(Recall) = \frac{真阳性样本数目}{所有真实类别为阳性的样本数目} = \frac{TP}{TP + FN}$$

回到上面的水果形状分类器{"圆形"=苹果,"方形=梨"},如表 6-2 所示。

表 6-2　分类器表现样例

预 测 类 别	真 实 类 别	
	梨(阳性)	苹果(阴性)
梨(阳性)	0	0
苹果(阴性)	100	10000

$$精准度 = \frac{真阳性样本数目}{所有预测类别为阳性的样本数目} = 0$$

$$召回率 = \frac{真阳性样本数目}{所有真实类别为阳性的样本数目} = 0$$

显然，形状分类器在精准度和召回率的评价标准下，不再会对开发人员产生误导。对于具体的案例来说，要根据数据和特征的实际分布，合理设定评价标准。如果希望能够得到相对平衡的分类结果，可以考虑采用 F1 分数进行评价：

$$F1 \, 分数 = \frac{2 \times 精准度 \times 召回率}{精准度 + 召回率} = \frac{2TP}{2TP + FP + FN}$$

确定评价标准之后，不妨再回头看一眼最开始的数据集 1。仓库里的 200 个水果是否能够代表所有的苹果和梨？是否存在其他的水果？真实世界里的苹果颜色分为几类？它们各占多大比例？红色的苹果和黄色的杏子是否会被错误分类？圆形的橙子和五角星形状的杨桃呢？诸如此类的问题不胜枚举，实际上，数据集的收集和整理是一切智能任务成功的前提。随着算法的不断发展，能够处理的特征类型越来越多，对数据的需求也越来越高。读者需要根据实际的任务，对采样的范围和类型做出正确的假设，才能够训练出表现良好的模型。篇幅所限，这里不对包括过拟合/欠拟合在内的各类建模细节进行细致讲解，有兴趣的读者可以自行参阅由伊恩·古德费罗（Ian Goodfellow）、本吉奥和亚伦·库维尔（Aaron Courville）三位深度学习奠基人撰写的《深度学习》一书。

最后回顾一下，单纯的精度评价并没有考虑分类目标，只是计算每一类分类正确的数量，然后求和计算百分比。对于类别不均衡的问题，使用精度作为衡量标准的时候要相当谨慎。在工程实践中，可以参考精准度、召回率和 F1 分数等评价标准，结合实际案例的数据和标签特征，对分类器进行评价。

6.1.2　交并比

在图像分类的基础上，根据具体应用场景不同可以延伸出一系列更复杂的任务，如目标检测、物体定位、图像分割等。其中目标检测是一件比较实际且具有挑战性的计算机视觉任务，可以看成是图像分类与定位的结合。给定一张图片，目标检测系统要能够识别出图片中存在的对象（目标），并给出其位置。由于图片中目标数是不定的，且要给出每个目标的精确范围，目标检测相比分类任务更复杂，其评价标准争议也更大。

如图 6-4 所示，目标检测算法能够给出一系列矩形框和标签，每个矩形框即为预测目标的边界,对应给出框内目标的类别以及它们的位置。直观地,开发人员需要对这两项输出分别进行评价。为了评价物体的边界框是否准确,人们引入了交并比(Intersection over Union,IoU)这一概念;为了评价预测的类别标签是否正确,又引入了均值平均精度(mean Average Precision,mAP)这一概念。

交并比的含义非常直观,指的就是预测的边界框和真实的边界框的交集。显然,相交的区域越大越准确,完全重合肯定是最准确的情况。

$$\text{交并比} = \frac{\text{预测边界} \bigcap \text{真实边界}}{\text{预测边界} \bigcup \text{真实边界}}$$

在图 6-5 中,不妨用实线边框示意物体"橙子"的真实边界,虚线边框示意预测边界。一般来说,可以用矩阵左上角的坐标和右下角的坐标对矩阵进行定义,即有

$$\text{预测边界} = \{(\text{xp1},\text{yp1}),(\text{xp2},\text{yp2})\}$$
$$\text{真实边界} = \{(\text{xt1},\text{yt1}),(\text{xt2},\text{yt2})\}$$

图 6-4　目标检测场景案例

图 6-5　交并比示意图

交并比的概念并不难理解,那么应该怎样实现呢? 预测边界和真实边界的相对位置是否会对计算方式产生影响? 是否应该分情况讨论两个边界是否相交? 相交的时候是否会出现嵌套覆盖的情况?

猛然一看,貌似确实需要分情况讨论预测边界与真实边界的相对位置和相交形式,考虑各种坐标情况进行判断。但是实际上,交并比的计算并没有这么复杂。对于求交运算来讲,预测边界与真实边界可以任意调换位置,只需要计算两个边界框的相交边框坐标就足够了。如果两个边框不相交,则输出的交并比必然为零。

代码 6-1 就是求交并比的代码,不妨以图像左上角为坐标原点$(0,0)$,令 x 轴向右延伸,y 轴向下延伸;输入参数为预测边框和真实边框的左上角与右下角的坐标,返回的浮点数范围为$[0,1]$。假设图 6-5 中两个边框重叠的部分为 inter,则其左上角横坐

标 inter_xmin 为 {xp1，xt1} 中更大的那个，左上角纵坐标 inter_ymin 为 {yp1,yt1} 中更大的那个。同理，可以得到两个边框交集右下角的坐标 (inter_xmax,inter_ymax)。这里要注意，如果边框完全不重叠，则 inter_xmax-inter_xmin 可能出现负数，这里需要采用 np.maximum 函数将其置零。在 x 轴和 y 轴中有任意一轴不重叠，则预测边框和真实边框不重叠。由两个边框交点的对角坐标即可得到预测边框和真实边框重叠部分的面积，即为交集面积；再由两个边框面积相加，得到并集面积，用交集面积相除即可得到交并比。

```
def get_IoU(xp1, yp1, xp2,yp2,xt1, yt1, xt2,yt2):
    inter_xmin = max(xp1, xt1)
    inter_ymin = max(yp1, yt1)
    inter_xmax = min(xp2, yt2)
    inter_ymax = min(yp2, yt2)
    inter_area = np.maximum(inter_xmax - inter_xmin, 0.) * np.maximum(inter_ymax -
inter_ymin, 0.)
    pred_area = (xp2 - xp1) * (yp2 - yp1)
    truth_area = (xt2 - xt1) * (yt2 - yt1)
    union_area = pred_area + truth_area - inter_area
    return inter_area / union_area
```

代码 6-1　交并比计算代码

读者感兴趣的话，可自行构建样例进行测试。在实际编程中，通常会在计算面积的时候给长和宽各加 1。

6.1.3　均值平均精度

均值平均精度，顾名思义，指的是各类别的平均精度（Average Precision）的平均值。这里的平均精度指的是精准度-召回率曲线（Precision-Recall 曲线，PR 曲线）下的面积。

对于绝大部分算法来说，在预测某个数据样本时，会产生一个在 [0,1] 的置信度，如果这个置信度高于某个阈值，则会将此样本判定为正样本，否则则是负样本。显然，如何设定这个阈值会直接影响到预测结果。在案例实践中，可以通过阈值的调整来控制网络的精准度和召回率。如果精准度高，召回率就会相对较低，反之亦然。总之，精准度描述了在预测为正例的结果中，有多少实际标签为正；召回率则描述实际标签为正的样本中，有多少被模型预测为正例。不同的任务对评价标准有不同偏好，常常在某一类准确度不低于一定阈值的情况下,努力提升另一类准确度。例如,如果希望至少有 70% 的正样本被检测出来,则可以控制在召回率不低于 0.7 的前提下,精准度尽可能高。

更直观地,可以画出精准度-召回率曲线[①],其中纵轴 P 代表精准度,横轴 R 代表召回率。借助于 sklearn 中自动生成分类数据集的代码,可以轻松画出一条典型的精准度-召回率曲线,如图 6-6 所示,可以看到随着召回率的提升,精准度逐步降低。在实践中,由于通常难以计算精准度-召回率曲线下的精确面积,通常按照一定的步长(如 0.01)将召回率的值从 0 到 1 逐渐滑动,求得近似平均精度。

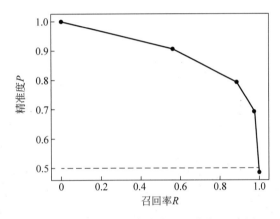

图 6-6 精准度-召回率曲线(PR 曲线)示意图

在目标检测问题中,常用均值平均精度作为一个统一的指标将这两种错误兼顾考虑。由于目标检测输出的特殊性,需要根据交并比的值来确定是否准确地识别到了某个类别的物体。读者可以根据实际情况,自行定义阈值。一般来说,常用的交并比阈值为 0.5。实践中,对于每张图片,检测模型输出多个预测边界(常常远超真实边界的个数),当某个物体的预测边界与实际边界的交并比大于 0.5 时,认为预测的这个边界框是正确的。如果小于 0.5,那么预测的边界框就认为是错误的。标记完成后,随着预测框的增多,召回率会相应提升,在不同的召回率水平下对精准度求平均,即可得到其对应的平均精度值。对所有物体类别的平均精度值求平均,则能够得到最终的均值平均精度。

这里存在一个容易被轻视的问题,即在计算均值平均精度时,交并比的阈值应该被设置成多少。如果阈值设置得过低,则并没有正确检测出边界框的模型也会得到很

[①] 代码可参见 https://machinelearningmastery.com/roc-curves-and-precision-recall-curves-for-classification-in-python/。

漂亮的数字。如图 6-7 所示，Yolo 模型的作者约瑟夫·瑞德蒙（Joseph Redmon）设计了两个目标检测模型，在均值平均精度的评价下，这两个模型都会被认为对目标边界进行了完美预测，尽管模型二的表现实际上与真实标签相距甚远。在 *Best of both worlds：human-machine collaboration for object annotation*[①] 一文中，也提到，实际上人类靠肉眼难以分辨 IoU＝0.3 和 IoU＝0.5 时所对应的目标预测边界。毋庸置疑，这种情况会给实际应用开发带来困扰。具体应该如何评价目标检测的模型，可以酌情依据现实的应用背景进行修正。实践中，也经常对不同的交并比阈值（0.5～0.95，0.05 为步长）分别计算平均精度，再综合平均，甚至可以给出不同大小物体分别的平均精度表现[②]，在后面的目标检测案例中（参见 6.3 节）展示的 MS COCO 数据集即为如此。

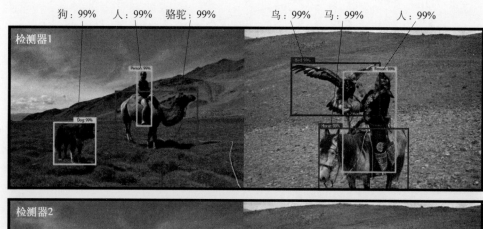

图 6-7　mAP 评价类似的两个模型对比示意图[③]

---

①　http://ai.stanford.edu/~olga/papers/RussakovskyCVPR15.pdf。

②　具体实现可以参考 https://raw.githubusercontent.com/dmlc/gluon-cv/master/gluoncv/utils/metrics/voc_detection.py。

③　图来自于 https://pjreddie.com/media/files/papers/YOLOv3.pdf。

6.1.4　吞吐量和时延

训练环节通常需要涉及海量的训练数据以及复杂的神经网络结构,设法求得模型中参数的合适值,运算量巨大,对于处理器的计算能力、精度、扩展性要求都很高。而推理环节则指利用训练好的模型,使用新的数据去推理出各种结论,如视频监控设备通过后台的深度神经网络模型,判断一张抓拍到的人脸是否可疑。显然,推理侧的运算量要比训练侧少很多,但仍然会涉及大量的矩阵运算。

相对来说,训练侧更看重精度,但推理侧更重要的是实时性和速度,或者说是性能。衡量推理侧整体性能最简单的办法就是吞吐量(Throughput),也就是在运行某个模型时,每秒钟能够处理的图片数量。与之成倒数关系的平均每张图片的用时长度——时延(Latency),也是重要的性能指标之一。一般来说,常用的时延衡量单位是毫秒(ms),且在计算平均值的时候往往会将首帧用时去掉。用 1000(每秒钟的毫秒数)除以平均时延,就得到了吞吐量。

$$吞吐量 = \frac{1000}{时延}$$

前面提到,芯片的算力性能常用 TOPS 衡量,即为在深度学习领域的每秒基础算子操作数。如果将芯片的标称算力作为硬件的衡量标准,那么吞吐量则是软硬件一体化作用的结果,和数据结构、模型结构甚至批量处理的批次大小都有很高的相关性。一般来说,对于同样类型和大小的数据,参数数量越少的模型,处理的绝对速度就越快,吞吐量也就越大。当然,随着深度学习模型的复杂度和参数数量的上升,类似昇腾 AI 处理器这一类专用处理芯片的高算力、低能耗的优势也将会得到更好的体现。

这里需要注意,考虑到不同的计算类型和精度,同一款芯片中定义的操作数会有不同,从而导致吞吐量的不同。所以在标注芯片性能(包括算力、能效比、吞吐量等)时,一般会说明对应的计算类型和精度(如 FP16 或者 INT8),甚至运算模型的神经网络实现架构,才能够相对客观地进行对比。通过量化技术,可以将在 FP32 浮点主机上训练的模型压缩为 FP16 或 INT8 来进行推理计算。一般数据量化精度越低,最终网络推理的精度就越差。好的量化技术能够在提升吞吐量的同时,尽量避免网络推理精度上的损失。

6.1.5　能效比

能效比的单位是 TFLOPS/Watt,也就是在芯片上每瓦特功耗所能提供的算力。

在实际应用中,在给定精度、批处理大小、模型架构、数据特性等前提条件下,也常用 Watt/Image 来衡量对每张图片进行推理所需耗费的功耗。

如前所述,硬件标称的 TFLOPS 数值越高,芯片就算得越快,理论上在同样的算法和数据下,能够提供的吞吐量就越大。但在工程实践中,往往并不是吞吐量越大就越好,需要根据实际的环境来选择芯片的算力规模。不恰当地以灯泡的功率作比方,通常情况下瓦数越大,灯泡越亮。但实际上并非处处都需要 300W 的探照灯,如果当地电力系统条件不够,大功率的灯泡反而无法发光。灯泡的选择会受到供电和环境限制,人工智能芯片亦然。

但是,智能应用的场景更为复杂,依据芯片的架构甚至模型的结构不同,达到同样算力所需的能耗也有所不同。同时,随着算法的进步,深度学习模型变得越来越大,参数的数量及所需的算力也逐步提升。虽然芯片公司会为不同的场景设计不同算力规模的芯片,但在同样的场景下,或者说在同样的能耗限制下,能够获得更高的实际算力无疑是稳赚不赔的“买卖”。

近年来,随着深度学习逐渐发展,数据计算带来的巨大能源消耗也逐渐引起了人们的重视。为了节省能源成本,脸书公司选择将数据中心建在瑞典(离北极圈不远的地方),如图 6-8 所示,因为这里冬天平均气温约 −20℃,外界的冷空气进入中心大楼内,服务器产生的大量热空气和外来的冷空气循环交换,形成自然冷却的过程。紧随其后,美国和挪威合资的科技企业 Kolos 拟建的全球最大的数据中心也已经动工,计划坐落于北极圈内的挪威小城巴恩。数据中心的设计额定功耗为 70MW,峰值预留为 1000MW。

图 6-8　脸书公司建在瑞典北部的数据中心[①]

---

① 图片参考链接:https://lejournal.cnrs.fr/articles/le-difficile-stockage-des-masses-de-donnees。

平均来看,训练一个深度学习模型会产生 284 吨的碳排放量,相当于 5 辆车平均一年的碳排放。也因此,能效比在评价深度学习计算平台时所占的权重将会日益重要。而神经网络计算专用芯片的设计可以根据算法定制,尽量减少冗余的功耗开销,提高计算效率,在需求高性能、低功耗的移动设备侧等应用领域拥有光明的前景。

6.2　图像识别

考虑到深度神经网络在图像领域的高成熟度,本章以图像识别和目标检测为案例,拉通数据集和典型算法,讲解如何在昇腾 AI 处理器上创建典型应用。在图像识别案例中,将讲解基于命令行模式的端到端开发流程,并对模型量化方法作简要介绍。在目标检测案例中,将强调如何自定义网络中的算子,并对影响模型推理性能的因素作进一步讨论。

6.2.1　数据集:ImageNet

在这一节中,考虑到数据集的丰富程度和流行程度,选择 ImageNet[①] 作为图像识别的典型代表。作为当前世界上最大的图像数据集,它拥有约 1500 万张图片,涵盖 2 万多个类别。它也是首个基于 WordNet 语义层次进行组织的数据集,如图 6-9 所示,自左向右代表着 ImageNet 对图片语义层次自上而下的解析,例如"哈士奇"是"工作犬"的子集,"工作犬"是"狗"的子集,"狗"是"犬科"的子集,"犬科"属于"哺乳动物"之下的"脊椎动物"之下的"肉食动物"。尽管 ImageNet 可能对某些层级的定义依旧有歧义,但已经比其他数据集中将"女性"和"人类"分作截然不同的两类来说好得多。有向无环的语义结构对于各类图片的语义特征提取有很高的参考价值。与此同时,树形的组织结构也方便研究者们根据具体需求,选择某些特定的节点训练分类器,提取想要的信息。可以想象,将"猫科"和"犬科"区分的特征,与将"卡车"和"轿车"区分的特征是不同的。

ImageNet 上定义有三类任务:图像识别、单目标检测和多目标检测。其中最流行

---

① 　http://www.image-net.org/about-stats。

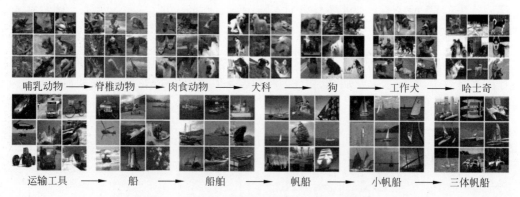

图 6-9　ImageNet 对图像在语义层次上的解析①

的任务当属图像识别，即模型只需判断出图像中可能出现的物体。这一任务的数据大多来自 Flickr 和其他搜索引擎，靠人工在 1000 个物体标签上进行标记——每个图像被认为其中出现且仅出现一类物体。当然，这一类物体的数量可能从一个到多个，大小和形状也会有所不同，在 *ImageNet Large Scale Visual Recognition Challenge*② 一文中，作者对 ImageNet 数据集在 8 个维度上进行了总结，包括物体尺度、实例数量、纹理种类等，保证了数据集的多样性和代表性。与此同时，ImageNet 的图像分类粒度也要比同类数据集 PASCAL 更细，如图 6-10 所示，Pascal 数据集中的一类"鸟"，在 ImageNet 中会被细分成包括火烈鸟、公鸡、松鸡、鹌鹑、鹧鸪在内的一众类别。值得一提的是，这种细化的分类方式也给一部分先验知识不足的人类造成了困扰。在 ImageNet 数据集上，人类的识别错误率达到了 5.1%。其中存在图像质量不高、目标主体不突出的影响，但也有志愿者反馈说是因为自己不能准确认出"鹌鹑"和"鹧鸪"这些并不常见的禽类，从而标记错误。在某种程度上，这也成了近年来在 ImageNet 上机器模型识别准确率高过人类的一部分原因，但这并不说明机器学习的能力已经超越了人类。

伴随着 ImageNet 的诞生和发展，享誉全球的 ImageNet 国际计算机视觉挑战赛（ILSVRC）④在 2010 年拉开帷幕，其常用评价标准为 Top-1 错误率（针对某一张图片，算法给出的概率最高的标签是否符合实际标签）和 Top-5 错误率（算法给出的概率最

---

① 图片源自：http://www.image-net.org/papers/imagenet_cvpr09.pdf。

② 参见 https://link.springer.com/content/pdf/10.1007%2Fs11263-015-0816-y.pdf。

③ 图片源自 https://link.springer.com/content/pdf/10.1007%2Fs11263-015-0816-y.pdf。

图 6-10　ImageNet 图像分类细化样例(在 Pascal 中的"鸟""猫""狗"被细分成各个子类别)①

高的 5 个标签是否包含有实际标签)。2012 年,ILSVRC 竞赛冠军 AlexNet 的诞生,标志着卷积神经网络首次实现 Top-5 误差率为 15.4%,当时的次优模型误差率为 26.2%。这个表现震惊了整个计算机视觉领域。可以说,自那时起,深度学习一夜之间家喻户晓。2014 年的 GoogLeNet 和 VGGNet,2015 年的 ResNet,无一不在深度学习视觉领域书写下浓墨重彩的一笔。也由此,大部分时间当人们提起"在 ImageNet 上训练的模型"时,实际上指的是根据某次 ILSVRC 提供的数据进行训练和测试的模型(常用的是 2012 年的竞赛数据)。同时,研究者们也惊喜地发现,在 ImageNet 上训练好的模型(预训练模型)可以作为图片识别领域其他模型参数微调的基础,尤其是当标记好的训练数据不足时。只要模型从全连接层之前的某一层"拦腰砍断",则从图片到特征的"前半截"就会是一个极好的特征提取器,根据实际需求在后面扣上合适的"帽子",用适量数据进行微调,就会有很好的效果。在图 6-11 中,根据典型应用所收集到的数据集规模及与 ImageNet 的相似程度,简单总结了针对图像识别领域,利用预训练模型进行迁移学习的方法和建议。

　　回头看来,ImageNet 作为论文于 CVPR 2009 发布时,还只能以海报的形式"蜷缩"在角落,十年后的今天却一举拿下 CVPR 2019 的"计算机视觉基础贡献奖"。很多

①　http://image-net. org/challenges/LSVRC/。

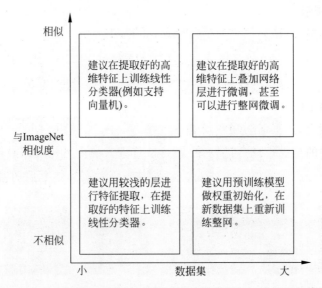

图 6-11　针对图像识别领域,利用预训练模型进行迁移学习的建议

人都将此视作当今这轮人工智能浪潮的催化剂,参与 ImageNet 挑战赛的企业遍布科技行业的每个角落。从 2010—2017 年,短短 7 年内,优胜者的识别率从 71.8％提升到 97.3％,已经超过了人类,并证明了更大的数据可以带来更好的决策。斯坦福大学李飞飞教授表示:"ImageNet 改变了人工智能领域人们对数据集的认识,人们真正开始意识到它在研究中的地位,就像算法一样重要。"

6.2.2　算法:ResNet

深度学习的关键,也许就在于"深"。而真正将神经网络从二三十层的 VGG、GoogLeNet 带入上百层网络俱乐部的技术,非残差结构莫属。作为 ImageNet 数据集上完成图像识别任务最好的网络之一,2015 年,深度残差网络(Deep Residual Net,ResNet)屠榜 ILSVRC,在图像识别、目标检测和定位全部三项任务上都甩开了第二名一大截,其组合模型的 Top-5 误差低至 3.57％,刷新了卷积神经网络精度在 ImageNet 上的历史。作者何恺明提出的残差结构解决了深层网络训练困难的问题,成了深度学习史上的里程碑。

要了解 ResNet,首先可以看一下它解决的问题:神经网络层数过多后产生性能的退化(Degradation)。一般来说,对于层叠卷积层形成的深度学习网络来讲,理论上随着网络层数的增多,特征提取的丰富程度也随之增加,准确率应该也越来越高。但实际上如图 6-12 所示,对于单纯卷积深度网络来讲,56 层网络收敛表现反而不如 20 层的网络。当网络层数大到一定程度时,其准确率就会饱和,再往上添加新的层会导致精度下降。令人惊讶的是,这并非由于过拟合所导致,因为不仅是测试集上的性能下降,训练集上的性能也在下降,而过拟合的一个明显表现是,测试集上的性能随训练集上的性能上升而下降。

在一定程度上,这甚至与人们的直觉相悖——更深的网络怎么可能比浅层网络效果差呢? 在最差的情况下,后面增加的层只要对传入的信号做恒等映射即可,也就是上一层的输出信号流经增加的层之后没有发生变化,信息透传之后的错误率应该是相等的。实际训练过程中,由于优化器(例如随机梯度下降)和数据的局限性,卷积核难以收敛到冲激信号,也就是说卷积层实际上是难以做到恒等映射的,导致模型在网络深度变深之后无法收敛到理论最优结果。虽然有批量标准化技术能够解决反向传播带来的一部分梯度消失的问题,但网络性能随深度增加而变差的问题仍然存在,已经成为限制深度学习表现的瓶颈之一。

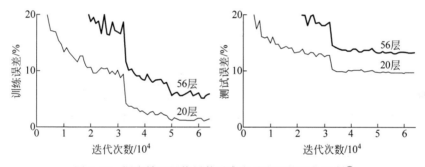

图 6-12　深度神经网络层数过高之后出现的退化现象[①]

为了解决这个问题,ResNet 提出了残差结构,如图 6-13 所示[②],假设输入为 x,希望神经网络学到的映射为 $H(x)$,图中权重层学到的映射为 $F(x)$,除了权重输出外,还有一个分支把输入 x 直接连到输出上,两者做加法得到最终输出,即整个残差模块结构尝试拟合:

$$H(x) = F(x) + x$$

容易看出,如果 $F(x)$ 为零(也就是权重层的参数为零),那么 $H(x)$ 就是前文提到的恒等映射。残差结构通过加了短路(Shortcut)结构,为网络提供了一种快速收敛到

①　图片源自 https://arxiv.org/pdf/1512.03385.pdf

②　在第 5 章中已经出现过,方便读者查阅,重新引用。

恒等映射的方法,试图解决网络性能随深度增加而变差的问题。这个想法看似非常简单,但确实解决了卷积层难以做到恒等映射这一问题,并且在理想函数接近恒等映射的时候,使得优化器更容易找到关于恒等映射的扰动,而不是将其作为新的函数来学习,这一系列特性让 ResNet 在包括 ImageNet 在内的一众图像数据集上都取得了出色表现。

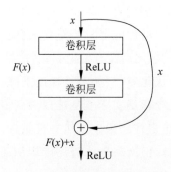

图 6-13　残差网络的短路结构[①]

为了便于理解,基于 VGG 网络(见图 6-14(a))的设计哲学,作者设计了 34 层的普通深度网络(见图 6-14(b)),与深度残差网络(见图 6-14(c))进行对比。普通深度网络中的卷积层主要由 3×3 的卷积核构成,并遵循两个简单的设计规则:①对于相同的输出特征图尺寸,网络层具有相同数量的卷积核;②如果特征图的尺寸减半,则卷积核的数量加倍,以保持时间复杂度。下采样直接通过步长为 2 的卷积层执行。在简单网络的基础上直接插入短路结构,即可将网络转换为其对应的残差版本。实线表示特征信号维度一致,可以直接连接;虚线表示信号维度不一致,可以考虑采用补零或者借助 1×1 卷积的方式来统一维度,之后再进行加法运算。在这里需要注意,ResNet34 的模型比图 6-14 左侧所示的 VGG 网络卷积核更少,复杂度也更低,完成 ResNet34 仅需要 36 亿次浮点数乘加计算,而完成 VGG19 则需要 196 亿次。

为了更好地体现不同深度残差网络结构的性能,设计了 18 层、34 层、50 层、101 层和 152 层的残差网络。在实践中,常用 ResNetN 来表示 N 层的残差网络。在使用更深层次的网络时,为了减少参数量和计算量,会先用 1×1 的卷积将输入的高维度(比如 256 维)降到 64 维,然后通过 1×1 的卷积再恢复。图 6-15(a)是 ResNet18/34 中一个残差模块的结构,而图 6-15(b)是 ResNet50/101/152 中一个残差模块的结构,也称

---

①　图片源自 https://arxiv.org/pdf/1512.03385.pdf。

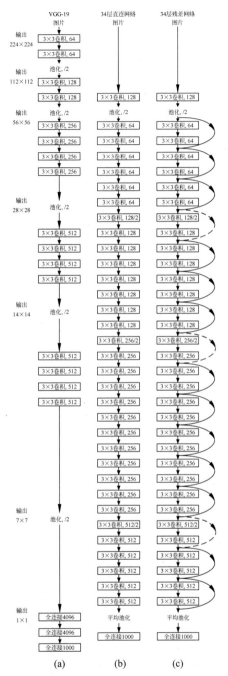

图 6-14 深度残差网络与普通深度网络的对比[①]

---

① 图片源自 https://arxiv.org/pdf/1512.03385.pdf。

为瓶颈设计(Bottleneck Design)。就本例而言,读者不妨自行计算一下,图 6-15(b)采用瓶颈结构后,参数数量与图 6-15(a)普通结构残差模块的差别。

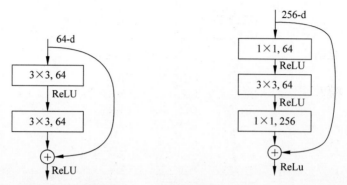

(a) ResNet18和35中残差结构的模式　　(b) 更深网络(ResNet50/101/152)中残差结构的模式①

图 6-15　不同深度残差网络结构①

实践证明,残差网络能够有效解决网络性能随深度增加而变差的问题。在图 6-16 中,可以发现,左边的普通卷积网络出现了明显的网络退化现象,34 层普通深度网络在训练集和校验集上的表现都不如 18 层的网络。而右侧的残差网络则有效克服了这一现象,ResNet34 相对于 ResNet18 的错误率得到了明显降低,且 ResNet34 的错误率明显低于 34 层普通卷积网络的错误率。与此同时,虽然 ResNet18 的结果和 18 层普通卷积网络类似(因为网络层数较少,退化现象不明显),但可以看出 ResNet18 的收敛速度相对更快一些。

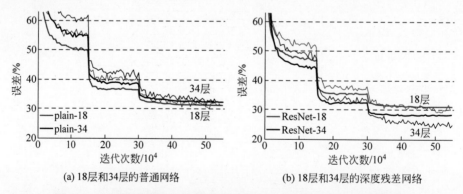

(a) 18层和34层的普通网络　　　　　(b) 18层和34层的深度残差网络

图 6-16　深度残差网络与普通深度网络在 ImageNet 上的训练结果对比

---

① 图片源自 https://arxiv.org/pdf/1512.03385.pdf。

读者可以很容易在 TensorFlow 官方网站[①]上获得残差网络的具体实现。这里要注意的是,本节讲解内容基于 2015 年发表的《深度残差学习图像识别》[②],对应 TensorFlow 官方代码实现中的 v1 版本,作者何恺明在次年(2016 年)发表了另一篇关于深度残差网络的文章《深度残差网络中的恒等映射》[③],对本节中未详细讲解的激活函数、批量归一化的相对位置进行了进一步的讨论,对应代码实现中的 v2 版本。

6.2.3 模型迁移实践

昇腾 AI 处理器提供两种将训练好的模型迁移到芯片上的方式:一种是集成开发环境,工具的英文名称是 Mind Studio;另一种是数字开发者套件。两种方式都基于同一套华为自研的人工智能全栈开发平台,前者提供可视化的智能拖曳式编程,适合于初级开发者的迅速上手;后者提供命令行开发套件,适合高级开发者的定制化开发。

本节中会以命令行(DDK)的方式,带领读者掌握昇腾 AI 平台上应用的部署流程。假设读者已经完成了 DDK 的部署(详细部署方式请参考附录 B 中的《Ascend 310 DDK 样例使用指导(命令方式)》或《Ascend 310 Mind Studio 工具安装指南》),DDK 安装目录为 $ HOME/tools/che/ddk,$ HOME 表示安装用户的根目录。

一般来说,模型迁移包含以下几步(在本节中将逐一进行介绍):

(1) 模型准备:获取模型权重文件,转成昇腾 AI 处理器支持的达芬奇离线模型文件;

(2) 图像处理:通过 DVPP 对图像进行解码、裁剪等操作;

(3) 工程编译与运行:修改编译配置文件,设置 DDK 安装目录、模型路径和项目运行环境参数,编译产生可执行文件;

(4) 结果验证:验证模型推理的运行结果。

1. 模型准备

假设读者已经在主机侧完成了网络的训练,并取得了相应的权重文件。就本例而言,读者可以从 ResNet 作者何恺明的主页[④]上下载到训练好的权重文件。如前所述,残差网络有不同深度的实现,这一链接提供了 ResNet-50、ResNet-101、ResNet-152 等

---

① https://github.com/tensorflow/models/tree/master/official/resnet。

② https://arxiv.org/pdf/1512.03385.pdf。

③ https://arxiv.org/pdf/1603.05027.pdf。

④ https://github.com/KaimingHe/deep-residual-networks。

模型的下载链接；其权重文件（caffemodel）与配置文件（prototxt）一一对应。此处以 50 层的残差网络 ResNet50 为例。

感兴趣的读者可以从其配置文档（比如 prototxt/ResNet-50-deploy.prototxt）中了解 ResNet 的算子和网络结构。例如代码 6-2 的 prototxt 定义样例中的输入参数显示，输入数据是单张具有三通道的图片，其大小为 224×224 像素。读者可以依照此文件中的输入参数准备测试用的输入数据。

```
name: "ResNet-50"
input: "data"
input_dim: 1
input_dim: 3
input_dim: 224
input_dim: 224
```

代码 6-2　prototxt 定义样例（数据层）

若要理解神经网络中的某层的格式，不妨以代码 6-3 的卷积层为例。

```
layer {
    bottom: "data"
    top: "conv1"
    name: "conv1"
    type: "Convolution"
    convolution_param {
        num_output: 64
        kernel_size: 7
        pad: 3
        stride: 2
    }
}
```

代码 6-3　prototxt 定义样例（卷积层）

基于在本书前面章节中掌握的相关知识，很容易看出，字段 bottom 指这一层的输入，top 指这一层的输出。类型参数 type 表示这一层的特性，这里的值为 Convolution，即卷积层。字段 name 代表这一层的名字，可以由读者自由定义，但是要注意网络里面会以这个名字作为此层相对位置的参考，所以这个值需要是唯一的。

接下来是卷积层的参数设置，此卷积层共有 64 个卷积核（代码中的 num_output

字段），卷积核的大小为 7×7（即为代码中的 kernel_size 字段）。字段 pad 指的是对图片的边缘进行扩充的量，默认值为 0，即不扩充。扩充的时候需要上、下、左、右对称。这里卷积核的大小为 7×7，如图 6-17（非真实像素比例）所示，为了使得图片边缘的像素能够被顺利提取特征，这里的 3 意味着图片的 4 个边缘都扩充了(7−1)/2＝3 像素。字段 stride 指的是卷积核的步长，默认为 1，这里取值 2，即每相隔 2 个像素求一次卷积。也可以用 stride_h 和 stride_w 分别对纵向和横向的步长进行设置。

图 6-17　补零示意图

备好模型文件后，需要将其转换成昇腾 AI 处理器支持的离线模型文件。模型转化过程中，如果提示某算子不支持，则未实现的算子就需要用户进行自定义，自定义的算子可加入到算子库中，使得模型转化过程可以正常进行。在 6.3 节目标检测的编程实现部分，将详细讲解自定义算子的实现流程。在本节中，ResNet 中的所有算子均由昇腾 AI 平台内置框架支持，用户可直接通过下面的命令进行模型转换。按照代码 6-4 所示命令执行完毕，会生成后缀名为 om 的模型文件，例如 resnet50.om 文件。

```
$ HOME/tools/che/ddk/ddk/uihost/bin/omg -- model = resnet50.prototxt --
weight = resnet50.caffemodel -- framework = 0 -- output = resnet50
```

代码 6-4　OMG 模型转换命令样例

其中：

（1）--model 项的值为 resnet50.prototxt 文件的相对路径。

（2）--weight 项的值为 resnet50. caffemodel 文件的相对路径。

（3）--framework 为原始框架类型。0 为 Caffe；3 为 TensorFlow。

（4）--output 项的值为输出模型文件的名称，用户可自定义。

2. 图像处理

随着物联网技术的发展，对边缘计算的设备侧的图像处理的需求越来越高，每秒要处理的图像帧数越来越多，编解码运算的运算量也越来越大。为了更快地处理图像数据，昇腾 AI 平台上提供了专供图像信号处理的数字视觉预处理模块。以昇腾 310 平台为例，其双核 VDEC 能实现每秒 60 帧的实时双路 4K 高清视频解析，其 4 核 VPC 能够实现每秒 90 帧的实时 4 路 4K 高清视频处理。在 H. 264/H. 265 等更高的压缩率和更大的编解码计算量之下，以硬件的方式实现编解码能够有效释放 CPU 资源，更高效地进行设备侧的数据处理。

为了更好地表达图像和存储图像，数字视觉预处理模块支持包括 YUV 格式和 RGB/RGBA 在内的两种图像格式。如图 6-18 所示，其中 YUV 格式分为三个分量，Y 表示明亮度（Luminance 或 Luma），也就是灰度值；而 U 和 V 表示的则是色度（Chrominance 或 Chroma），作用是描述影像色彩及饱和度，用于指定像素的颜色。主流的 YUV 格式有 YUV444（每像素点都有 Y，U，V 值），YUV422（每像素点都有 Y 值，两个像素点共用一个 U，V 值），YUV420（每个像素点都有 Y 值，四个像素点共用一个 U，V 值），YUV400（只有 Y 值，也就是黑白色）。读者更为熟悉的 RGB 格式是通过对红（R）、绿（G）、蓝（B）三个颜色通道的变化以及它们相互之间的叠加来得到各式

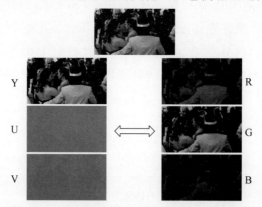

图 6-18　YUV 格式和 RGB 格式的各通道对比[①]

---

① 　图片源自 https://blogs. gnome. org/rbultje/2016/11/02/displaying-video-colors-correctly/。

各样的颜色的,RGBA 中的 A 代表 Alpha(透明度)。RGB/RGBA 格式是依据人眼识别的颜色定义出的空间,可表示大部分颜色,在硬件显示侧更为友好,但其存储和传输的成本相对 YUV 来说都更高。

在本案例中,数字视觉预处理部分已经内置在框架支持中。用户也可以根据实际需要调用实现图像处理。其调用方式主要包括两种:接口调用和执行器调用。由于本书篇幅所限,接口调用的细节请参见附录 B 的参考文档"DVPP API 参考"。

3. 工程编译

在本地 DDK 安装目录下,可以找到一个名为 sample 的文件夹,其中包含了一系列昇腾 AI 处理器的开发用例参考;出于版本升级和算法迭代等因素,建议读者到昇腾官网[①]上获取分类网络的参考设计用例。典型场景(如图像分类、目标识别)都可在其中找到对应代码。这里 ResNet50 属于图像分类模型。成功完成模型转换之后,就可以根据内置的图像分类参考设计 classify_net/开始本地的工程编译和运行。

考虑到编译环境上下文不同,此处编译步骤分两步,即可执行文件和设备侧的动态链接库,文件建议分开编译。对于 Atlas 开发板这种有独立处理器执行推理动作的计算平台来讲,编译可执行文件的环境在设备侧;而对于 PCIE 板卡/加速器插卡等受到主机侧中央处理器控制的环境来讲,编译可执行文件的环境应该设置为主机侧。对于所有类型的昇腾平台,编译链接库的环境和项目运行的场景都应与本身相符合。

首先请读者根据实际情况修改 classify_net/Makefile_main 文件,编译可执行文件,主要修改以下项:

(1) DDK_HOME:ddk 安装目录,默认为../../che/ddk/ddk/。

(2) CC_SIDE:该文件编译运行于哪一侧,默认为 host,当使用 Atlas 开发板时,需要将此参数修改为 device,注意为小写。

(3) CC_PATTERN:该项目运行的场景,默认为 ASIC,Atlas 场景下改为 Atlas。

完成修改后,执行 classify_net/Makefile_main 文件[②],即可在当前路径的 out 文件夹中生成一系列可执行文件。依据软件版本和参考设计场景不同,可能有细微差别。之后修改 classify_net/Makefile_device 文件,主要修改 CC_PATTERN 一项,默认为

---

① 　https://www.huawei.com/minisite/ascend/cn/。

② 　此处注意,如果提示权限不够,请使用 chmod 775 ＊修改权限。

ASIC，Atlas 场景下改为 Atlas。执行成功后，在 classify_net/out 文件夹中生成包含 libai_engine.so 在内的一系列链接库文件。至此，在昇腾平台上执行推理所需要的所有文件已经准备好。

完成编译后，将上一步转换成功的 ResNet50.om 和 ResNet50.prototxt 置入设备侧的 classify_net/model 路径下，并按照第 5 章编程方法中所述，在 graph_sample.txt 中定义推理引擎的对应路径稍作修改即可。

代码 6-5 的所示代码是对推理引擎做基础定义的一个典型样本，其中 id 为当前引擎的编号，engine_name 可由读者执行决定，side 指程序执行的位置（其中 DEVICE 指设备侧，HOST 指主机侧）；so_name 指上一步设备侧编译生成的动态链接库文件；ai_config 中可以用"model_path"项对模型的路径进行配置，这里将其改为转换生成的 om 路径。

```
engines {
  id: 1003
  engine_name: "ClassifyNetEngine"
  side: DEVICE
  so_name: "./libai_engine.so"
  thread_num: 1
  ai_config{
    items{
        name: "model_path"
        value: "./test_data/resnet-50/model/ResNet50.om"
    }
  }
}
```

代码 6-5　推理引擎定义样例

4. 结果分析

基于本章前述的评价标准，容易知道，ImageNet 常用的 2012 年数据集在图像识别任务上共有 1000 类分类标签，模型给出的预测结果也是 1000 维的向量，如下所示，其中每一横行表示标签向量中的一维。第一列代表对应标签的编号，第二列代表对应标签为真值的概率。

```
rank: 1 dim: 1000 data:
label:1        value:5.36442e-07
label:2        value:4.76837e-07
label:3        value:5.96046e-07
label:4        value:1.01328e-06
label:5        value:8.9407e-07
...
```

一般来说,Top-1 预测选取对应值最高的一个标签作为真值标签。这里选用的图片输入是澳洲克尔皮犬,模型以 99.8% 的置信度准确做出了预测。如果读者选择用 Mind Studio 作为集成开发环境,则其中内置了可视化功能,右击结果引擎可以直接观察到如图 6-19 所示的结果。

图 6-19　图像识别结果样例:科尔皮犬

最后,来回顾一下本案例中昇腾 AI 处理器对输入图像的处理流程。如图 6-20 所示,图像的转码、切分和变形由数字视觉预处理模块完成;接下来再针对输入数据完成包含正则化在内的一系列预处理;核心推理的运算由 AI Core,即达芬奇架构处理核心完成;运算结果交给 CPU 进行处理,将结果输出。在主机侧实际已经完成了算子的实现和执行顺序的编排,在设备侧只需进行离线推理计算即可。

在 6.1 节评价标准中提到,为了提供更高的吞吐量,减低每张图片预测的能耗成本,常常会将 FP32 的模型量化为 FP16 甚至 INT8 精度。接下来将以残差网络为例,讲解量化的大致算法与性能表现。

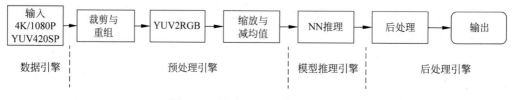

图 6-20　昇腾 AI 处理器推理流程

5. 量化方法

与 FP32 类型相比，像 FP16、INT8 的低精度类型所占用空间更小，因此对应的存储空间和传输时间都可以大幅下降。为了提供更人性和智能的服务，现在越来越多的操作系统和应用都集成了深度学习的功能，自然需要包含大量的模型及权重文件。以经典的 AlexNet 为例，原始权重文件的大小已经超过了 200MB，而最近出现的新模型的结构正在往更复杂、参数更多的方向发展。显然，低精度类型的空间受益还是很明显的。低比特的计算性能也更高，INT8 相对比 FP32 的加速比可达到 3 倍甚至更高。

在推理时，昇腾 AI 处理器把量化阶段的活动统称量化校准（Calibration），主要负责完成以下功能：

（1）对算子的输入数据进行校准，确定待量化数据的取值范围 $[d_{min}, d_{max}]$，计算出数据的最优缩放比例与量化偏置这两个常数。

（2）将算子的权重量化为 INT8，计算出权重的缩放比例和量化偏置。

（3）将算子的偏置量量化为 INT32。

如图 6-21 所示，在离线模型生成器生成离线模型时，能够通过量化校准模块，把量化后的权重和偏置量合并到离线模型中。本节在达芬奇架构下，以 FP32 量化为 INT8 为例，诠释量化原理。

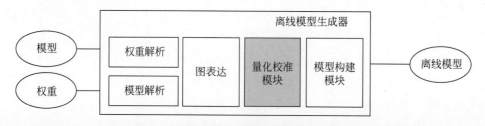

图 6-21　离线模型生成器中的量化校准模块

对于缩放比例与量化偏置这两个常数的确定遵循以下公式，简化起见，不妨假设高精度浮点数据可以通过低精度数据进行线性拟合。

$$d_{\text{float}} = \text{scale} \times (\text{q\_uint8} + \text{offset})$$

其中，d_{float} 为原始的高精度浮点数据，scale 是 FP32 浮点数，q_uint8 是量化的结果，实际操作中常采用无符号 8 位整型数 UINT8。量化算法需要确定的数值即为常数 scale 和 offset。神经网络的结构以层来进行划分，因此对权重和数据的量化也可以按照层的单位来进行，对每层的参数和数据分别进行不同的量化。

确定缩放比例与量化偏置后，通过原始高精度数据计算得到 UINT8 数据的转换，公式如下。

$$\text{q\_uint8} = \text{round}\left(\frac{d_{\text{float}}}{\text{scale}}\right) - \text{offset}$$

其中，round() 为取整函数，scale 是 FP32 浮点数，q_uint8 为无符号 8 位整型定点数，offset 是 INT32 定点数，其表示的数据范围为 $[\text{scale} \times \text{offset}, \text{scale} \times (255 + \text{offset})]$。若待量化数据的取值范围为 $[d_{\min}, d_{\max}]$，则 scale 和 offset 的计算方式如下。

$$\text{scale} = (d_{\max} - d_{\min})/255$$

$$\text{offset} = \text{round}(d_{\min}/\text{scale})$$

对于权重值和数据的量化，都采用上述公式的方案进行量化，$d_{\min}$ 和 $d_{\max}$ 为待量化参数的最小值和最大值。

对于权重值的量化来说，权重值在进行推理加速时均已确定，因此不需要对权重进行校准。在算法中，$d_{\max}$ 和 $d_{\min}$ 可以直接使用权重值的最大值和最小值。根据算法验证结果，对于卷积层，每个卷积核采用一组独立的量化系数，量化后推理精度较高。因此，卷积层权重值的量化根据卷积核数量分组进行，计算得到的缩放比例与量化偏置的数量与卷积核数量相同。而对于全连接层来讲，其权重值的量化通常使用一组缩放比例与量化偏置。

数据量化是对每个要量化的层的输入数据进行统计，每个层计算出最优的一组缩放比例与量化偏置。因为数据是推理计算的中间结果，其数据的范围与输入相关，需要使用一组参考(推理场景数据集)输入作为激励，得到每个层的输入数据用于确定量化 $d_{\max}$ 和 $d_{\min}$。实践中，常常通过对测试数据集进行采样，得到小批次数据集进行量化。由于数据的范围与输入相关，为了使确定的 $[d_{\min}, d_{\max}]$ 在网络接收不同输入数据时有更好的鲁棒性，因此提出基于统计分布确定 $[d_{\min}, d_{\max}]$ 的方案。统计量化后数据的统计分布与原始高精度数据的分布差异性，寻求最小化的差异性，即为最优 $[d_{\min}, d_{\max}]$。据此计算 offset 和 scale 即可。

在这一案例中，如图 6-22 所示，对于 152 层的残差网络来说，可以用不足 0.5% 的精度代价,得到约 30% 的吞吐量提升。量化在典型工业应用场景下具有相当重要的实践意义。

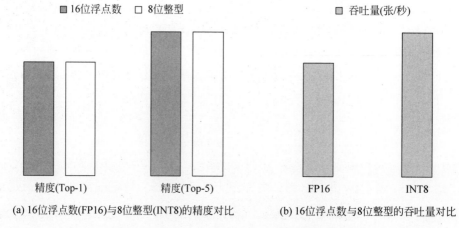

(a) 16位浮点数(FP16)与8位整型(INT8)的精度对比　　(b) 16位浮点数与8位整型的吞吐量对比

图 6-22　ResNet152 在 ImageNet 数据集上的表现

6.3　目标检测

6.3.1　数据集:COCO

　　尽管 ImageNet 中也提供目标检测和定位的任务标签,但在这一领域最常用的数据集是由微软公司赞助收集的 COCO 数据集,它收集了大量包含常见物体的日常场景图片,拥有更丰富和典型的物体检测、语义分割和文本注释的数据,并提供了像素级的标注,以更精确地评估目标检测和分割算法的效果。每年也会依托这一数据集举办一次比赛,现已涵盖目标检测、语义分割、关键点识别、图像注释(目标之间的上下文关系)等机器视觉的典型任务,是继 ILSVRC 以来最有影响力的学术竞赛之一。

　　相比 ImageNet,COCO 更加偏好目标及其场景共同出现的图片,即非标志性(Non-Iconic)图片。如图 6-23 所示,这样的图片能够更好地反映视觉上的语义,更符合图像理解的任务要求。相对来说,标志性(Iconic)图片则更适合受语义影响不大的图像分类等任务,ImageNet 中大部分图片属于此类。

(a) 标志性物体图片　　　　　(b) 标志性场景图片　　　　　(c) 非标志性图片

图 6-23　COCO 中目标及其场景共同出现的图片

COCO 的检测任务共含 80 类物体类别和 20 类语义类别,2014 年版本的 COCO 数据集包括 82 783 张训练图像、40 504 张验证图像以及 40 775 张测试图像。数据集的基本格式如下所示,其中目标分割标记了边界上每个控制点的精确坐标,精度均为小数点后两位。

```
"segmentation":[392.87, 275.77, 402.24, 284.2, 382.54, 342.36, 375.99, 356.43,
372.23, 357.37, 372.23, 397.7, 383.48, 419.27,407.87, 439.91, 427.57, 389.25, 447.26,
346.11, 447.26, 328.29, 468.84, 290..77,472.59, 266.38]
```

例如,图 6-24 中两个便当可以用"两个黑色的餐盒里放了各式各样烹饪好的食物"这样的文本来描述,其中标签"西蓝花"(目标检测结果图中标记为深色的目标检测区域)所在的区域则可以通过下面框格中的一系列边界点坐标序列来描述(数字仅供参考)。注意,一个单一的物体在被遮挡的情况下,可能会需要多个多边形来表示。当然,也有传统的边界框标注数据可选(对应图像标注 json 文件中的 bbox 项),四个数字的含义为左上角横坐标、左上角纵坐标、宽度、高度,单位为像素。具体数据说明和数据下载可以参见 COCO 数据集官网①。

如 6.1 节所述,目标检测的评测标准相比图像识别要复杂得多,而 COCO 提供的评测标准更为精细化,不仅包含了可视化、评测数据的功能,还能够对模型的典型错误原因进行分析,能够更清晰地展现算法的不足之处。

例如,在均值平均精度方向上,根据不同的交并比阈值,COCO 提供的评测标准如下:

---

① http://cocodataset.org/#detection-2018。

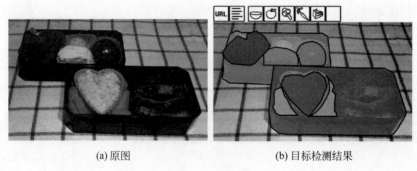

(a) 原图   (b) 目标检测结果

图 6-24　便当检测示例

（1）AP：交并比从 0.5 起始，以 0.05 为步长，至 0.95 为止。测量模型在这 10 个交并比阈值上取得的（80 个类别的）均值平均精度的平均值，也是 COCO 竞赛的主要评价标准。

（2）$AP^{0.5}$：交并比为 0.5 时，所有类别的均值平均精度，与 PASCAL VOC 评价标准相同。

（3）$AP^{0.75}$：交并比为 0.75 时，所有类别的均值平均精度，相对于上一条更加严格。

相对于 ImageNet 这类更注重单一目标定位的数据集，COCO 中需要检测的对象更小、也更复杂，其中面积在 32 像素×32 像素之内的"小目标"占了 41％，面积在 32 像素×32 像素到 96 像素×96 像素之间的"中目标"占了 34％，另有 24％ 面积在 96 像素×96 像素以上的"大目标"。为了更好地对算法进行评价，COCO 也根据目标的不同尺度评价均值平均精度，如下所示：

（1）AP^{S}："小目标"上的均值平均精度，面积在 32 像素×32 像素之内。

（2）AP^{M}："中目标"上的均值平均精度，面积在 32 像素×32 像素到 96 像素×96 像素之间。

（3）AP^{L}："大目标"上的均值平均精度，面积在 96 像素×96 像素以上。

同时，在目标检测领域中，召回率能够描述图片中存在的目标有多少个被检测出来（例如一张图片中有 5 只鸟，模型只检测出 1 只，则召回率为 20％），相对于均值平均精度，COCO 也基于算法的重复调用次数（每张图片重复检测 1 次，10 次和 100 次）和目标的不同尺度，用平均召回率作为一项重要的评判标准。COCO 所建立的这些标准也逐渐被学术界认可，成为通用的评测标准。在表 6-3 中也可以看出，小目标（APS）比大目标（APL）能够达到的均值平均精度更低；一般来说，目标越小，检测难度也就越高。同时，IoU（交并比）为 0.5 时，所能测得的均值平均精度更高，究其原因，大多是因为模型在[0.85，0.90，0.95]这 3 个交并比阈值上取得的（80 个类别的）均值平均精度相对来说不够好，拉低了平均表现，尤其对于小目标来说，往往难以做到 90% 的交并比。

表 6-3　目标检测 COCO 数据集 2017 年排行榜

团　　队	AP	AP50	AP75	APS	APM	APL
Megvii（Face++）	0.526	0.73	0.585	0.343	0.556	0.66
UCenter	0.51	0.705	0.558	0.326	0.539	0.648
MSRA	0.507	0.717	0.566	0.343	0.529	0.627
FAIR Mask R-CNN	0.503	0.72	0.558	0.328	0.537	0.627
Trimps-Soushen+QINIU	0.482	0.681	0.534	0.31	0.512	0.61
bharat_umd	0.482	0.694	0.536	0.312	0.514	0.606
DANet	0.459	0.676	0.509	0.283	0.483	0.591
BUPT-Priv	0.435	0.659	0.475	0.251	0.477	0.566
DL61	0.424	0.633	0.471	0.246	0.458	0.551

自 2015 年 ResNet 在 ImageNet 上取得阶段性成果之后，之后的图像识别比赛已经不再像之前那样吸引各大公司和国际名校。究其原因，在算法的表现逐步趋近于甚至超越人类之后，研究者就很难在其上做出算法的颠覆式改进。因此，组委会选择结束比赛，人们也纷纷转战 MS COCO——在目标检测任务上，如表 6-3 所示，表现最好的算法其均值平均精度也仅约 53%，算法的表现还有比较大的提升空间。同时，复杂目标检测算法在工业界的应用也更为广泛，包括自动驾驶、智能安防、智慧城市等诸多需要对图片中的复杂场景进行抽象和分析的领域。同时，目标检测领域的实时性需求极强，以自动驾驶为例，受到传输带宽和环境条件限制，每秒上百帧的图像和传感器数据需要在设备侧完成准实时的处理和分析，在毫秒级做出决策，才能够保障司乘人员的安全。

6.3.2　算法：YoloV3

天下武功，唯快不破。如果说 6.2.2 节关于残差结构的案例专注于讲解神经网络的深度和精度，这一节关于 Yolo 模型的讲解则更注重网络推理的速度。实际上，从第一代 Yolo（名称来自 You Only Look Once，中文意为"你只需看一遍"，指只需要一次卷积运算）诞生起，它的主打点就是一个"快"字，迭代到第三代也就是 YoloV3 之后，前代对小目标检测精度不高的缺点被很好地克服，已成为当前性价比最佳的算法。

　　如图 6-25 所示，在类似的性能和硬件配置下，YoloV3 比区域卷积神经网络[①]（Region-Based Convolution Neuron Network，RCNN）快 100 倍，比快速区域卷积神经网络[②]（FastRCNN）快近 100 倍，比同类算法单发多框检测[③]（Single Shot Multibox Detection，SSD）也要快三倍，且准确率更高。YoloV3 以其能够基于较低成本硬件完成实时视频分析的特性，为商业应用提供了极高性价比的方案，跻身当前工业实践中视频处理领域最常用的模型之一。

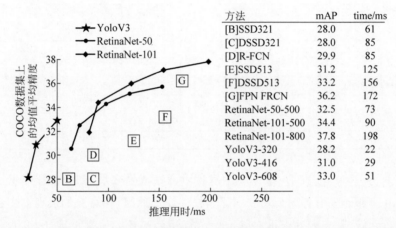

方法	mAP	time/ms
[B]SSD321	28.0	61
[C]DSSD321	28.0	85
[D]R-FCN	29.9	85
[E]SSD513	31.2	125
[F]DSSD513	33.2	156
[G]FPN FRCN	36.2	172
RetinaNet-50-500	32.5	73
RetinaNet-101-500	34.4	90
RetinaNet-101-800	37.8	198
YoloV3-320	28.2	22
YoloV3-416	31.0	29
YoloV3-608	33.0	51

图 6-25　IoU＝0.5 时，YoloV3 的惊人性能（图中性能数据基于英伟达 M40 或 Titan X 显卡测得）

　　基于《密集物体检测的变焦损失》[④]一文，目标检测的常用算法大致可以分为三类。首先是传统目标检测算法，基于滑动窗口理论，采用不同大小和比例的窗口在整张图片上以一定的步长进行滑动，然后对这些窗口对应的区域做图像分类。2005 年 CVPR 发表的方向梯度直方图[⑤]（Histograms of Oriented Gradients，HOG）以及此后提出的可形变部件模型[⑥]（Deformable part model，DPM），都是这一类传统目标检测算法的代表，依靠着巧妙设计的特征提取方法，在人体姿态检测等典型目标检测领域取得极高成就，只是后期随着深度学习的大爆发，传统图像处理算法由于在精度上暂时缺乏竞争力逐渐淡出视野。

　　基于深度学习的目标检测模型主要可以分为两类。一类是两级模型，核心思想和

①　https://arxiv.org/pdf/1311.2524.pdf。

②　https://arxiv.org/pdf/1504.08083.pdf。

③　https://arxiv.org/pdf/1512.02325.pdf。

④　https://arxiv.org/pdf/1708.02002.pdf。

⑤　https://hal.inria.fr/file/index/docid/548512/filename/hog_cvpr2005.pdf。

⑥　http://cs.brown.edu/people/pfelzens/papers/lsvm-pami.pdf。

传统目标检测算法类似,先从图片中选取多个高质量的提议区域,标注每个区域的类别和真实边界框;然后选取一个预训练的卷积神经网络(比如 VGG 或是前文所述的 ResNet 均可),从全连接层之前的某一层"拦腰砍断",取从图片到特征的"前半截"作为特征提取器,将每个提议区域变形为网络需要的输入尺寸,通过这个特征提取器输出特征,对特征向量及其对应的类别和边界框训练分类器和回归模型,进行相应预测。例如当前检测的目标是"猫",则判断这一区域是否属于"猫",并尝试回归"猫"的真实边界框。这一类算法的两级模型由《基于启发式搜索的目标检测》[1]开始,逐步迭代至当前人们耳熟能详的 R-CNN 系列算法,其中第一级大多使用启发式搜索(Selective Search),提取包含核心信息的目标领域(Region Proposal),再基于目标领域提取特征,进行分类和回归。但是,因为这类算法需要对每个区域独立抽取特征,区域的重叠会导致大量重复计算。Fast R-CNN 对 R-CNN 的一个主要改进便在于,借助于卷积算法空间位置信息的不变性,只对整个图像做一次卷积神经网络的前向计算,将目标区域在原图的位置映射到卷积层特征图上即可。此后 Faster R-CNN 通过用神经网络提取候选预测边界,提升了启发式搜索的效率,进一步提高了目标检测算法的性能,但离实时视频分析仍存在一定差距。

第二类算法属于单级算法,仅使用一个网络直接预测不同目标的类别与位置,类似 SSD、Yolo 都属于这一类算法。算法的大致流程如图 6-26 所示,首先将图像 s 大小进行变换,经卷积神经网络提取特征,然后通过非极大值抑制对结果进行筛选,就可以一次性得到边界框的位置及目标所属的类别。简单地说,就是将目标检测抽象为一个回归问题,从图像中直接学习其输出标签。在图 6-25 中也可以看到,第一类方法相对复杂,准确度较高,但是速度较慢。第二类算法网络简单、粗暴,速度较快,但是均值平均精度略低。在具体应用实践中,开发者可以根据实际业务需求和场景条件,来选择合适的算法和硬件。

在 2015 年初次发表的 Yolo 模型中,作者借鉴了当时最风靡的 GoogLeNet 的结构,在 24 层卷积网络之后衔接了两层全连接层,其中使用 1×1 卷积来控制特征维度。在最后一层,作者采用线性激活函数,直接回归输出一个 $7 \times 7 \times 30$ 的向量矩阵。这里的 7×7 含义简单明确,可以参考图 6-27 最左侧的图片,指的是将图片划分为 7×7 的小方格(特征图);而每个方块区域对应的检测结果,呈现为 1×30 的特征向量。

---

[1]　http://www.huppelen.nl/publications/selectiveSearchDraft.pdf。

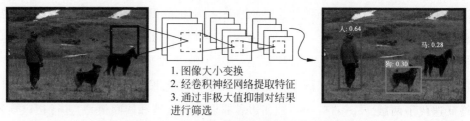

图 6-26　Yolo 中"一步到位"的简单算法流程[1]

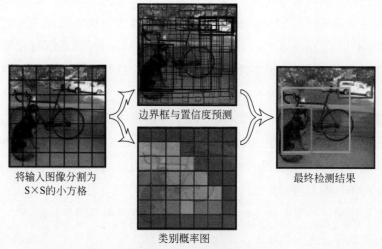

图 6-27　Yolo 模型示意图

　　对于每个图像上的方块区域,作者尝试预测出两个目标边界框。定义一个边界框需要预测 4 个浮点数值:边界框的中心点坐标(x,y)和边界框的宽和高(w,h)。对这个边界框的预测还会产生一个置信度,也就是边界框是否预测准确的概率。所以,每个边界框的预测值实际上包含 4+1=5 个元素。一共有两个边界框,那么描述边界需要 5×2=10 个浮点数值。剩下的 20 个浮点数用作分类标签预测,由于作者用于训练的数据来自 Pascal VOC[2],共有 20 个类别。因此,对于 7×7 的小方格上的每个区域,需要预测 20+10=30 个浮点数,对应着网络最后回归输出的 7×7×30 矩阵。

　　读者可以根据实际数据和场景调整图片被分割的区域数目,对每个分割区域所预测的边界框数目,以及需要预测的类别数目。假设图像被分割成 S×S 个小区域,每个区域对应 B 个边界框,需要预测 C 类,则只要将神经网络的回归目标定义为 S×S×

---

[1]　图片来自 http://arxiiv.org/pdf/1506.02640.pdf。

[2]　http://host.robots.ox.ac.uk/pascal/VOC/。

(B×5＋C)的矩阵,重新进行训练微调参数即可。这里需要注意,图片中一个小区域对应着两个边界框,但这两个边界框共享一组类别概率值,这也让 Yolo 对于距离较近的目标和小型目标的检测结果差强人意。

为了在高性能的前提下提升精度,解决对小目标和多目标容易漏检的问题,Yolo 网络又迭代了两版。在后来的改进版本中,作者将类别概率预测值与边界框绑定在一起。在 YoloV2 中,作者采用了 19 层 Darknet 网络结构来提取特征,并借助高精度图像微调网络、批量归一化、锚定先验框、先验框聚类、多尺度训练等一系列措施,使模型在效率和精度上都有所提升。在 YoloV3 中,作者借鉴了 6.2 节中提到的残差网络的算法,在 53 层 Darknet 网络部分层设置了短路结构,用于提取图像的特征;也基于特征金字塔[①](Feature Pyramid Networks)的概念进一步修正网络结构,将输入大小调整为 416×416,采用了 3 个尺度的特征图(也就是以 13×13、26×26、52×52 这 3 种方式对图像进行划分),更细的"观察粒度"外加残差网络带来更高的抽象层次,让 YoloV3 对小目标的检测精度进一步提升,为其在工业实践中的广泛应用奠定了进一步基础。

6.3.3　自定义算子实践

与图像识别任务中的流程类似,从 Yolo 作者约瑟夫的官网[②]获得模型的权重文件和配置文件后,首先需要将已有的 YoloV3 模型转化为昇腾 AI 处理器所支持的 om 格式。在本案例中,刻意从框架中去掉了卷积算子的实现以示意自定义算子的开发流程。读者可从昇腾官网[③]获得此用例的所有代码。在本书第 5 章中,已经讲解了如何通过 TBE 特定域语言的方式简单实现一个 Reduction 算子。本节中将以典型算子二维卷积为例,讲解在网络中自定义、集成卷积算子并执行推理的端到端流程。

当读者通过 6.2 节图像识别中提到的离线模型生成命令,尝试将其他框架模型转换成达芬奇离线模型时,如果模型中有未定义的算子,在离线模型生成运行日志中可以发现相应算子不支持的错误。此时可以选择进行自定义算子。需要注意的是,当用户自行定义了框架中已经支持的算子且命名一致时(例如框架中已经定义了二维卷积算子 Conv2D,并且读者也自行实现了算子 Conv2D)。算子的具体实现将会以用户的实现为准。

---

①　https://arxiv.org/abs/1612.03144。

②　https://pjreddie.com/darknet/yolo/。

③　https://www.huawei.com/minisite/ascend/cn/。

自定义 TBE 算子,需要实现计算和调度两部分,其中计算描述算法本身的计算逻辑,调度描述算法在硬件上的调度机制,包括算法的切分和数据流等计算逻辑的实现方式。计算和调度解决了计算描述和计算硬件行为的强耦合问题,使得计算独立于调度。计算可以作为一种标准算法被复用,应用在不同硬件平台。对于用户来讲,实现计算后,根据计算的数据流,设计硬件相关的计算行为。为了让框架能够感知自定义算子,需要一个注册机制,即插件。

如图 6-28 所示,算子逻辑实现(包括 Img2Col 矩阵展开,MAD 矩阵乘法等)是和硬件解耦的,也就是说算子在芯片侧的数据流动和内存管理等任务调度,原则上由独立模块自动调度生成。综合计算逻辑和任务调度后,TBE 会生成内部代码,并由内部代码编译生成运行文件。离线模型生成器通过插件机制启动并完成上述动作后,基于原有网络权重和配置文件,生成昇腾 AI 处理器所支持的 om 模型文件。在当前模型有算子不支持的时候,用户可以通过这种方式实现自定义算子的开发,端到端打通定制化模型的推理执行。下面不妨逐步来看插件实现、算子逻辑实现、调度原则生成这 3 个模块的具体实现方法。

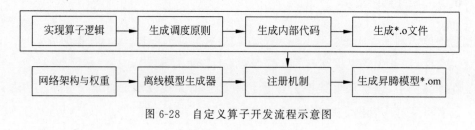

图 6-28　自定义算子开发流程示意图

1. 插件开发

这里的插件开发方式与第 5 章中所述类似。启动离线模型生成器时,会先调用插件机制,通知框架当前算子为用户定义的 TBE 算子,同时向框架注册算子。所以在定义算子之前,需要先完成插件的开发,以在后续进行模型转换的时候顺利生成支持新算子的可执行文件。

具体来讲,插件的主要功能是在离线模型生成器中注册与 Caffe 算子名对应的达芬奇算子名称,使得离线模型生成器在转换模型过程中,找到算子对应的动态链接库文件,并注册与 Caffe 算子名一一对应的自定义算子名称,在指定路径下生成当前算子执行目标文件。同时将算子打包进达芬奇模型中,形成 om 文件。在离线模型执行阶段直接使用离线模型即可实现推理。这里需要注意,插件编译成动态链接库文件是在主机侧,属于模型转换预处理阶段。

与第 5 章中所述类似,插件注册主要需要包括以下几个元素:

(1)算子的名称:conv_layer,由读者自行定义。

(2)框架的类型:CAFFE(即为模型训练所基于的框架)。

(3)在原有框架(此处为 Caffe)中的算子名:Convolution,需要注意这里的算子名需要与 Caffe 定义文件 prototxt 中完全一致。

(4)推导输出参数的形状和类型的方法:例如 InferShapeAndType_conv,这一函数具体实现可以参考 Caffe 框架中对于输入张量的形状推导,例如对于激活函数来说,输出张量的形状和输入相同;读者可以基于具体希望实现的功能,自行定义并实现。

(5)生成算子目标文件的编译方法:例如 BuildTeBin_conv。

(6)执行算子解析方法:TVM。

(7)数据格式:DOMI_TENSOR_NC1HWC0。

(8)权重排布方式:DOMI_TENSOR_FRACTAL_Z。

本书多次提到,当超过 16×16 大小的矩阵利用该单元进行计算时,需要事先按照特定的数据格式进行矩阵的存储,并在计算的过程中以特定的分块方式进行数据的读取。这里数据排布即为读取数据的方式,用 DOMI_TENSOR_FRACTAL_Z 表示。在下一节算子实现部分中,将会基于分块策略(Tiling)进一步讲解数据的排布和计算的细节。

综合上面提到的各项,一个典型的算子插件的定义方式如代码 6-6 所示。

```
REGISTER_CUSTOM_OP("conv_layer")        //注册与 Caffe 算子名称——对应的达芬奇算子名
    .FrameworkType(CAFFE)               //指定当前算子来自 Caffe 框架
    .OriginOpType("Convolution")        //算子在 Caffe 框架中的命名名称
    .InferShapeAndTypeFn(InferShapeAndType_conv)
                         //获得该算子在网络中的输入输出信息,以便调用算子实现 API
    .TEBinBuildFn(BuildTeBin_conv)      //生成算子实现目标文件.o
    .Formats(DOMI_TENSOR_NC1HWC0}       //算子输入支持的数据格式 NC1HWC0 5D 格式
    .WeightFormats(DOMI_TENSOR_FRACTAL_Z);    //矩阵乘法的数据排布方式
}
```

代码 6-6 典型的算子插件定义样例

2. 算子实现

和 CPU 上的实现有所不同,在昇腾 AI 处理器上的卷积算子实现相对比较复杂。为了充分利用矩阵计算单元的算力,需要对特征图数据和权重数据进行数据排布转换、展开、切块等操作。本节将以一个给定的卷积配置来详细介绍如何在 AI Core 上实现卷积运算。

1) 基于矩阵计算单元的矩阵运算

昇腾 AI 处理器上的矩阵计算单元能够完成的最基本的运算为大小分别是 $M_{cube} \times K_{cube}$ 和 $K_{cube} \times N_{cube}$ 的矩阵乘法运算。矩阵计算单元支持 FP16、INT8、UINT8 这 3 种数据类型,对于不同的数据类型,M_{cube}、K_{cube}、N_{cube} 的值如表 6-4 所示。

表 6-4　不同数据类型的 M_{cube}、K_{cube}、N_{cube} 值

类　　型	M_{cube}	K_{cube}	N_{cube}
INT8	16	32	16
UINT8	16	32	16
FP16	16	16	16

为了支持任意大小的两个矩阵乘法运算,比如大小为 $M \times K$ 的矩阵 A 以及大小为 $K \times N$ 的矩阵 B,那么需要将矩阵分块来进行运算。因此,需要将 M 填充到 M_{cube} 的倍数,将 K 填充到 K_{cube} 的倍数,将 N 填充到 N_{cube} 的倍数,这样就能将矩阵 A 转换成大小为 $\left\lceil \dfrac{M}{M_{cube}} \right\rceil \times \left\lceil \dfrac{K}{K_{cube}} \right\rceil$ 的分块矩阵,将矩阵 B 转换成大小为 $\left\lceil \dfrac{K}{K_{cube}} \right\rceil \times \left\lceil \dfrac{N}{N_{cube}} \right\rceil$ 的分块矩阵,之后按照正常分块矩阵相乘的计算方式进行计算即可。其中,每一次乘法是大小分别为 $M \times K$ 和 $K \times N$ 的两个矩阵相乘,每一次加法是大小为 $M \times N$ 的两个矩阵相加。

2) 卷积算子参数定义和数据排布方式

卷积算子数据包含输入特征图、卷积核以及输出特征图。

在第 4 章中已经提及,在深度学习框架中,卷积算子的特征图数据一般按照 $NHWC$ 或者 $NCHW$ 进行排布,其中:

(1) N:一批输入数据中样本图的数目。

(2) H:特征图的高度。

(3) W:特征图的宽度。

(4) C:特征图的通道数。

在 CPU 上,特征图数据一般采用 $NHWC$ 格式进行排布,为了方便标注输入特征图和输出特征图数据,输入特征图数据用 $NH_{in}W_{in}C_{in}$ 表示,输出特征图数据用 $NH_{out}W_{out}C_{out}$ 表示。

卷积算子的卷积核数据按照 $C_{out}C_{in}H_kW_k$ 进行排布,其中:

(1) C_{out}:卷积核的数目,等同于输出特征图的通道数。

(2) C_{in}:卷积核中权重矩阵的数目,等同于输入特征图的通道数。

(3) H_k:卷积核中权重矩阵的高度。

(4) W_k:卷积核中权重矩阵的宽度。

此外,卷积算子一般还有以下参数:

(1) P_h:输入特征图在高度上的一侧填充数。

(2) P_w:输入特征图在宽度上的一侧填充数。

(3) S_h:卷积在输入特征图高度上的步长。

(4) S_w:卷积在输入特征图宽度上的步长。

相应地,输出特征图的高度和宽度由以下公式得到:

$$H_{out} = \frac{H_{in} - H_k + 2 \times P_h}{S_h} + 1$$

$$W_{out} = \frac{W_{in} - W_k + 2 \times P_w}{S_w} + 1$$

3)卷积算子示例

为了方便后文的介绍,假设所有数据的类型为 FP16,将上述参数全部取具体的值以方便读者理解:

- $N = 10$
- $C_{in} = 32$
- $C_{out} = 64$
- $H_{in} = W_{in} = H_{out} = W_{out} = 28$
- $H_k = W_k = 3$
- $P_h = P_w = 1$
- $S_h = S_w = 1$

在这种情况下:

(1) 输入特征图数据为 $[N, H_{in}, W_{in}, C_{in}]$,即 $[10, 28, 28, 32]$。

（2）权重数据为 $[C_{out}, C_{in} H_k, W_k]$，即 $[64, 32, 3, 3]$。

（3）输出特征图数据为 $[N, H_{out}, W_{out}, C_{out}]$，即 $[10, 28, 28, 64]$。

4）输入特征图数据的格式转换

输入特征图数据的格式转换包括以下步骤：

步骤 1 将 $NHWC$ 格式的输入数据转换成达芬奇架构下定义的 $NC_1 HWC_0$ 的 5D 格式。

步骤 2 通过 Img2Col 方法将 $NC_1 HWC_0$ 的 5D 格式展开成输入特征图矩阵的 2D 格式。

步骤 3 根据"大 Z 小 Z"的分块格式，转换输入特征图矩阵的内存排布。

在昇腾 AI 处理器上，数据都是通过 $NC_1 HWC_0$ 的 5D 格式保存，其中 C_0 和达芬奇架构相关，实际上是上述的 K_{cube} 值，C_1 是 C_{in} 按照 C_0 进行拆分后的因子，可以表示成 $\left\lceil \dfrac{C_{in}}{K_{cube}} \right\rceil$，如图 6-29 所示，具体的转换过程如下：

步骤 1 将输入特征图数据 $[N, H_{in}, W_{in}, C_{in}]$ 的 C_{in} 按照 K_{cube} 进行拆分得到 $\left[N, H_{in}, W_{in}, \left\lceil \dfrac{C_{in}}{K_{cube}} \right\rceil, K_{cube} \right]$，即 $[10, 28, 28, 32]$ 拆分成 $[10, 28, 28, 2, 16]$，如果 C_{in} 不是 K_{cube} 的倍数，则需要补零到 K_{cube} 的倍数再进行拆分。

步骤 2 将 $\left[N, H_{in}, W_{in}, \left\lceil \dfrac{C_{in}}{K_{cube}} \right\rceil, K_{cube} \right]$ 进行维度转换，得到 $\left[N, \left\lceil \dfrac{C_{in}}{K_{cube}} \right\rceil, K_{cube} H_{in}, W_{in} \right]$，即 $[10, 28, 28, 2, 16]$ 进一步转换成 $[10, 2, 28, 28, 16]$。

整个转换过程示意图如图 6-29 所示，这个过程会发生在两个场景：

（1）首层 RGB 图像数据需要进行转换。

（2）每一层的输出特征图数据需要重新排布。

将输入特征图转换成 $NC_1 HWC_0$ 的 5D 格式后，根据 Img2Col 算法，需要将数据转换成输入特征图矩阵的 2D 格式，也就是矩阵。根据前文描述的 Img2Col 算法，最终输入特征图矩阵的形状为 $[N, H_{out} W_{out}, H_k W_k C_{in}]$，其中 $H_{out} W_{out}$ 为高，$H_k W_k C_{in}$ 为宽。如图 6-30 所示，由于昇腾 AI 处理器将 C_{in} 维度进行了拆分，因此最后输入特征图矩阵的形状为 $\left[N, H_{out} W_{out}, \left\lceil \dfrac{C_{in}}{K_{cube}} \right\rceil H_k W_k K_{cube} \right]$，即 $[10, 28 \times 28, 2 \times 3 \times 3 \times 16]$，即 $[10, 784, 288]$。

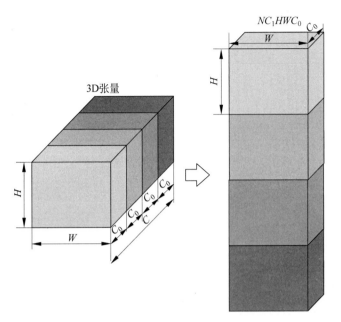

图 6-29　数据的 NC_1HWC_0 的 5D 格式转换

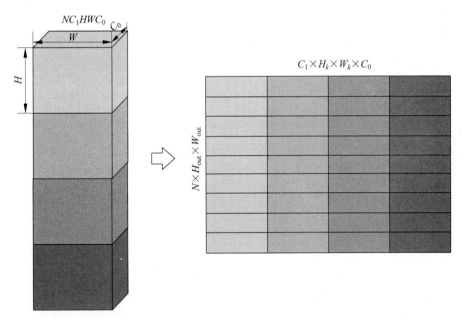

图 6-30　昇腾 AI 处理器上的 Img2Col

经过 Img2Col 转换后，需要进一步将输入特征图矩阵转换成"大 Z 小 Z"的排布格式，因此需要进一步做轴的拆分和转换，最后输入特征图分形格式的形状为 $\left[N, \left\lceil \dfrac{H_{\text{out}} W_{\text{out}}}{M_{\text{cube}}} \right\rceil, \left\lceil \dfrac{C_{\text{in}}}{K_{\text{cube}}} \right\rceil H_k W_k, M_{\text{cube}}, K_{\text{cube}} \right]$，其中 $H_{\text{out}} W_{\text{out}}$ 填充到 M_{cube} 的倍数再进行拆分，带入具体的数据，就是 $[10, 49, 18, 16, 16]$。可以看出 $[16, 16]$ 分别为小矩阵的高和宽，按照行优先排列，因此称为"小 Z"排布，$[49, 18]$ 分别为输入特征图矩阵分形格式的高和宽，按照行优先排列，因此称为"大 Z"排布。

以上两个步骤由 AI Core 中的专门硬件完成。由于需要同时完成相应的转换，因此硬件的实现相对比较复杂，图 6-31 展示了前文确定的卷积参数的例子，具体包含以下步骤：

步骤 1 由于步长 S_h 和 S_w 均为 1，为了得到输入特征图矩阵中坐标为 $(0, 0)$ 的小矩阵（一共有 49×18 个小矩阵），需要顺序读取输入特征图中 $16 \times 16 = 256$ 个数据，形状为 $[M_{\text{cube}}, K_{\text{cube}}]$，可以直接展开成小矩阵的形式，相当于将 $K_{\text{cube}} = 16$ 个卷积核中坐标为 $(0, 0)$ 的像素点展开。

步骤 2 继续读取 256 个数据，可以得到坐标为 $(0, 1)$ 的小矩阵，相当于将 $K_{\text{cube}} = 16$ 个卷积核中坐标为 $(0, 1)$ 的像素点展开。实际读取过程中，根据步长不同，两次读取的数据会有不同程度的重复，硬件在转换过程中会复用这些数据。

步骤 3 继续得到坐标为 $(0, 2)$ 的小矩阵，相当于将 16 个卷积核中坐标为 $(0, 2)$ 的像素点展开。

步骤 4 根据前 3 步的展开，输入特征图矩阵的宽度上已经得到了 $W_k = 3$ 个小矩阵，之后需要按照 $H_k = 3$ 个维度进一步展开，重复步骤 1～步骤 3 进一步将 $K_{\text{cube}} = 16$ 个卷积核中坐标为 $(1, 0)$、$(1, 1)$、$(1, 2)$、$(2, 0)$、$(2, 1)$、$(2, 2)$ 的像素点展开。

步骤 5 根据前 4 步的展开，输入特征图矩阵的宽度上已经得到 $H_k W_k = 9$ 个小矩阵，之后需要按照 $\left\lceil \dfrac{C_{\text{in}}}{K_{\text{cube}}} \right\rceil = 2$ 维度进一步展开，重复步骤 1～步骤 4。

步骤 6 根据前 5 步的展开，输入特征图的宽度上已经得到所有的 $\left\lceil \dfrac{C_{\text{in}}}{K_{\text{cube}}} \right\rceil H_k W_k = 18$ 个小矩阵，之后需要按照输入特征图的高度上的 $\left\lceil \dfrac{H_{\text{out}} W_{\text{out}}}{M_{\text{cube}}} \right\rceil = 49$ 维度进一步展开，重复步骤 1～步骤 5。

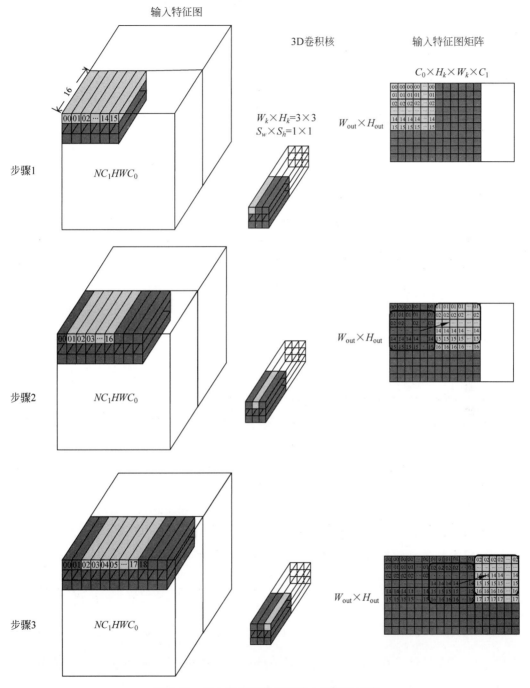

图 6-31　输入特征图数据转输入特征图矩阵

步骤 7　根据前 6 步的展开，最后只需要按照输入特征图的批量大小维度 N 进一步展开即可，重复步骤 1～步骤 6。

根据以上的步骤，最后得到 $10 \times 49 \times 18 = 490 \times 18$ 个小矩阵，按照"大 Z 小 Z"的格式构成输入特征图矩阵，最后数据的形状为 $[10, 49, 18, 16, 16]$。

5）权重数据的格式转换

权重数据的格式转换包括以下步骤：

步骤 1　同样将权重数据转换成 NC_1HWC_0 的 5D 格式，最后得到格式为 $C_{out} \left\lceil \dfrac{C_{in}}{K_{cube}} \right\rceil H_k W_k K_{cube}$ 的数据。

步骤 2　将 NC_1HWC_0 的 5D 格式展开成权重矩阵的 2D 格式。

步骤 3　根据"大 Z 小 N"的分块格式，转换权重矩阵的内存排布。

以上过程在离线模型生成器转换模型的过程时离线完成，在昇腾 AI 处理器上推理时直接加载数据即可。

权重数据的形状为 $[C_{out}, C_{in}, H_k, H_w]$，即 $[64, 32, 3, 3]$，转换成 5D 格式后，形状为 $\left[C_{out}, \left\lceil \dfrac{C_{in}}{K_{cube}} \right\rceil, H_k, H_w, K_{cube} \right]$，即 $[64, 2, 3, 3, 16]$。

由于数据转换离线完成，因此可以将 5D 转 2D 和"大 Z 小 N"转换分别进行。如图 6-32 所示，需要将权重数据转换成权重矩阵，实现相对比较简单。将每一个通道数为 $K_{cube}(C_0)$ 的卷积核数据展开成一个列向量，多个卷积核的列向量横向拼接，便可以得到权重矩阵的一部分，形状为 $[H_k H_w K_{cube}, C_{out}]$，即 $[144, 64]$。之后，在权重矩阵的高度方向按照 $\left\lceil \dfrac{C_{in}}{K_{cube}} \right\rceil = 2$ 维度重复上述操作，既可以得到最后的权重矩阵 $\left[\left\lceil \dfrac{C_{in}}{K_{cube}} \right\rceil H_k H_w K_{cube}, C_{out} \right]$，即 $[288, 64]$。

经过 Img2Col 转换后，需要进一步将权重矩阵转换成"大 Z 小 N"的排布格式，因此需要进一步做轴的拆分和转换，最后权重矩阵分形格式的形状为 $\left[\left\lceil \dfrac{C_{in}}{K_{cube}} \right\rceil H_k H_w, \left\lceil \dfrac{C_{out}}{N_{cube}} \right\rceil, N_{cube}, K_{cube} \right]$，其中 C_{out} 需要填充到 N_{cube} 再进行拆分，带入具体的数据，就是 $[18, 4, 16, 16]$。可以看出，$[16, 16]$ 分别是小矩阵的宽和高，按照列优先进行排布，因此称为"小 N"排布；$[18, 4]$ 分别是权重矩阵分形格式的高和宽，按照行优先进行排布，因此称为"大 Z"排布。

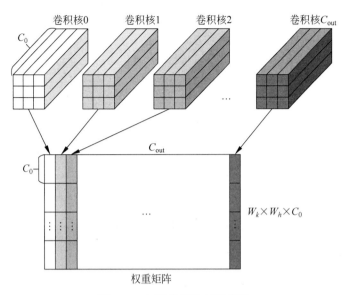

图 6-32 权重数据转权重矩阵

根据以上步骤,最后得到 18×4 个小矩阵,按照"大 Z 小 N"的格式构成权重矩阵,最后数据的形状为 $[18,4,16,16]$。

6)输出特征图数据的格式转换

输入特征图矩阵形状为 $\left[N,\left\lceil\dfrac{H_{\mathrm{out}}W_{\mathrm{out}}}{M_{\mathrm{cube}}}\right\rceil,\left\lceil\dfrac{C_{\mathrm{in}}}{K_{\mathrm{cube}}}\right\rceil H_k W_k, M_{\mathrm{cube}}, K_{\mathrm{cube}}\right]$,即 $[10,49,18,16,16]$;权重矩阵形状为 $\left[\left\lceil\dfrac{C_{\mathrm{in}}}{K_{\mathrm{cube}}}\right\rceil H_k H_w,\left\lceil\dfrac{C_{\mathrm{out}}}{N_{\mathrm{cube}}}\right\rceil, N_{\mathrm{cube}}, K_{\mathrm{cube}}\right]$,即 $[18,4,16,16]$。

这两个矩阵相乘分为以下两步:

步骤 1 小矩阵相乘,即大小分别为 $M_{\mathrm{cube}} \times K_{\mathrm{cube}}$ 和 $K_{\mathrm{cube}} \times N_{\mathrm{cube}}$ 的两个小矩阵相乘得到大小为 $M_{\mathrm{cube}} \times N_{\mathrm{cube}}$ 的小矩阵。带入具体数据,即两个大小为 16×16 的小矩阵相乘得到大小为 16×16 的小矩阵。

步骤 2 分块矩阵相乘,将维度 N 放入输入特征图矩阵的宽,即大小分别为 $N\left\lceil\dfrac{H_{\mathrm{out}}W_{\mathrm{out}}}{M_{\mathrm{cube}}}\right\rceil \times \left\lceil\dfrac{C_{\mathrm{in}}}{K_{\mathrm{cube}}}\right\rceil H_k W_k$ 和 $\left\lceil\dfrac{C_{\mathrm{in}}}{K_{\mathrm{cube}}}\right\rceil H_k H_w \times \left\lceil\dfrac{C_{\mathrm{out}}}{N_{\mathrm{cube}}}\right\rceil$ 的分块矩阵相乘得到大小为 $N\left\lceil\dfrac{H_{\mathrm{out}}W_{\mathrm{out}}}{M_{\mathrm{cube}}}\right\rceil \times \left\lceil\dfrac{C_{\mathrm{out}}}{N_{\mathrm{cube}}}\right\rceil$ 的分块矩阵。带入具体数据,即大小分别为 490×18 和 18×4 的两个分块矩阵得到大小为 490×4 的分块矩阵。

AI Core 的矩阵计算单元直接支持小矩阵相乘,能够通过一条指令完成相应计算,最终得到的小矩阵是按照行优先存储,即所谓的"小 Z"排布,数据格式为$[M_{cube},$ $N_{cube}]$,即$[16,16]$。

对于分块矩阵相乘而言,其计算和矩阵相乘无异。但是 AI Core 采用了图 6-33 所示的计算顺序,即输入特征图矩阵按照列优先来遍历小矩阵,权重矩阵按照行优先来遍历小矩阵,输出特征图按照列优先来存储小矩阵。以矩阵相乘的三个维度 $loop(M)=490$、$loop(K)=18$、$loop(N)=4$ 来讲,这种计算策略是采用从外到内 $loop(K)\rightarrow loop(N)\rightarrow loop(M)$ 的循环来进行计算,因此最终的输出特征图的小矩阵之间是按照列进行存储,即所谓的"大 N"排布,数据格式为$\left[\left[\dfrac{C_{out}}{N_{cube}}\right], N\left[\dfrac{H_{out}W_{out}}{M_{cube}}\right]\right]$,即$[4,490]$。相应的计算伪代码如代码 6-7 所示,这样的循环策略有以下几点需要注意:

(1) 将循环次数最多的循环 $loop(M)$ 放进最内侧,有助于提高循环效率。

(2) 将 $loop(K)$ 放在最外侧,使得每次循环得到的部分和放在缓冲区中,多次循环得到的部分和累加便可以得到最终结果。

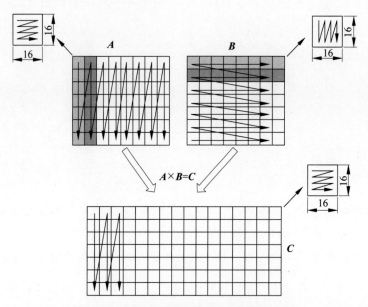

图 6-33 昇腾 AI 处理器中分块矩阵乘法策略

根据以上步骤,最后得到 490×4 个小矩阵,按照"大 N 小 Z"的格式构成输出特征图矩阵,最后的形状为$[4,490,16,16]$。

```
fp16 A[490][18][16][16], B[18][4][16][16];
fp32 C[4][490][16][16];

for (int k = 0; k < 18; k++) {        // 维度 K
    for (int n = 0; n < 4; n++) {      // 维度 N
        for (int m = 0; m < 490; m++) {  // 维度 M
            // 小矩阵的乘加操作
            C[n][m] += A[m][k] * B[k][n]);
        }
    }
}
```

代码 6-7　昇腾 AI 处理器中分块矩阵的乘法循环

输出特征图矩阵的形状为 $\left[\left\lceil\dfrac{C_{\text{out}}}{N_{\text{cube}}}\right\rceil, N\left\lceil\dfrac{H_{\text{out}}W_{\text{out}}}{M_{\text{cube}}}\right\rceil, M_{\text{cube}}, N_{\text{cube}}\right]$，即 $[4,490,16,16]$。在数据的搬移过程中可以采用特定的读取策略将因为补零造成的冗余去掉，得到的数据形状为 $\left[\left\lceil\dfrac{C_{\text{out}}}{N_{\text{cube}}}\right\rceil, N, H_{\text{out}}, W_{\text{out}}, N_{\text{cube}}\right]$，即 $[4,10,28,28,16]$；之后通过维度转换就可以得到输出特征图数据的 5D 排布格式 $\left[N, \left\lceil\dfrac{C_{\text{out}}}{N_{\text{cube}}}\right\rceil, H_{\text{out}}, W_{\text{out}}, N_{\text{cube}}\right]$，即 $[10,4,28,28,16]$；在 FP16 的数据类型下，$N_{\text{cube}}=K_{\text{cube}}=16$，因此最后得到的输出特征图形状为 $\left[N, \left\lceil\dfrac{C_{\text{out}}}{K_{\text{cube}}}\right\rceil, H_{\text{out}}, W_{\text{out}}, K_{\text{cube}}\right]$，即 $[10,4,28,28,16]$，为昇腾 AI 处理器规定的 NC_1HWC_0 的 5D 格式。

此处延伸一下，如果将特征图的批量大小 N 维度放在代码 6-7 的最外侧循环，那么输出特征图矩阵的形状则为 $\left[N, \left\lceil\dfrac{C_{\text{out}}}{N_{\text{cube}}}\right\rceil, \left\lceil\dfrac{H_{\text{out}}W_{\text{out}}}{M_{\text{cube}}}\right\rceil, M_{\text{cube}}, N_{\text{cube}}\right]$，去掉冗余，就可以不用做维度转换得到 5D 排布格式 $\left[N, \left\lceil\dfrac{C_{\text{out}}}{K_{\text{cube}}}\right\rceil, H_{\text{out}}, W_{\text{out}}, K_{\text{cube}}\right]$，即 $[10,4,28,28,16]$，在实际开发过程中，以上两种循环方式都有采用，可以根据实际需求做相应的选择。

至此，整个利用 AI Core 的矩阵计算单元的卷积运算便已完成，这个运算过程可以通过 TVM 原语的方式实现，昇腾 AI 软件栈已经将相应的实现和调度封装成一个接口 te. lang. cce. conv，感兴趣的读者可以参考 DDK 中提供的 TVM 实现。

3. 性能分析

回顾本节,在离线模型生成器生成离线模型 yolov3. om 时,日志报错显示有不支持的算子。至此,读者已经完成了卷积算子计算逻辑与插件的开发[①],只需要将完成的插件机制复制到 DDK 包的安装文件夹下,在插件对应的 makefile 文件中将 TOPDIR 参数修改成插件所在的目录,编译插件即可。

插件成功编译后,即可按照本节开始时同样的命令,生成 om 模型。此处 om 模型执行的方式和图像识别案例中基本一致,可以参考代码 6-8 所示命令,不做赘述。

```
$ HOME/tools/che/ddk/ddk/uihost/bin/omg -- model = yolov3. prototxt --
Weight = yolov3. caffemodel -- framework = 0 -- output = yolov3
```

代码 6-8   OMG 生成目标检测离线模型样例

YoloV3 在 COCO 数据集上给出的目标检测结果大致如图 6-34 所示,每张图片可以包含多个检测边框,以置信度最高者作为检测结果。由于 YoloV3 的核心优势在于速度,在本节中重点关注 YoloV3 的执行效率,以及在 AI CPU 上还是 AI Core 上自定义卷积算子对 YoloV3 模型吞吐量的影响。

图 6-34   YoloV3 检测结果示意图

[①]   可在 https://www.huawei.com/minisite/ascend/cn/ 下载自定义算子的样例程序 conv_def.zip。

对于卷积层来说,总共所需的运算次数是可以通过简单的代数计算得到的。假设当前层卷积核数目为 C_{out},卷积核大小为 $W_k \times H_k$,输入特征图通道数目为 C_{in},输出数据水平方向大小为 W_{out},输出数据垂直方向大小为 H_{out},则完成本层卷积运算需要的操作数为(单位为 GFLOPS,1 TFLOPS $= 10^3 \times$ GFLOPS):

$$T = 2 \times W_k \times H_k \times C_{out} \times H_{out} \times W_{out} \times C_{in}$$

基于此,可以分析 YoloV3 前面十层的运算次数如表 6-5 所示,以此类推,容易得出,YoloV3 整网共有 105 层,总共所需的运算次数为 65.86 GFLOPS。

表 6-5　YoloV3 运算次数示例

层数	算子	卷积核数目	卷积核	输入数据大小 (竖直方向×水平方向×通道数)	输出数据大小 (竖直方向×水平方向×通道数)	运算次数/GFLOPS
0	conv	32	3×3/1	416×416×3	416×416×32	0.299
1	conv	64	3×3/2	416×416×32	208×208×64	1.595
2	conv	32	1×1/1	208×208×64	208×208×32	0.177
3	conv	64	3×3/1	208×208×32	208×208×64	1.595
4	res	1		208×208×64	208×208×64	
5	conv	128	3×3/2	208×208×64	104×104×128	1.595
6	conv	64	1×1/1	104×104×128	104×104×64	0.177
7	conv	128	3×3/1	104×104×64	104×104×128	1.595
8	res	5		104×104×128	104×104×128	
9	conv	64	1×1/1	104×104×128	104×104×64	0.177
10	conv	128	3×3/1	104×104×64	104×104×128	1.595
...						
104	conv	256	3×3/1	52×52×128	52×52×256	1.595
105	conv	255	1×1/1	52×52×256	52×52×255	0.353
总计						65.862

达芬奇架构的核心是矩阵计算单元,在每条指令能够完成两个 16×16 的 FP16 矩阵乘加计算,也就是执行 4096 次乘加运算。相对来说,在普通 CPU 上,每条指令下仅能够完成 1 次乘加运算。假设在同样时间内 CPU 能够执行的指令条数是 AI Core 的 4 倍,两者的执行效率差了上千倍,当然,计算硬件的端到端吞吐量并不完全依赖于计算能力的大小,还依赖内存搬移、任务调度等多个因素的影响。如果假设在矩阵计算单元中能够满载计算的用时部分为 T_c,在 AI CPU 和 AI Core 上所需的任务调度和数据搬移时间类似,均用 T_d 表示,则估算在 AI Core 上所需的时间为

$$T_c + T_d$$

在 AI CPU 上所需的时间为

$$1000 \times T_c + T_d$$

更进一步,若假设矩阵计算单元中满载计算的时间 T_c 为 T_d 的 p 倍,以芯片在 AI Core 上和 AI CPU 上的执行时间比值为纵轴 R,可以画出曲线如图 6-35 所示。在图 6-35(a)中,p 的取值范围为 $0.01 \sim 10$,步长为 0.01;图 6-35(b)中,p 的取值范围为 $0.0001 \sim 0.01$,步长为 0.0001。容易看出,随着 p 的增长,AI Core 上的计算优势越来越明显,但增速逐渐减慢,最终收敛于理论极限。在 p 较小时,如图 6-35(b)所示,这也是在实践中更为常见的情况,AI Core 与 AI CPU 上的计算效率之比 R 可以用线性函数近似。

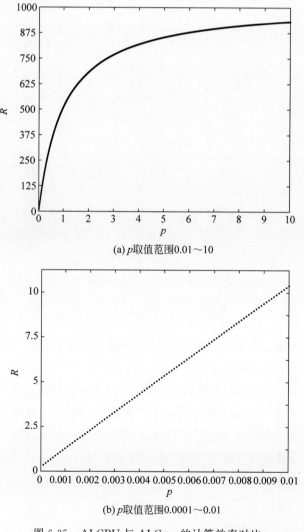

(a) p 取值范围 $0.01 \sim 10$

(b) p 取值范围 $0.0001 \sim 0.01$

图 6-35 AI CPU 与 AI Core 的计算效率对比

对于 TBE 算子实现来说,因为其计算和调度是分开实现的,也就是说其计算逻辑和调度逻辑是分离的,只凭借一行代码的区别,就可以在 AI CPU 或 AI Core 上分别实现卷积算子。

在 AI Core 上的实现方式如下:

```
sch = auto_schedule(tensor_list[-1])
```

在 AI CPU 上的实现方式如下:

```
sch = cpu_schedule(tensor_list[-1])
```

以计算量为 65.86 GFLOPS 的 YoloV3 为例,在 AI CPU 上和 AI Core 上分别实现卷积算子,其产生的理想吞吐量对比大约如图 6-36 所示(此处设置每批图像数为1)。当然,自定义算子的具体实现方式(尤其是数据切分的方式)也会在一定程度上影响到 AI Core 中矩阵计算单元的资源利用率,从而对计算效率产生影响。但总体来说,一般在进行大量矩阵乘法运算的时候,会尽量将算子安排在 AI Core 上;当进行计算量较小,或者难以并行的随机数运算时,会将算子安排在 AI CPU 上,以获得更好的计算效率。就这一案例来说,由于昇腾 310 单芯片拥有 16 TOPS 的 INT8 算力,如果将模型量化到 INT8,则理论吞吐量的上限为

$$16 \text{ TOPS}/65.86 \text{ GFLOPS} = 242.94(帧/秒)$$

在实际运行时,还需要考虑任务调度和数据搬移等工作的时间,并且往往矩阵计算单元的利用率并不能达到理想状态下的 100%,所以实测的运行时间会产生相当的折扣,约在理论最高值的一半左右。

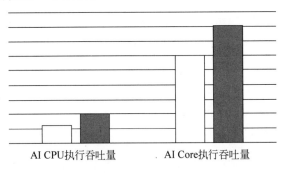

图 6-36　YoloV3 在 AI CPU 和 AI Core 上实现卷积算子的吞吐量对比示意图

另一个对实际吞吐量影响较大的因素是推理时每批输入图像的数目。和其他专用芯片类似，对于昇腾 AI 处理器来说，更大的批量大小往往能够带来更好的表现，也能够更好地拉开 FP16 和 INT8 在性能上的差距。图 6-37 为在 ImageNet 数据集上，常用的两款图像识别网络 VGG19 和 ResNet50 在不同批处理大小时的吞吐量。容易发现，对于 INT8 计算来说，将每批图像数从 1 增加到 8，给 ResNet 带来了约两倍的性能提升，在 VGG19 上更是带来了近三倍的吞吐量提升。因此，用户可以根据具体的业务类型适当调整每批图像的数目，以在吞吐量和响应速度之间达到最佳平衡。

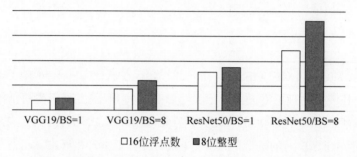

图 6-37　ImageNet 数据集上 VGG19 和 ResNet50 在 Batch Size＝1/Batch Size＝8 时的吞吐量对比示意图

4. 性能提升技巧

综上所述，基于昇腾 310 芯片的特点，要提升算法的性能，就要尽量提升矩阵计算单元的使用效率，相应地需减小数据搬移和向量运算的比例。一般来说，可以考虑借鉴以下几点技巧。

1）网络结构选择

（1）推荐使用主流的网络拓扑，例如图像识别方向可以选择 ResNet、MobileNet 等内置支持网络，性能已做过调优。目标检测领域建议使用主流的检测网络拓扑（包括 FasterRCNN、SSD 等），性能已做过调优。

（2）不推荐使用早期的网络拓扑，比如 VGG、AlexNet 等，网络模型偏大，带宽压力大，且精度对比 ResNet 等不占优势。

（3）如图 6-38 所示，矩阵乘法的中的 MKN 尽量取 16 的倍数。算法上可以考虑适当增加通道数量，而不是通过分组的方式减少通道数量。

（4）增加数据复用率：一个参数的利用次数越多，带宽的利用率越小，所以算法上可以考虑增加卷积核的复用次数，比如增加特征图的大小，避免过大的步长。

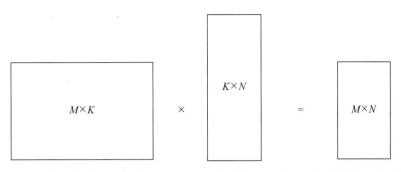

图 6-38　矩阵乘法示意图（左矩阵大小 $M \times K$，右矩阵大小 $K \times N$，输出矩阵大小 $M \times N$）

2）卷积（Conv）算子

（1）FP16 模式下，卷积算子的输入和输出通道数建议采用 16 的整数倍。

（2）INT8 模式下，卷积算子的输入和输出通道数建议采用 32 的整数倍。

（3）INT8 模式下，多个卷积算子之间，建议少插入池化算子。

3）全连接（FC）算子

当网络存在全连接算子时，尽量使用多 Batch 同时推理。

4）拼接（Concat）算子

（1）FP16 模式下，拼接算子的输入通道建议采用 16 的整数倍。

（2）INT8 模式下，拼接算子的输入通道建议采用 32 的整数倍。

5）算子融合

推荐使用 Conv＋BatchNorm＋Scale＋ReLU 的组合，性能已做过调优。

6）归一化算子

（1）推荐使用 BatchNorm 算子，使用预训练的归一化参数。

（2）不推荐使用需要在线计算归一化参数的算子，比如 LRN[①] 等。

7）典型算子性能优化技巧

（1）Conv＋（BatchNorm＋Scale）＋ReLU 性能较 Conv＋（BatchNorm＋Scale）＋tanh 等激活算子好，如图 6-39 所示，ReLU 算子计算复杂度明显要低，应尽量避免过于复杂的激活函数。

（2）拼接算子在通道维度进行拼接时，当输入张量的通道数均为 16 的倍数时，性能较好。

（3）全连接算子在每批数目为 16 的倍数时，性能较好。

---

① 　http://papers.nips.cc/paper/4824-imagenet-classification-with-deep-convolutional-neural-networks.pdf。

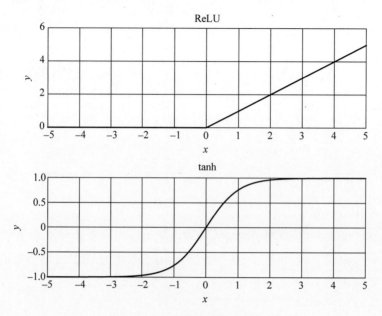

图 6-39　典型激活函数示意图

（4）连续卷积结构性能较好，如果卷积层间反复插入较多向量算子（如 Pooling），则性能会有一定损失，这点在 INT8 模型中较明显。

（5）在早期 AlexNet、GoogLeNet 中使用了 LRN 作为归一化算子，该算子计算十分复杂，在算法演进过程中也逐渐被替换为 BatchNorm 等其他实现方式，在目前 ResNet、Inception 等主流网络结构中不再使用。如果希望在昇腾 AI 处理器上取得最优整网表现，推荐在网络中替换为 BatchNorm 等算子。

缩略词列表

中　文	英　文	缩　写
算子计算	* _compute	
算子调度	* _shchedule	
加速卡	Accelerator	
累加器	Accumulator	
AI 处理器	AI CPU	
AI 模型管家	AI Model Manager	
AI 预处理	AI Pre-Processing	
应用程序	Application	APP
应用程序生成	Application Build	
应用程序进程	Application Process	
应用程序接口	Application Programming Interface	API
人工智能	Artificial Intelligence	AI
AI 核心	Artificial Intelligence Core	
昇腾 310 芯片	Ascend 310	
昇腾 AI 处理器	Ascend AI Chip	
开发者板	Atlas	
分块矩阵乘法	Block Matrix Multiplication	
总线接口单元	Bus Interface Unit	BIU
CCE 加速库	CCE Library	
神经网络计算架构	Compute Architecture for Neural Networks	CANN
计算引擎	Computing Engine	
计算引擎编译	Computing Engine Compilation	
计算引擎流程图	Computing Engine Graph	
计算图	Computing Graph	
控制处理器	Control CPU	
卷积核	Convolution Kernel	
矩阵运算指令队列	Cube Queue	
矩阵计算单元	Cube Unit	
CCE 算子	Cube-based Computing Engine Operator	CCE

续表

中　文	英　文	缩　写
数据引擎	Data Engine	
达芬奇架构	Davinci Architecture	
声明式编程	Declarative Programming	
深度学习	Deep Learning	DL
设备开发工具包	Device Development Kit	DDK
数字视觉预处理单模块	Digital Vision Pre-Processing	DVPP
特定域架构	Domain Specific Architecture	DSA
特定域语言	Domain Specific Language	DSL
预处理引擎	DVPP Engine	
DVPP 执行器	DVPP Executor	
动态计算图	Dynamic Computing Graph	
事件同步模块	Event Sync	
特征图	Feature Map	FM
通用矩阵乘法	General Matrix Multiplication	GEMM
流程图配置	Graph Configuration	
计算图级中间表示	Graph IR	
Img2Col	Image-to-Column	Img2Col
命令式编程	Imperative Programming	
模型推理引擎	Inference Engine	
输入缓冲区	Input Buffer	IB
输入特征图	Input Feature Map	IFM
指令缓存单元	Instruction Cache	
指令分发模块	Instruction Dispatch	
中间表示	Intermediate Representation	IR
JPEG 解码模块	JPEG Decoder	JPEGD
JPEG 编码模块	JPEG Encoder	JPEGE
内核函数	Kernel Function	
L2 缓冲区	L2 Buffer	
流程编排器	Matrix	
流程编排代理子进程	Matrix Agent	
流程编排守护子进程	Matrix Daemon	
流程编排框架	Matrix Framework	
流程编排进程	Matrix Process	
流程编排服务子进程	Matrix Service	
存储转换单元	Memory Transfer Unit	MTE
Mind Studio 平台	Mind Studio	
存储转换指令队列	MTE Queue	

中　　文	英　　文	缩　　写
离线模型	Offline Model	OM
离线模型执行器	Offline Model Executor	OME
模型管理器	Offline Model Framework	Framework
离线模型生成器	Offline Model Generator	OMG
算子	Operator	
算子编译	Operator Compilation	
输出缓冲区	Output Buffer	OB
输出特征图	Output Feature Map	OFM
PNG 解码模块	PNG Decoder	PNGD
后处理引擎	Post-Processing Engine	
运行管理器	Runtime	
标量指令处理队列	Scalar PSQ	
标量计算单元	Scalar Unit	
静态计算图	Static Computing Graph	
系统控制模块	System Control	
任务调度器	Task Scheduler	TS
TBE 算子	Tensor Boost Engine Operator	
张量级中间表示	Tensor IR	
张量虚拟机	Tensor Virtual Machine	TVM
向量运算指令队列	Vector Queue	
向量计算单元	Vector Unit	
视频解码模块	Video Decoder	VDEC
视频编码模块	Video Encoder	VENC
视觉预处理模块	Vision Pre-Processing Core	VPC
权重矩阵	Weight Matrix	

Ascend 开发者社区及资料下载

1. 简介

本书所有参考的资料均可在昇腾的官方开发者社区文档中心获取。读者可在 Ascend 开发者社区中进行软件包下载、文档查阅、视频培训等，可以帮助读者快速了解昇腾系列 AI 处理器，快速上手。

2. Ascend 开发者社区

Ascend 开发者社区（https://ascend.huawei.com/）是为了支撑昇腾系列芯片生态发展而打造的，是使用昇腾处理器做行业应用及最佳实践的分享、学习、讨论平台。在这里可以了解到昇腾系列 AI 处理器的最新动向，获取官方发布的软件版本及第一手的学习资料。

社区主要有如下几大功能。

- 首页：最新发布信息获取。
- 文档：一站式文档中心，可以再次获取基于华为昇腾系列处理的相关文档。
- 资源：昇腾处理器配套的驱动、DDK 等软件包下载。
- 论坛：提供在学习、开发过程中的问题咨询、在线支持、心得分享、技术讨论。
- 活动：可以参加华为组织的各种线上线下技术探讨、大赛、沙龙等。
- 社区项目：由生态伙伴们基于昇腾系列 AI 处理器打造的前沿应用及最佳实践。
- 昇腾学院：提供 AI 领域的实践培训，开发者可以通过学院课程快速了解 AI 相关系统知识，达成学习目的。

网站界面如图 B-1 所示。

3. 获取资料

（1）登录开发者社区文档中心，网址为 https://ascend.huawei.com/documentation。

图 B-1　华为 Ascend 开发者社区

（2）在文档中心的产品文档栏目下选择 Altas 200 DK 及其对应的版本号,进入一站式文档包。

（3）在一站式文档包目录中,可以在表 B-1 给出的文档节点位置找到本书参考资料。不同软件版本文档名称可能会有差异,文档也会实时更新,请以社区发布的资料为准。

表 B-1　参考文档清单

参 考 文 档	开发者社区文档节点位置
AI CPU API 参考	API 参考
DVPP API 参考	
Framework API 参考	
Tensor Engine API 参考	
Matrix API 参考	
Graph Engine API 参考	
应用开发指导	应用开发
DDK 样例使用指导	
C++ 自定义算子开发指导	算子开发
TE 自定义算子开发指导	
模型转换指导	模型转换指导
算法移植指导	应用移植
Mind Studio 工具安装指南	环境部署
开发者板使用指导（Atlas 200 DK）	

智能开发平台 ModelArts 简介

ModelArts[①] 是华为全栈、全场景 AI 解决方案面向用户和开发者的门户。作为一站式 AI 开发平台，ModelArts 提供了海量数据预处理及半自动化标注、大规模分布式训练、自动化模型生成，及端、边、云模型按需部署能力，帮助用户快速创建和部署模型，管理全生命周期 AI 开发工作流。ModelArts 可支持不同类型的用户，如零 AI 基础的业务开发者、AI 初学者、AI 工程师、算法工程师完成 AI 应用开发。

ModelArts 核心产品优势：

（1）数据准备效率百倍提升：内置 AI 数据框架，通过自动预标注和难例集标注相结合，提升数据准备效率。

（2）训练耗时大幅度降低：提供华为公司自研 MoXing 分布式深度学习框架，采用级联式混合并行、梯度压缩、卷积加速等核心技术，大幅度降低模型训练耗时。在典型 RestNet-50 网络下，1000 GPU 集群训练加速比可达 0.85。

（3）模型一键部署到端、边、云：支持将模型一键式部署到端、边、云各种设备和场景上，同时可满足高并发、端边轻量化多种需求。

（4）自动学习：用 AI 的方式加速 AI 开发过程，用户无须任何 AI 技术基础，通过界面引导和简单操作即可完成模型训练及部署。

（5）匠心独运的全流程管理：提供数据、训练、模型、推理整个 AI 开发周期全流程可视化管理，并且支持训练断点重启、训练结果比对和模型溯源管理。

（6）AI 市场：支持数据和模型共享，可帮助企业提升团队内 AI 开发效率，也帮助 AI 开发者实现知识到价值的变现。

---

① 具体参考 ModelArts 服务官网：https://www.huaweicloud.com/product/modelarts.html。